中国腐蚀状况及控制战略研究丛书

"十三五"国家重点出版物出版规划项目

水利水电工程建筑物
腐蚀及案例分析

李 岩 巴志新 葛 燕 朱锡昶 等 编著

科学出版社

北 京

内 容 简 介

本书全面介绍了水利水电工程中混凝土结构和金属结构腐蚀的原因、类型、检测方法、防控措施及相应的工程调查案例分析。本书分为三篇。第一篇为绪论，主要介绍我国的水资源状况和水能资源规划开发利用现状，水利水电工程中主要建筑物、枢纽等级和布置、电站类型、维护管理等基本内容。第二篇为水利水电工程混凝土结构，主要介绍水利水电工程中影响混凝土结构腐蚀的主要因素、破坏类型、控制措施、腐蚀检测与评估方法，以及水利水电工程混凝土结构腐蚀状况调查分析案例。第三篇为水利水电工程金属结构，主要介绍金属结构腐蚀原理、腐蚀类型和特点、影响因素、检测评估方法、防腐蚀措施，以及水利水电工程金属结构腐蚀状况及防护措施案例。

本书可供从事水利水电工程相关行业教学、科研、设计、检测、施工、管理的科技人员和工程技术人员参考。

图书在版编目（CIP）数据

水利水电工程建筑物腐蚀及案例分析/李岩等编著. —北京：科学出版社，2017.5

（中国腐蚀状况及控制战略研究丛书）

"十三五"国家重点出版物出版规划项目

ISBN 978-7-03-052759-2

Ⅰ.①水… Ⅱ.①李… Ⅲ.①水工建筑物–防腐–案例 Ⅳ.①TV6

中国版本图书馆 CIP 数据核字（2017）第 102875 号

责任编辑：李明楠 刘 冉/责任校对：张小霞
责任印制：张 伟/封面设计：铭轩堂

科学出版社 出版
北京东黄城根北街16号
邮政编码：100717
http://www.sciencep.com

北京教圉印刷有限公司 印刷

科学出版社发行 各地新华书店经销

*

2017 年 5 月第 一 版 开本：720×1000 B5
2017 年 5 月第一次印刷 印张：19 1/4
字数：390 000

定价：118.00 元
（如有印装质量问题，我社负责调换）

"中国腐蚀状况及控制战略研究"丛书
顾问委员会

"中国腐蚀状况及控制战略研究"丛书
总编辑委员会

丛 书 序

　　腐蚀是材料表面或界面之间发生化学、电化学或其他反应造成材料本身损坏或恶化的现象,从而导致材料的破坏和设施功能的失效,会引起工程设施的结构损伤,缩短使用寿命,还可能导致油气等危险品泄漏,引发灾难性事故,污染环境,对人民生命财产安全造成重大威胁。

　　由于材料,特别是金属材料的广泛应用,腐蚀问题几乎涉及各行各业。因而腐蚀防护关系到一个国家或地区的众多行业和部门,如基础设施工程、传统及新兴能源设备、交通运输工具、工业装备和给排水系统等。各类设施的腐蚀安全问题直接关系到国家经济的发展,是共性问题,是公益性问题。有学者提出,腐蚀像地震、火灾、污染一样危害严重。腐蚀防护的安全责任重于泰山!

　　我国在腐蚀防护领域的发展水平总体上仍落后于发达国家,它不仅表现在防腐蚀技术方面,更表现在防腐蚀意识和有关的法律法规方面。例如,对于很多国外的房屋,政府主管部门依法要求业主定期维护,最简单的方法就是在房屋表面进行刷漆防蚀处理。既可以由房屋拥有者,也可以由业主出资委托专业维护人员来进行防护工作。由于防护得当,许多使用上百年的房屋依然完好、美观。反观我国的现状,首先是人们的腐蚀防护意识淡薄,对腐蚀的危害认识不清,从设计到维护都缺乏对腐蚀安全问题的考虑;其次是国家和各地区缺乏与维护相关的法律与机制,缺少腐蚀防护方面的监督与投资。这些原因就导致了我国在腐蚀防护领域的发展总体上相对落后的局面。

　　中国工程院"我国腐蚀状况及控制战略研究"重大咨询项目工作的开展是当务之急,在我国经济快速发展的阶段显得尤为重要。借此机会,可以摸清我国腐蚀问题究竟造成了多少损失,我国的设计师、工程师和非专业人士对腐蚀防护了解多少,如何通过技术规程和相关法规来加强腐蚀防护意识。

　　项目组将提交完整的调查报告并公布科学的调查结果,提出切实可行的防腐蚀方案和措施。这将有效地促进我国在腐蚀防护领域的发展,不仅有利于提高人们的腐蚀防护意识,也有利于防腐技术的进步,并从国家层面上把腐蚀防护工作的地位提升到一个新的高度。另外,中国工程院是我国最高的工程咨询机构,没有直属的科研单位,因此可以比较超脱和客观地对我国的工程技术问题进行评估。把这样一个项目交给中国工程院,是值得国家和民众信任的。

　　这套丛书的出版发行,是该重大咨询项目的一个重点。据我所知,国内很多领域的知名专家学者都参与到丛书的写作与出版工作中,因此这套丛书可以说涉及了我国生产制造领域的各个方面,应该是针对我国腐蚀防护工作的一套非常全面的丛书。我相信它能够为各领域的防腐蚀工作者提供参考,用理论和实例指导我国的腐蚀防护工作,同时我也希望腐蚀防护专业的研究生甚至本科生都可以阅读这套丛书,这是开阔视野的好机会,因为丛书中提供的案例是在教科书上难以学到的。因此,这套丛书的出版是利国利民、利于我国可持续发展的大事情,我衷心希望它能得到业内人士的认可,并为我国的腐蚀防护工作取得长足发展贡献力量。

徐匡迪

2015 年 9 月

丛书前言

众所周知,腐蚀问题是世界各国共同面临的问题,凡是使用材料的地方,都不同程度地存在腐蚀问题。腐蚀过程主要是金属的氧化溶解,一旦发生便不可逆转。据统计估算,全世界每 90 秒钟就有一吨钢铁变成铁锈。腐蚀悄无声息地进行着破坏,不仅会缩短构筑物的使用寿命,还会增加维修和维护的成本,造成停工损失,甚至会引起建筑物结构坍塌、有毒介质泄漏或火灾、爆炸等重大事故。

腐蚀引起的损失是巨大的,对人力、物力和自然资源都会造成不必要的浪费,不利于经济的可持续发展。震惊世界的"11·22"黄岛中石化输油管道爆炸事故造成损失 7.5 亿元人民币,但是把防腐蚀工作做好可能只需要 100 万元,同时避免灾难的发生。针对腐蚀问题的危害性和普遍性,世界上很多国家都对各自的腐蚀问题做过调查,结果显示,腐蚀问题所造成的经济损失是触目惊心的,腐蚀每年造成损失远远大于自然灾害和其他各类事故造成损失的总和。我国腐蚀防护技术的发展起步较晚,目前迫切需要进行全面的腐蚀调查研究,摸清我国的腐蚀状况,掌握材料的腐蚀数据和有关规律,提出有效的腐蚀防护策略和建议。随着我国经济社会的快速发展和"一带一路"战略的实施,国家将加大对基础设施、交通运输、能源、生产制造及水资源利用等领域的投入,这更需要我们充分及时地了解材料的腐蚀状况,保证重大设施的耐久性和安全性,避免事故的发生。

为此,中国工程院设立"我国腐蚀状况及控制战略研究"重大咨询项目,这是一件利国利民的大事。该项目的开展,有助于提高人们的腐蚀防护意识,为中央、地方政府及企业提供可行的意见和建议,为国家制定相关的政策、法规,为行业制定相关标准及规范提供科学依据,为我国腐蚀防护技术和产业发展提供技术支持和理论指导。

这套丛书包括了公路桥梁、港口码头、水利工程、建筑、能源、火电、船舶、轨道交通、汽车、海上平台及装备、海底管道等多个行业腐蚀防护领域专家学者的研究工作经验、成果以及实地考察的经典案例,是全面总结与记录目前我国各领域腐蚀防护技术水平和发展现状的宝贵资料。这套丛书的出版是该项目的一个重点,也是向腐蚀防护领域的从业者推广项目成果的最佳方式。我相信,这套丛书能够积极地影响和指导我国的腐蚀防护工作和未来的人才培养,促进腐蚀与防护科研成果的产业化,通过腐蚀防护技术的进步,推动我国在能源、交通、制造业等支柱产业上的长足发展。我也希望广大读者能够通过这套丛书,进一步关注我国腐蚀防护技术的发展,更好地了解和认识我国各个行业存在的腐蚀问题和防腐策略。

　　在此，非常感谢中国工程院的立项支持以及中国科学院海洋研究所等各课题承担单位在各个方面的协作，也衷心地感谢这套丛书的所有作者的辛勤工作以及科学出版社领导和相关工作人员的共同努力，这套丛书的顺利出版离不开每一位参与者的贡献与支持。

侯保荣

2015 年 9 月

序

我国水资源总量丰富，水能蕴藏量位居世界之首，但我国水资源时空分布不均，人均相对不足，使得水资源问题相当严峻。通过规划兴建水利水电工程，充分合理开发利用水资源和水能资源，是国家环境保护与可持续发展的要求，也是国家能源安全的战略需要。

水利水电工程通常具有投资规模大、建设周期长、失事损失后果严重等特点，事关安危，故安全等级和管理要求较高。混凝土结构和金属结构在水利水电工程建设中广泛使用，而水利水电工程复杂的工况条件，使得这些结构在其长期的服役过程中，受到环境因素的影响，不可避免地会遭遇各种各样的腐蚀病害问题。由于腐蚀而引发结构过早地失效破坏，必将严重影响水利水电工程建筑物的安全运行，甚至引发灾难性的事故。因此，保障水利水电工程的安全和耐久运行的重要性和必要性不言而喻。

《水利水电工程建筑物腐蚀及案例分析》是作者在整理分析大量文献资料和所在单位多年来科研成果的基础上编写完成的。全书在概述我国水资源和水能资源的基础上，重点介绍了水利水电工程中混凝土结构与金属结构腐蚀的影响因素，破坏类型和特点、腐蚀程度检测评估方法，腐蚀病害的防控措施等，对水利水电工程建筑物的耐久性设计、施工及安全运行具有重要的参考价值。该书不仅涵盖基础理论知识，还列举了多个水利水电工程腐蚀调查分析案例。读后对水利水电工程混凝土结构与金属结构的腐蚀病害问题有一目了然、融会贯通之感。书中章节结构设计合理、内容全面，在国内外已出版的同类书籍中，还少见专门介绍水利水电工程建筑物腐蚀及控制方面的书籍。

该书作者长期从事水利、水电、水运行业腐蚀与防护的科研、工程检测与设计工作，对混凝土结构和金属结构腐蚀控制技术的国内外发展前沿动态有较深刻的了解和认识，并具有丰富的工程应用实践经验。相信该书的出版，将有助于读者了解和认识水利水电行业中存在的腐蚀问题，为类似工程设计和维护提供参考，对国内深入开展水利水电行业混凝土结构与金属结构腐蚀控制技术的研究和应用有很好的引导和推动作用，对提升我国水利水电工程建筑物的腐蚀防控技术水平具有重要意义。

蔡昭顺

2017 年 4 月

前　　言

　　水是人类及一切生物赖以生存的重要物质，是任何其他物质不可替代的自然资源，也是社会发展中最主要的战略性经济资源。我国虽然水资源丰富，但人均相对不足，且时空分布不均，因此，需要通过修建各种水利水电工程设施，方能有效地解决防洪排涝、水力发电、航运旅游、工业及城市供水等一系列水资源开发保护利用的难题，达到兴利除害的目的，造福于民。

　　水利水电工程具有规模大、投资多、建设周期长、失事损失后果严重等特点，故安全和管理要求等级高。兴建的水利水电工程，广泛采用混凝土结构和金属结构，在其长期的服役过程中，受到周围环境物理、化学、生物的作用，不可避免地会遇到各种各样的腐蚀病害问题。由于腐蚀问题引起结构过早破坏，将严重影响水利水电工程建筑物的安全有效运行。因此，了解水利水电工程中建筑物腐蚀破坏的影响因素，掌握腐蚀程度评估分析方法，采取有效的腐蚀防控措施，控制腐蚀的发生和发展，对水利水电工程建筑物的长期安全运行具有重大意义和重要作用。

　　本书基于国内外大量的文献资料和水利部交通运输部国家能源局南京水利科学研究院近年来的科研工作成果，全面介绍了水利水电工程中混凝土结构和金属结构腐蚀影响因素、检测评估方法、防护措施、工程实际案例分析。全书分为三篇。第一篇为绪论，分为三章，主要介绍我国的水资源状况和水能资源规划开发利用现状，以及水利水电工程主要建筑物、枢纽等级和布置、电站类型、维护管理等基本内容。第二篇为水利水电工程混凝土结构，分为四章，主要介绍水利水电工程中影响混凝土结构腐蚀的主要因素、破坏类型、控制措施、腐蚀检测与评估方法，以及水利水电工程混凝土结构腐蚀状况调查分析案例。第三篇为水利水电工程金属结构，分为三章，主要介绍水利水电工程中金属结构腐蚀原理、腐蚀类型和特点、影响因素、检测评估方法、防腐蚀措施，以及水利水电工程金属结构腐蚀状况及防护措施案例。

　　本书不仅涵盖相关的基础理论知识，还引用了大量的国内外相关技术规范和工程分析案例，可供从事水利水电工程相关行业教学、科研、设计、检测、施工、管理的科技人员和工程技术人员参考。

　　全书由水利部交通运输部国家能源局南京水利科学研究院李岩、南京工程学院巴志新等共同编写，由李岩负责统稿。具体分工为：第 1，2，3，5 章由李岩编写，第 4，8，9 章由巴志新编写，第 7，10 章由葛燕、朱锡昶共同编写，第 6 章由柯敏勇编写。

　　本书在编写和出版过程中，得到了中国工程院重大咨询项目"我国腐蚀状况及控制战略研究"的资助，并列入"中国腐蚀状况及控制战略研究"丛书。同时，还得到了水利部交通运输部国家能源局南京水利科学研究院出版基金的资助，在此一并表示衷心的感谢！

　　由于编著者水平有限，书中疏漏之处在所难免，敬请读者批评指正，并将意见反馈给作者。

编著者

2017 年 4 月

目　　录

第一篇　绪　　论

第二篇　水利水电工程混凝土结构

第三篇　水利水电工程金属结构

第一篇　绪　　论

第1章　水利水电工程概论

1.1　我国的水资源及水能资源[1-4]

水是世间万物生命之源，是人类及一切生物赖以生存的重要物质，是任何其他物质不可替代的自然资源。从资源的角度来说，水资源既是最为重要的三大基础自然资源之一，也是社会发展中最主要的战略性经济资源。广义上的水资源，是指地球上（地表、地下和空气中）用于满足人类生活和生产需要的水源。地球上的水源及水域包括海洋、冰川、湖泊、河流、地下水、泉水、积雪、冰川、土壤水以及大气中的水蒸气等地球上的全部水体，地球上水体总储量达 13.86 亿 km^3，但其中海洋水占 96.54%，由于这部分巨大的水量属于高含盐量的咸水体，目前还很难直接作为居民生活用水或工农业生产用水。

据估计人类可以利用的淡水总量不超过 0.35 亿 km^3，仅占地球总水量的 2.5%，而且其中大部分（约 0.3 亿 km^3）贮藏在极地的冰山和冰川中，另外相当大的一部分埋藏于地下，对人类及人类活动起着特别重要作用的江河湖泊的地表水资源，其水量总和约为 0.047 亿 km^3，主要分布于湖泊、河流、土壤以及地下含水层中。狭义的水资源就是指这部分能够被人类利用的水。随着科学技术水平的发展，"可利用的"水资源的范围将逐步扩大，水资源的数量也将逐渐增加。但是，在当前的科学技术水平下，其"可利用的"数量相对来说还是极为有限的。同时，人类在使用水资源的过程中，过度开发和水质污染又使"可利用的"这部分水资源日见贫乏。

1.1.1　我国水资源状况

1. 水资源总量丰富但人均相对不足

我们通常所说的水资源是指逐年可以得到恢复和补给的淡水量，通常采用径流量来表示。从年径流总量来看，世界各国的顺序如下[1]：第一是巴西，69 500 亿 m^3；第二是俄罗斯，42 700 亿 m^3；第三是美国，30 560 亿 m^3；第四是印度尼西亚，29 860 亿 m^3；第五是加拿大，29 010 亿 m^3；第六是中国，27 115 亿 m^3。因此，我国的水资源从绝对数量上来说是相当丰富的，我国平均年降水量 630 mm，年降水总量约为 6 万亿 m³，相当于全球陆地降水总量 119 万亿 m³ 的 5%，除了蒸发和下渗，河川的平均年径流总量约 2.6 万亿 m³，相当于全球陆地径流总量 47 万亿 m³ 的 5.5%。

我国江河众多，2010~2012 年第一次全国水利普查结果表明，我国流域面积在 50 km² 及以上河流有 45 203 条，流域面积 100 km² 及以上河流有 22 909 条，普查范围为中华人民共和国境内河流湖泊（未统计香港特别行政区、澳门特别行政区和台湾地区）。主要的大江大河有：长江、黄河、珠江、雅鲁藏布江、淮河、海河、辽河、怒江等，可通航的内河水道总里程达 16 万 km。天然湖泊总面积约 71 787 km²，其中面积在 1 km² 以上的有 2 800 多个，面积在 100 km² 以上的有 130 多个，全国湖泊储水总量约 7 088 亿 m³，其中淡水储量 2 260 亿 m³，约占 32%，河湖可供养殖的水面面积约有 7 万 km²。此外，还有许多大小冰川，其面积约有 57 069 km²，地下水资源量为 8 288 亿 m³，可见我国有着极为丰富的水资源。

我国的水资源总量是丰富的，但我国人口众多，2012 年人均占有水量只有 2 100 m³，仅相当于世界人均占有水量的 1/4，与一些国家或地区人均占有水量相比，仅是加拿大的 1/50，巴西的 1/15。我国人均占有的水量低于世界上多数国家，水资源相对贫乏。特别是在我国北方一些地方，水资源人均占有量更低。随着国民经济的发展，人民物质文化生活的不断提高，对水量的需求日益增长，不少地区和城市已感到水资源不足。因此，应当看到我国水资源问题是相当严峻的，必须研究对策，合理开发利用水资源。

2. 水资源时空分布不均

我国由于受到季风的影响，降水量与径流量的年内分配不均，这既表现为年内分布不均，也表现为年际分布不均。而且有连续枯水年和连续丰水年的规律，大部分地区冬春少雨，夏秋多雨，年降水量和年径流量主要集中在汛期。南方的多雨季节在不同地区分别是 6～9 月或 4～7 月，而华北、东北和西南、西北的雨季则是 6～9 月。南方汛期四个月的雨量占全年雨量的 50%～60%，北方汛期四个月的雨量占全年雨量的 70%～80%。因此，汛期雨量过分集中，非汛期雨量缺乏，总水量不能充分利用。

由于集中程度越高，弃水越多，可用水量占水资源总量的比例也就越小。我国北方汛期的雨量比南方更加集中，而且降水往往又是以暴雨的形式出现。我国大部分地区处于季风气候区域，河流主要是靠降雨补给，因此，一个地区的水资源条件优劣与降水量的多少密切相关。总的来看，我国水资源在地区上分布为东南多，西北少，受到热带、太平洋低纬度上温暖而潮湿气团以及西南的印度洋和东北的鄂霍茨克海的水蒸气的影响，我国的降水量一般是从东南到西北递减，我国东南、西南及东北地区有充足的降水量。其中，占全国总面积 13%的东南、中南地区，其水资源总量占全国的 38%；而占全国总面积 60%的北方地区，水资源总量仅占全国水资源总量的 21%，特别是西北地区，受秦岭的阻隔，降水量明显偏少，水资源严重缺乏。我国的地下水资源同样具有南方丰富、北方贫乏的特征。台湾山区和雅鲁藏布江河湾南部的年降水量高达 2 500～4 000 mm；海南省和华南、西南局部山区年降水量为 2 000～2 500 mm；长江以南沿海各省的年降水量在 1 500～2 000 mm 范围内；淮河、秦岭以南的年降水量大于 1 000 mm；华北、东北大多数地区的年降水量在 400～800 mm 之间；西北大多数地区的年降水量少于 400 mm，局部地区（塔里木盆地，甘肃北部，青海西部）年降水量甚至于小于 50 mm，其中吐鲁番盆地的托克逊，年平均降水量仅 5.9 mm，新疆天山及阿尔泰山地区受北冰洋气流影响，降水较多。

　　由于我国水资源时空分布不均，以及连续枯水期和丰水期等特点，可用水资源数量大大少于天然水资源（2.6 万亿 m³），这就是我国水旱灾害频繁发生的自然因素，因此，需要兴修各种水利设施，来调节和平衡水量，以减免水旱灾害，造福于民。同时，这些特点也给水资源的开发利用带来了许多困难，决定了我国水资源开发利用的长期性、艰巨性和复杂性。

1.1.2　我国的水能资源及开发状况

　　水能资源蕴藏量系河流多年平均流量和全部落差经逐段计算的水能资源理论平均出力。一个国家水能资源蕴藏量之大小，与其国土面积、河川径流量和地形落差有关。中国国土面积与巴西、俄罗斯、加拿大和美国相当，年径流总量均小于这些国家，但水能蕴藏量却超过这些国家而位居世界之首，这主要得益于中国东、西部之间高落差的阶梯状地理特征。从"世界第三极"青藏高原到海拔仅 50 m 的沿海平原之间存在着高达 4 000 m 以上的大面积巨大落差，这是世界上绝无仅有的。

　　得天独厚的地理条件，使得我国大陆水能资源理论蕴藏量达 6.76 亿 kW，年发电量为 5.92 万亿 kW·h；技术可开发水电资源总量为 5.42 亿 kW，年发电量为 2.47 万亿 kW·h；经济可开发水电资源总量为 4.02 亿 kW，年发电量为 1.75 万亿 kW·h，分别占技术可开发装机容量和年发电量的 74.2%和 70.8%。其中技术可开发小水电资源为 1.28 亿 kW，年发电量为 0.58 万亿 kW·h，占中国水能资源技术可开发总量的 23.6%。经济可开发小水电资源为 0.95 亿 kW，年发电量为 0.41 万亿 kW·h，占中国水能资源经济可开发总量的 23.6%。中国水能资源技术可开发量相当于世界水能资源相对丰富地区俄罗斯技术可开发量的 2.3 倍，巴西的 2.5 倍，美国的 3 倍，加拿大的 3.5 倍。

1905 年 7 月中国第一座水电站台湾省龟山水电站建成，装机 500 kW。1912年，中国大陆第一座水力发电站云南昆明石龙坝水电站建成并开始发电，装机 480 kW。1949 年，全国的水电装机为 16.3 万 kW；至 1999 年年底发展到 7 297 万 kW，仅次于美国，居世界第二位；到 2005 年，全国的水电总装机已达 1.15 亿 kW，居世界第一位，占可开发水电容量的 14.4%，占全国电力工业总装机容量的 20%；到 2010 年 8 月，随着华能小湾水电站四号机组投产发电，我国电力装机达到 9 亿 kW，其中水电装机突破 2 亿 kW，稳居世界第一。

由于我国西高东低的地形特征，主要河流多发源于西南高原，加上南方雨量充沛，使得全国约 70% 的水能资源集中在西南地区，可开发的大型和特大型水电站站址的 70%～80% 分布在西南四省区（云、贵、川、藏），水能资源分布很不均匀。目前，"西电东送"已列入我国开发西部的重要战略规划。西部可开发量占全国的 82%，已开发量不足 10%。长江干支流总落差 5 800 m，水能蕴藏量 2.68 亿 kW，占全国的 38.89%。可开发量 19 724 万 kW，年平均发电量 10 275 亿 kW·h，占全国可开发量的 40.00%。西南地区水能蕴藏量 2.67 亿 kW，可开发量 0.9 亿 kW，年平均发电量 5 067 亿 kW·h，占全国的 18.26%，水能资源开发利用不足。至 2006 年年底，全国水电开发量仅占可开发量的 27% 左右，远低于发达国家平均 60% 以上的开发程度。可见，我国水能资源利用还有巨大的发展空间。

全国水能蕴藏量划分为十个流域（片）统计，见表 1-1。

表 1-1 全国水能资源按水系分布表[4]

水系	理论蕴藏量（MW）	可开发容量（MW）	年发电量（亿 kW·h）	所占比例（%）
长江	268 020	197 240	10 274.98	53.4
黄河	40 550	28 000	1 169.91	6.1
珠江	33 480	24 850	1 124.78	5.8
海河、滦河	2 940	2 130	51.68	0.3
淮河	1 440	660	18.94	0.1
东北诸河	15 310	13 700	439.42	2.3
东南沿海诸河	20 670	13 900	547.41	2.9
西南沿海诸河	96 900	37 680	2 098.68	10.9
雅鲁藏布江及西藏其他河流	159 740	50 380	2 969.58	15.4
北方内陆及新疆诸河	34 990	9 970	538.66	2.8
全国	676 040	378 510	19 234.04	100.0

1.1.3　水资源及水能资源的利用和保护

我国水资源开发利用已有五千年的历史，曾为创造中国古代的灿烂文明作出了不可磨灭的贡献。在自然界水文循环及周期作用下，水资源可以循环利用。因此，水资源是一种没有污染、能够源源不断地补给的自然资源。人类利用水资源的工程活动，即人类作用于水资源系统，把它转化成产品以满足人类需求的工程活动，变得越来越强大。水资源系统是由参与水文循环过程的各种状态的水（包括固态、液态和气态）与各种自然和社会因素所组成的一个复杂系统，其承载力（即所能承受各种自然和人类活动的能力）是有限的。水资源系统的承载力一般由此系统所能承受的供水能力（包括居民生活、工业、农业、发电、航运等供水）以及抗御洪水能力和抵御污染的能力等表示。水资源系统越大，它的承载力越大。同生态系统一样，人类或自然的活动超出了系统的承载力，将导致系统平衡的破坏，从水量循环来看，某一地区某一期间内的水量补给量是有限的。如果水的消耗量超过循环补给量，就会破坏水量平衡。长此以往，将导致该地区水环境恶化，表现为供水不足、防洪能力破坏、水质污染等等。

水资源不仅具有其特殊性，而且还是生态环境的有机组成和控制性因素。水资源的短缺、时空变异性和易受破坏等特性使得水资源问题正在世界范围蔓延且日益激化，并严重影响全球的环境与发展。我国的水资源系统承受了多年来用水量急剧增长的压力，尤其是农业、工业和城市供水需求量不断提高导致了有限的淡水资源更为紧张。为了避免水危机，我们必须保护水资源，如果不注意保护它，必将影响到可持续发展战略。

水资源保护是指为防止因水资源不恰当利用造成的水源污染和破坏，而采取的法律、行政、经济、技术、教育等措施的总和。水资源保护的核心是根据水资源时空分布、演化规律，调整和控制人类的各种取用水行为，使水资源系统维持一种良性循环的状态，以达到水资源的持续利用。水资源保护不是以恢复或保持地表水、地下水天然状态为目的的活动，而是一种积极的、促进水资源开发利用更合理、更科学的问题，为解决水资源问题实践活动提供指导，以保障水资源对社会发展的持续支持。

水资源保护工作应贯穿在人与水的各个环节中。从更广泛的意义上讲，正确客观地调查、评价水资源，合理地规划和管理水资源，都是水资源保护的重要手段，因为这些工作是水资源保护的基础。从管理的角度来看，水资源保护主要是"开源节流"、防治和控制水源污染。它一方面涉及水资源、经济、环境三者平衡与协调发展的问题，另一方面还涉及各地区、各部门、集体和个人用水利益的分配与调整。这里面既有工程技术问题，也有经济学和社会学问题。同时，还要广大群众积极响应，共同参与，就这一点来说，水资源保护也是一项社会性的公益事业。通过各种措施和途径，使水资源在使用上不致浪费，使水质不致污染，以促进水资源合理利用。主要保护措施有农业措施、林业措施、水土保持和工程措施等。

水能资源同样存在着利用和保护的问题。我国可开发水能资源年发电量按目前发电标准煤耗 370 g/(kW·h) 计算，生产电能以 100 年累计，资源量为 647.5 亿吨标准煤，占常规能源资源总量的 42.4%，接近煤炭资源储量。这些水能资源如果及时得到充分开发，每年可替代标准煤 6 亿多吨。根据社会经济效率和可持续发展的原则，水电在国家能源开发规划上通常被列为优先开发的能源项目。目前发达国家的水能资源开发率普遍在 60% 左右。全国目前在建大中型水电站共 69 座，总装机容量为 4 917.8 万 kW，包括在建项目，全国水电开发总装机容量可达 12 802.8 万 kW，占经济可开发装机容量的比重，即水电开发程度为 32.4%，水能资源可开发利用的空间巨大。

近年来，各级政府非常重视水资源的保护问题。目前，政府正在加大宣传力度和治理力度，采取一系列措施解决当前存在的突出问题。而摆在我们面前的任务是：正视现实，节约使用，合理调度，保护和爱惜水资源，减少水质污染，开发利用水资源的同时注意保护环境，改善环境，维持生态平衡。

1.2　我国的水利水电规划[5-7]

水资源是有限的，且在地域上和时间上分布极不均匀，同时人类活动对水的污染日益严重，需水量不断增加，为了充分利用水资源，必须对河流进行控制和改造。河流规划的任务是综合考虑各用水部门的需求，合理、充分地利用水资源，在国民经济发展的大框架内统筹安排，避免浪费人力、财力和水资源。河流规划的基础是建立在对全河流水资源和全流域内政治、经济发展的充分了解之上的。河流规划工作要用系统分析的方法，进行充分论证，多方案比较，制定合理的开发程序。

水利水电规划是为防治水旱灾害、合理开发利用水利水电资源而制定的总体安排。水利水电规划应该贯彻全面规划、统筹兼顾、讲求效益的原则。与江河流域综合规划相协调，强调水资源与枢纽工程的综合利用。正确处理需要与可能、近期与远期、整体与局部、干流与支流、上中下游、资源利用与环境保护几方面的关系。认真调查、研究和评价各项基本资料以及有关地区和经济特点，分析其远景发展预测，结合各用水部门的规划和利益，综合确定河流规划的基本任务、原则和要求。重视河流梯级开发的分析和研究，通过实地查勘，对水资源综合利用效益、水库淹没、工程地质、水工建筑物和施工条件、投资、工期等因素，以及梯级开发方案进行综合分析比较。高度重视并认真研究移民安置问题。对规划方案进行环境评价，提出保护环境的要求。

目前，我国不仅对长江、黄河、珠江等大江大河进行了全流域规划，还对沅水、澜沧江、清江、汉江、乌江、红水河、闽江、雅鲁藏布江等一些较大支流或中型流域进行了流域规划。对河流进行水电开发一般采用梯级的形式，首尾相接，上一级水电站的尾水位与下一级水库的正常蓄水位相接，充分利用水能资源，因此至关重要的是正确地规划第一期开发工程。第一期开发工程规划得好，将为后续工程的开发提供良好的开端和条件，有利于下游各梯级水电站发挥效益。因此，水利水电的规划要做到经济上合理，技术上可行。

1.2.1　规划前期任务

水利规划是水利建设的一项重要的前期工作，其基本任务是：根据国家规定的建设方针和水利规划基本目标，并考虑各方面对水利的要求，研究水利现状、特点，探索自然规律和经济规律，提出治理开发方向、任务、主要措施和实施步骤，安排水利建设计划并指导水利工程设计和管理。国家规定的水利规划的基本目标，包括经济、社会、环境等目标，通常称规划目标。它是各个时期国家侧重点的体现，是规划总体安排的最高准则。这些目标是针对各方面对水利的要求，通过有效地解决防洪、除涝、灌溉、防治土壤盐碱化、水力发电、内河航运、工业及城市供水、旅游、水土保持、水产养殖、水资源保护等各项具体开发治理任务来实现的。其基本任务是：根据国家的方针政策和水利规划基本目标，并考虑各方面对水利的要求，研究水利现状、特点，探索自然规律和经济规律，提出治理开发方向、任务、主要措施和分期实施步骤，安排水利建设的全面、长远计划，并指导水利工程设计和管理，以达到兴利除害的目的。兴利主要是从农田水利、水力发电、供水、养殖、航运、旅游、改善环境等多方面利用水资源为人民造福；除害则主要是防止洪水泛滥和渍涝成灾。

水利规划是人们通过治水实践不断探索、逐步完善的。其初始概念，可追溯至世界各文明古国最早出现的水利工程，距今已有四五千年的历史。许多著名工程，如埃及在美尼斯王朝时修建的尼罗河引洪淤灌工程，中国在春秋战国时期兴建的芍陂、都江堰等工程，都各具特色并取得良好效果，说明人们很早就认识掌握了水和水利措施的某些规律，并在工程安排上有所体现。中国秦代，针对各自为政的弊端，实行"决通川防，夷去险阻"，统一了黄河下游各段堤防，形成了较完整的堤防体系，体现了全面规划原则，是规划思想上的一个重要发展。秦、汉以后，由于客观上要求扩大生产基地，原先开发较少的丘陵区和沿江沿湖沼泽地带逐渐成为人们集中活动的新领域，也由于治水实践中一些新问题的出现，进一步促使人们从更大范围更多方面进行规划研究，并更加重视了规划的全面性与综合性。北宋时期郏亶关于治理太湖水网地区的设想，明代潘季驯、清代靳辅关于治理黄河的主张，都注意到水旱兼治、洪涝兼治、水沙并重，并注意对上下游采取综合措施。起源于春秋时期，到元代开通的京杭运河，在线路选择、防洪、防淤处理和水源安排上都有创造。这些都属中国古代综合治理、综合利用水资源的思想体现。

水利规划的初始概念由来已久，但作为水利学科的一个分支是随近代水利技术的发展于 19 世纪末叶逐渐形成的。中国和许多国家大都于 20 世纪 30 年代前后开始编制较大范围的水利规划。至 40 年代，初步形成包括调查方法、计算技术、方案论证与评价等在内的较完整的水利规划理论体系。40 年代末至 60 年代，随着大量规划实践和电子计算机与系统分析等的广泛应用，又在分析技术上取得不少进展。70 年代后，随着人口膨胀、资源不足、环境恶化等新问题的出现，水利规划目标从以往单一考虑国家经济发展逐渐转移到更广泛的社会需求方面，进而形成了现今综合考虑经济、社会、环境等规划目标的多目标水利规划。实施可持续发展战略已成为当代指导中国水利建设和其他各项建设的基本国策。因此，以建设资源节约型、环境友好型社会为目标，把大力发展水电作为构建安全、稳定、经济、清洁现代能源产业体系的重要举措，坚持在做好生态保护和移民安置的前提下积极发展水电的方针，统筹水电开发与环境保护、移民安置、经济社会发展，为实现 2020 年非化石能源发展目标、促进国民经济和社会可持续发展提供重要保障。

水电规划根据开发的特点及进展情况，前期工作主要包括河流水电规划、重点河段研究论证、重大项目勘测设计、抽水蓄能电站选点规划等。应坚持把统筹开发和重点推进相结合作为水电发展的基本思路。统筹大中型与小型、干流与支流、常规与蓄能水电开发，大力推进西部地区大型水电开发，加快调节性能好的控制性水库建设，因地制宜开发小水电，适度加快抽水蓄能电站建设。坚持把妥善安置移民和保护生态环境作为水电建设的重要前提。坚持水电开发与环境保护并重，建设环境友好型工程。坚持以人为本，因地制宜，创新移民工作思路，通过水电建设促进移民脱贫致富和地方经济发展，维护库区社会和谐稳定。坚持把内外统筹和科技进步作为促进水电发展的重要举措。统筹国内国外两个大局，加快实施水电"走出去"战略，积极推进跨界河流水电开发合作；坚持自主创新，加大科技投入，加强科技攻关，不断提高水电规划、建设、运行管理技术水平。坚持把体制改革和机制创新作为水电发展的重要保障。深化以市场配置资源、供需形成价格为核心的电力体制改革，完善水电市场机制，建立健全符合投资体制改革要求和水电建设实际的管理体制，保障水电持续健康发展。

1.2.2　规划基本原则

编制规划的基本原则是:

(1) 从实际出发,一切通过调查研究。调查的基本内容一般应包括治理开发的对象、条件和要求。要根据规划要求,选择合理的调查方法,注重调查资料的可靠性、准确性、代表性和适用性,对调查反映的问题要作出定量或定性判断。

(2) 从整体出发,按照规划范围内存在的问题和具体条件,统筹兼顾,统一安排。要处理好水利建设与国土整治全局的关系,使水利建设与其他建设密切结合;处理好各部门、各地区的权益,最大限度地协调它们之间的关系;处理好干支流治理与流域治理的关系,主体工程与配套工程的关系,巩固完善原有工程设施与新增其他工程设施的关系,全面发挥各项工程效果;处理好需要与可能、近期与远景的关系,综合考虑社会总投入产出的平衡,有重点地解决当前最迫切的问题;处理好经济效益与生态环境效益的关系,既充分利用水土资源,又保护、建立良好的生态环境。

(3) 综合治理、综合利用。消除水害必须根据各种自然灾害间的内在规律,采取综合措施;兴利必须根据各部门的用水需要和特点,尽可能相互配合。除害和兴利也要紧密结合,防止顾此失彼。

(4) 因时、因地制宜,从多方面研究选择切实有效的措施。既考虑必要的水利措施,也考虑农业、林业等非水利措施,既采用工程措施,也采用管理、立法等必要的非工程措施。编制水利规划一般都采取分阶段进行。不同类型规划的内容各有侧重,但大体都可概括为:问题识别、方案拟定、影响评价和方案论证四个阶段,由粗到细,逐步深入。为使水利建设能按既定要求有步骤地实现,规划报告多由不同学科人员共同研究,由国家或地方委托水利主管部门或某事业主管部门组织编制,经有关部门、地区分别工作,再由编制单位综合汇总。提出的成果应经国家或地方权力机构批准,使其具有一定的法律约束性。

1.2.3　规划类型

单目标或多目标水利规划均可按治理开发任务分为:

(1) 综合利用水利规划,即统筹考虑两项以上任务的水利规划。

(2) 专业水利规划,即着重考虑某一任务的水利规划。

也可按研究对象分为:

(1) 流域规划,即以某一流域为研究对象的水利规划。主要是针对流域内不同地区的具体情况,分别提出其治理开发的轮廓措施,使流域规划能照顾到各个地区的特点。在流域规划中，一般应以小型工程为基础，大中型工程为骨干。一般应因地制宜地安排若干大中型工程作为控制性的工程，综合解决防洪、发电、灌溉、航运、供水等方面的问题。

（2）地区水利规划，一般所指的地区水利规划，则是在流域规划确定后，在其总体安排下，对治理开发某一地区所进行的详细规划，即以某一行政区或经济区为研究对象的水利规划。

（3）水利工程规划，即以某一工程为研究对象的水利规划。此外，随着一些地方水资源短缺问题的出现，需要以两个或两个以上流域为研究对象，按照国民经济发展要求和各自的水资源条件，对流域间水量进行调剂，称跨流域调水规划。这类水利规划涉及有关流域水资源的合理利用，通常要在相关流域规划的基础上进行。

1.2.4　规划管理与实施

水利规划涉及范围广泛，不是仅某一部门、某些学科技术人员所能完成。许多国家大都采取多学科规划方法，由决策机构授权某一单位组成有多学科人员参加的统一规划班子负责编制。规划中一些重要问题在工作过程中，由不同学科人员共同研究，并经决策机构认可，以利及时统一认识，协调矛盾。我国也采取类似方式，由国家或地方委托水利主管部门或某事业主管部门组织编制，并在下达的规划任务书中明确规划原则和分工要求，经各有关地区、部门分别工作，再由编制单位综合研究，提出正式成果。

规划报告一经审定，即应具有一定的法律约束性，以保证水利建设按既定规划要求有步骤地实施。对其审批权限各国有不同规定，总的都强调要通过国家或地方权力机构批准。另一方面，审定后的水利规划并不是一成不变的，每隔一定时间常根据情况的变化，对原定的规划方案进行调整和修订。因此，在规划实施过程中，还要十分重视不断总结经验，积累资料，为规划的修订做好准备。

1.3　水利水电建设发展

1.3.1　水利水电建设发展状况[3,5]

中国的水利建设活动，可以追溯到夏朝的大禹治水，已有 4000 多年的历史。这一方面说明中国文化历史之悠久，但从另一方面来讲也说明了中国的水资源分布有不利之处，人民为了生存发展，不得不很早就开始兴修水利工程以防御水患。

　　然而，中国由于其独特的地理特点，从而产生频繁的水旱灾害。据统计（2014年），黄河流域 7~20 世纪共发生大水 110 次，大旱 95 次，平均每 6.8 年要发生一次大旱或大水。因此，水利建设的第一要务为防洪，附带抗旱、发电、通航等效益。自改革开放以来，水利建设得到迅速发展，水利水电建设尤为显著，迈进有史以来建设规模最大、效益最显著的时期。

　　中国水能资源丰富，理论蕴藏量为 6.76 亿 kW。1949 年，全国水电装机容量仅有 36 万 kW，发电量 12 亿 kW·h，经过 60 多年的努力，整体来看，2015 年全国水电装机容量达 2.9 亿 kW，其中常规水电 2.6 亿 kW，已建成常规水电占全国技术可开发装机容量的 48%。到 2020 年，全国水电总装机容量将达到 4.2 亿 kW。即未来五六年时间内，水电容量将增加 1.3 亿 kW。中国先后与 80 多个国家建立了水电规划、建设和投资的长期合作关系，成为推动世界水电发展的重要力量。

　　中国的水电站中，如三峡、二滩、小浪底、刘家峡、水口、龙家峡、岩滩、李家峡、隔河岩、天生桥一级和二级、五强溪、万家寨、大朝山、葛洲坝、白山等都是百万千瓦以上的著名水电站。抽水蓄能水电站建设较晚，但速度很快，已建成广州、天荒坪、十三陵等大容量、高水头蓄能水电站。三峡水电站大坝高程 185 m，蓄水高程 175 m，水库长 2335 m，总投资 954.6 亿元人民币，安装 32 台单机容量为 70 万 kW 的水电机组。三峡电站最后一台水电机组于 2012 年 7 月 4 日投产，这意味着，装机容量达到 2 240 万 kW 的三峡水电站，2012 年 7 月 4 日已成为全世界最大的水力发电站和清洁能源生产基地。随着水利建设的大规模发展，相应的科学技术水平迅速提高，人才不断锻炼成长，从而又促进了水利建设的发展。

　　60 多年来，中国的水利工作建成大量著名的大型水利水电工程，包括巨大的水库、水电站，特长输水隧洞，跨流域调水工程，特大灌溉和供水工程等。对水利科学中许多难题，组织研究单位进行攻关，在不少领域都达到国际先进水平。以水坝为例，中国已建成的高 240 m 的双曲拱坝（二滩）、高 178 m 的面板堆石坝（天生桥）、三峡混凝土重力坝（坝高 178 m）、小湾拱坝（坝高 292 m）、龙滩碾压混凝土重力坝和水布垭面板堆石坝（坝高 232 m）均名列世界前茅。一些国外专家在考察参观后认为："中国工程师能在任何江河上修建任何他们需要的大坝。"

　　中国政府高度重视水库大坝建设，新中国成立以来特别是改革开放以来，水库大坝建设取得巨大成就。我国的大坝建设技术也取得了重要突破，建成了三峡、二滩、小浪底等一批具有世界水平的工程。近几年，向家坝、糯扎渡、溪洛渡、锦屏 I 级和锦屏 II 级等大型水电工程也相继投入运行。全国水利普查（2014 年）显示，中国已建成各类水库大坝 9.8 万座，总库容 9300 多亿 m³，其中坝高 15 m 以上的就有 3.8 万座。21 世纪以来，针对水库大坝存在的病险问题，政府投入巨资实施了大规模病险水库除险加固，目前已累计完成 3 000 余座大中型、28 000 座小型病险水库除险加固任务。遍布全国的水库大坝在抗御洪旱灾害、调蓄利用水资源、提供清洁电能、修复补偿河流生态等方面发挥了重要作用。

1.3.2　水利水电建设发展中存在的若干问题

在过去的 60 多年里，中国的水利事业在取得举世瞩目成就的同时，也走过弯路，有尚未解决的历史问题，也有发展过程中由于失误而出现的新矛盾，主要体现在防洪、灌溉、城市供水以及生态环境上，但随着水利事业的不断发展，生态环境的破坏尤为突出。

水利工程建设对自然环境的影响，主要是不同的水利水电工程项目或同一工程的不同区域，由于所处的地理位置不同，其环境影响的特点各异。水利水电工程通常不直接产生污染问题，属非污染生态项目，其影响的对象主要为区域生态环境。水利水电工程的环境影响区域一般可分为库区、大坝施工区、坝下游区。库区的环境影响主要源于水库淹没和移民安置、水库水文情势的变化，受影响最大和最为重要的通常是生物多样性、水质、水温、环境地质、景观、人群健康、土壤侵蚀、土地利用、社会经济等因子，受影响的性质多数为不利影响；坝下游区的环境影响主要源于大坝调蓄引起的水文情势变化，受影响的主要是水文、河势、水温、水质、水生生物、湿地资源、入海河口生态环境、社会经济等因子，影响的性质有利有弊，影响的时间一般是长期的，影响的范围因区域的特点不同各异，有时可延伸至河口区。

要正确处理修建大型水利水电工程与保护生态环境的关系，就必须科学地、实事求是地分析修建大型水利水电工程可能导致什么样的生态环境问题，生态制约的具体表现是什么，并结合实际对具体问题进行具体分析，分清主次，抓住关键，用科学的发展观、人与自然和谐相处的理念正确认识并妥善处理现阶段遇到的问题，确保我国水电事业快速健康地发展。从普遍意义上讲，水利水电工程在环境方面的影响主要包括移民问题，对泥沙和河道的影响，对气候、水文、地质、土壤、水体、鱼类和生物物种的影响，以及对文物和景观的影响、对人群健康的影响等。主要涉及对自然环境的影响和对社会环境的影响。

1. 对自然环境的影响

1）对气候的影响

一般情况下，地区性气候状况受大气环流所控制，但修建大、中型水库及灌溉工程后，原先的陆地变成了水体或湿地，使局部地表空气变得较湿润，对局部小气候会产生一定的影响，主要表现在对降雨、气温、风和雾等气象因子的影响。

2）对水文的影响

水库修建后改变了下游河道的流量过程，从而对周围环境造成影响。水库不仅存蓄了汛期洪水，而且还截流了非汛期的基流，往往会使下游河道水位大幅度下降甚至断流，并引起周围地下水位下降，从而带来一系列的环境生态问题：下游天然湖泊或池塘断绝水的来源而干涸；下游地区的地下水位下降；入海口因河水流量减少引起河口淤积，造成海水倒灌；河流流量减少，使得河流自净能力降低；以发电为主的水库，多在电力系统中担任峰荷，下泄流量的日变化幅度较大，致使下游河道水位变化较大，对航运、灌溉引水位和养鱼等均有较大影响；当水库下游河道水位大幅度下降以至断流时，势必造成水质的恶化。

3）泥沙淤积问题

以三门峡水库为例说明水库淤积问题。水库于 1960 年蓄水，一年半后，15亿吨泥沙全部淤在潼关至三门峡河段，潼关河床抬高 4.5 m。淤积带延伸到上游的渭河口，形成拦门沙，两岸地下水位也随之抬高，从而造成两岸农田次生盐碱化对水体产生影响。

河流中原本流动的水在水库里停滞后便会发生一些变化：对航运造成影响，比如过船闸需要时间，从而会给上、下行航速带来影响；水库水温有可能升高，水质可能变差，特别是水库的沟汊中容易发生水污染，如水华现象的出现；水库蓄水后，随着水面的扩大，蒸发量的增加，水汽、水雾就会增多；等等。这些都是修坝后水体变化带来的影响。

4）对地质的影响

修建大坝后可能会触发地震、塌岸、滑坡等不良地质灾害。大型水库蓄水后可诱发地震，其主要原因在于水体压重引起地壳应力的增加，水渗入断层可导致断层之间的润滑程度增加，以及岩层中空隙水压力增加。水库蓄水后水位升高，岸坡土体的抗剪强度降低，易发生塌方、山体滑坡及危险岩体的失稳。水库渗漏易造成周围的水文条件发生变化，若水库为污水库或尾矿水库，则渗漏易造成周围地区和地下水体的污染。

5）对土壤的影响

水库蓄水引起库区土地浸没、沼泽化和盐碱化。在浸没区，因土壤中的通气条件差，而造成土壤中的微生物活动减少，肥力下降，影响作物的生长。水位上升引起地下水位上升，土壤出现沼泽化、潜育化，过分湿润致使植物根系衰败，呼吸困难。由库岸渗漏补给地下水经毛细管作用升至地表，在强烈蒸发作用下使水中盐分浓集于地表，形成盐碱化。土壤溶液渗透压过高，可引起植物生理干旱。

6）对鱼类和生物物种的影响

这里的鱼类是特指的，生物物种则泛指动物、植物和微生物。当前社会上极为关注的是大坝建设对洄游鱼类造成的影响。事实上，洄游鱼类由于种类不同，其生存的环境也各不相同，如鲟鱼，相当一部分是在北纬45℃左右的日本北海道和我国乌苏里江、黑龙江、松花江等河、海之间洄游。而且，并不是每条河流都有洄游鱼类。世界各国在建坝时解决鱼类洄游问题通常采取两种办法：一种是采取工程措施，建鱼梯、鱼道等；另一种是对洄游鱼类进行人工繁殖。我国长江葛洲坝工程建设中，解决中华鲟洄游问题就选择了人工繁殖的办法，事实证明是比较成功的。需要强调的是，在不同的地区、不同的河流上建坝，对鱼类和生物物种的影响是不同的。

2. 对社会环境的影响

1）对人群健康的影响

不少疾病如阿米巴痢疾、伤寒、疟疾、细菌性痢疾、霍乱、血吸虫病等直接或间接地都与水环境有关。例如丹江口水库、新安江水库等建成后，原有陆地变成了湿地，利于蚊虫滋生，都曾流行过疟疾病。由于三峡水库介于两大血吸虫病流行区（四川成都平原和长江中下游平原）之间，建库后水面增大，流速减缓，因此对钉螺能否从上游或下游向库区迁移并在那儿滋生繁殖，都是需要重视的环境问题。

2）对移民的影响

三峡水库将淹没陆地面积632 km²，移民总数超过110万人。移民政策的调整表现为：①将原计划在三峡库区就地后靠搬迁的部分农村移民，远迁到库区以外的经济发达地区，至今已经搬迁移民近40万，外迁的有10万。②对一批原计划搬迁重建的工矿企业实行破产或关闭，据资料统计，三峡库区原有1 599个工矿企业中有1 013个实行了破产或关闭。

3）对文物古迹和生态的影响

我国是历史文明古国，文物古迹极多。水库库区淹没后可能对文物古迹和生态景观带来影响，这一问题也需要引起高度重视。水库蓄水淹没原始森林，涵洞引水使河床干涸，大规模工程建设对地表植被的破坏，新建城镇和道路系统对野生动物栖息地的分割与侵占，都会造成原始生态系统的改变，威胁多种生物的生存，加剧了物种的灭绝。例如贡嘎山南坡水坝的修建，将造成牛羚、马鹿等珍稀动物的高山湖滨栖息活动地的丧失以及大面积珍稀树种原始林的淹毁。

4）公平约束问题

坚持以人为本，实现"五个统筹"，要求我们以促进人的全面发展为目的，以地区间经济社会的协调发展为原则。我们不能以牺牲一个地区的利益，来获取其他地区的利益；我们也不能牺牲一部分人的利益，来获取其他人的利益。例如，在跨流域调水时，必须同时兼顾水源区的经济、社会发展和生态保护的需要，对水源区给予合理的补偿。又如，在水权交换时，必须对水资源利用效率高的地区和产业给予适当的优惠，以促使水资源的合理流动，建设节水型社会。再如，建水库要淹没耕地，使淹没区群众失去生存和发展的根本，库区人民作出了很大牺牲，应当得到补偿和安置。在过去几十年中，我国水库移民安置经历了安置型和开发型两个阶段，尽管人均移民经费提高很多，但是很多问题仍然没有处理好。最近有专家建议研究"投资型"移民安置方式，即库区移民以其享有的居住权和土地使用权等作为资本入股，在电站经营中享有一定的股权，参与水电开发建设，使移民和开发方形成利益共同体，移民能长期共享水电开发的效益。移民区地方政府和移民代表作为股东参与工程建设的决策管理。这一建议值得研究探索。其实，早在 19 世纪，法国农民就以土地作为抵押获得农业贷款发展农业经济。现在，库区失去了土地，等于把土地作为投资股份。这一思路如果能够推行，将带来我国水库移民安置方式的革命性转变。

5）技术约束问题

这里所说的技术约束不是指传统的水工技术，对于传统的水工技术，应当说，我们已经在世界上领先了，但是，基于生态学与水利水电工程学有机结合的水工技术在长江流域才刚刚起步。从维持长江健康生态角度来看，我们的水工技术还有许多需要改进和完善的地方。例如，在水利水电工程勘测工作中，目前普遍大量采用传统的地质勘探手段，对工程区的生态环境造成一定的影响，需要大力发展对生态环境影响较小的工程勘测技术，如"3S"技术以及物探勘测新技术。又如，传统的水工设计中对河流形态多样化重视不够，忽略了河流湖泊与岸上生态系统的有机联系，大量的开挖改变了原有的自然地形、地貌，使生态环境受到破坏和影响。因此，在规划河流形态、设计河流断面时，应遵循河流自然演变的规律，科学确定水流主槽、滩地、护岸的功能，包括防洪、生态、亲水性、文化、体育、娱乐等。在护岸工程设计时，增加亲水空间和生态系统保护空间，建设亲水河岸。在堤防、护岸工程的材料选择上，应尽量少用硬质材料，多用自然材料，同时注重开发应用生态环保型的建筑材料。大型水利工程对生态环境的影响还表现为对鱼类的生长与繁殖的影响，规划设计在这方面相应的研究工作还应加强。

随着环境保护意识的增强，人们已经充分认识到保护环境和维持生态平衡对人类生存与可持续发展的极端重要性。当前，水利水电工程师们亟须进一步树立和提高生态与环境保护的意识，充分认识水利水电工程对环境与生态可能产生的重大而潜在的影响，在流域的开发，水利水电工程的规划、设计、施工、调度及水库运行中，均应充分考虑生态与环境的要求，使水利工程在造福人类的同时，对生态环境的不利影响降至最小。

1.3.3　水利水电建设发展前景

1. 走可持续发展之路

我国幅员辽阔，水资源分布极不均匀，各地水资源开发条件又不相同。"水利"一般涵盖防洪、供水、灌溉、航运以及发电等等，水利水电与水利行业、电力行业以及能源、水文地质等部门有关。水利水电的发展离不开当地电网中能源的各种组成部分，一般的电网由水电和火电组成，水电具有较好的调峰性能，可改善电网的输电质量，然而当该地区水能资源开发殆尽，水电与火电就不能同步增长，水电所占比重低下时就会造成电网中日调峰电能减少，而低谷时又会造成电流周波和电压的加大，大大影响了输电质量。

由于国民经济的增长和生活质量的提高，一个电网往往会随着时间的推移，其容量逐渐减小。当水电发展受到水资源和水能资源限制时，大量新型能源如风能、太阳能、核能等就会兴起，必然造成电网中水电可调峰电能相对减小。水利水电发展受水资源和水能资源的限制，火电的发展受限于矿石资源和有害气体的排放，而可再生新能源大多不稳定且有间歇性，由此可知单独发展其中之一都不能满足人们生活水平的要求，可再生新能源和水电火电的发展都离不开其他资源和各个行业的互相支持。若可以相互协调发展，便能达到共同进步的目标。

从国际视角出发，近20年来欧美日等国家和地区的电能结构比重不断调整，煤电、核电相对减少，大大增加了调峰性能较好的液化天然气、石油气电站等。而我国的能源情况恰恰相反，煤电比重持续居高不下，比重相当大。调峰填谷的需求与日俱增，蓄能运行能够使电网中低谷时剩余电能转换成尖峰时的宝贵电能，所以，抽水蓄能的发展仍然是我国当今水利水电工程的主流。进行水利水电的可持续发展还有一些措施，如对于开发条件和控制性能良好的水利水电工程应当优先修建，还可以跨区域引水或者跨区域送电等。当然，在选择合理方法时，应全盘考虑除害兴利。

2. 加强国际交流与合作，推进水利建设发展

大力引进利用外资，拓宽投资渠道，加快水利建设速度。通过开展合作研究，引进国外先进技术，提升水利科技实力，提高水资源管理水平与能力。同时积极实施"引进来"和"走出去"战略，扩大水利国际合作与交流范围，走出国门，积极开拓国际市场，开展技术交流与合作，承揽国际大中型水电和电

力项目。

1.4　水利水电工程管理[8-10]

　　水利水电工程管理就是为了最大限度满足国民经济发展、社会进步和人类与自然和谐可持续发展的需要，运用诸如行政、法律、经济、技术和教育等手段，维护水利水电工程的健康和正常发挥工程效益而采取的一系列措施的总和。

　　水利水电工程全过程一般分为三大阶段：工程开工前期工作阶段，包括流域管理、项目建议书、可行性研究、初步设计、施工图设计等；工程开工后到竣工验收为施工阶段，包括工程招标、工程施工、设备安装、竣工验收等；第三阶段为生产运行阶段，主要包括生产运行与后评价。

1.4.1　水利水电前期管理

　　工程建设前期准备工作阶段是水利工程建设程序中的第一个阶段，也是一个不可或缺的重要阶段，对工程建设后续阶段有巨大的影响，直接指导施工阶段的顺利进行。

1. 流域管理

　　相比一般经济活动主要按行政区域进行管理，对水资源实施流域管理主要是由水资源的自然特性决定的。流域是指地表水的集水区域，水资源按流域构成一个统一体，地表水与地下水相互转换，上下游、干支流、左右岸、水量水质之间相互关联，相互影响。水资源的另一特征是它的多功能性，水资源可以用来灌溉、航运、发电、供水、水产养殖等，并具有利害双重性。因此，水资源开发、利用和保护的各项活动只有在流域内实行统一规划、统筹兼顾、综合利用，才能兴利除害，发挥水资源的最大经济、社会和环境效益。

　　从国内外实践情况来看，流域管理有广义和狭义两种内涵，广义的流域管理范围宽泛，涉及自然环境、人类活动及各种类型的法规和政策；狭义的流域管理是指国家以流域为单元、以水资源管理为核心的管理活动，包括对水资源的开发、利用、治理、配置、节约保护以及防治水旱灾害等活动的管理。流域管理的实施手段一般包括通过立法确立流域管理目标、原则和运行机制，通过编制流域综合规划指导流域治理开发与保护，通过利益相关方参与实现利益协调，通过引入各种经济手段并完善投融资机制推动流域管理工作，通过数据监测和信息技术应用提高管理能力，通过开展宣传教育提高流域内公众的流域管理意识。

2. 项目建议书

项目建议书（又称项目立项申请书或立项申请报告）是由项目承建单位或项目法人根据国民经济的发展、国家和地方中长期规划、产业政策、生产力布局、国内外市场、所在地的内外部条件，就某一具体新建、扩建项目提出的项目的建议文件，是对拟建项目提出的框架性的总体设想。它要从宏观上论述项目设立的必要性和可能性，把项目投资的设想变为概略的投资建议。

3. 可行性研究

可行性研究报告是确定建设项目之前具有决定性意义的工作，是在投资决策之前，对拟建项目进行全面技术经济分析的科学论证。在投资管理中，可行性研究是指对拟建项目有关的自然、社会、经济、技术等进行调研、分析比较以及预测建成后的社会经济效益。在此基础上，综合论证项目建设的必要性、财务的盈利性、经济上的合理性、技术上的先进性和适应性以及建设条件的可能性和可行性，从而为投资决策提供科学依据。

4. 初步设计与施工图设计

设计是对拟建工程的实施在技术上和经济上所进行的全面而详细的安排，根据建设项目的不同情况，设计过程一般分为两个阶段，即初步设计和施工图设计。重大项目和技术复杂项目可根据不同行业的特点和需要，增加技术设计阶段。

初步设计是在可行性研究的基础上对项目建设的进一步勘测设计工作，其成果是初步设计报告，经批准的初步设计报告确定了项目的建设规模和建设投资。

施工图设计是按初步设计或技术设计所确定的设计原则、结构方案和控制尺寸，根据建筑安装的需要，分期分批地编制工程施工详图。其主要工作为：对初步设计拟定的各项建筑物，进一步补充计算分析和实验研究，深入细致地落实工程建设的技术措施，提出建筑物尺寸、布置、施工和设备制造、安装的详图、文字说明，并编制施工图预算，作为预算包干、工程结算的依据。

1.4.2　水利水电建设期管理

1. 工程建设招标投标

招标是一种竞争性的市场采购方式，即发包方通过公告等形式，招引或邀请具有能力的企业参与投标竞争，通过一定的招标程序，从所有应标投标者中，择优选择合格的投标者作为中标者。十一届三中全会后，经济改革和对外开放揭开了我国招投标的历史新篇章。2000 年 1 月 1 日，《中华人民共和国招标投标法》正式施行，招投标进入一个新的发展阶段。

自《中华人民共和国招标投标法》实施以来，水利系统领导和纪检监察干部都十分重视，把贯彻落实放到了首位，纳入了议事日程，进一步加大了对水利工程建设项目招投标工作的监督和管理。积极采取措施，规范了招投标活动程序，坚持了公开、公平、公正和诚实信用的原则，控制了建设成本，强化了业主责任，保证了工程功能和质量，规范了市场秩序，从源头上预防并遏制了腐败行为，水利工程建设项目招投标工作正规范、有序、健康地发展。

2. 工程建设进度控制

工程项目建设进度是最重要的建设目标之一，首先是保证建设项目的总工期，使项目按时交付使用，如一个枢纽按时完工，在此基础上发挥配套工程的效益，或实现流域的总体开发目标；其次是控制阶段性目标，使得工程建设的分目标（如通航、发电）得以实现，从而使工程项目及早发挥效益；然后是保证建设过程按计划有条不紊地进行，避免停工、窝工现象出现，节省工程建设费用。

进度目标指的是项目动用的时间目标，即项目交付使用的时间目标，是项目管理较为重要一项目标。项目的进度目标与投资目标、质量目标是对立统一关系。通过对项目建议书、可行性研究、项目决策、设计、施工、验收等系统运动过程计划、组织、指挥、协调和控制，以达到保证工程质量，缩短工期，提高投资效益的目的，也就是完成项目的进度、质量和投资的三大目标控制。加快项目的建设进度（当然是在保证质量，以及合理适度地增加投资的前提下），可以缩短工期，使项目尽早地投入使用，加快资金回收，提高项目全寿命周期经济效益。

3. 质量和安全管理

质量是产品的生命，是工程建设管理最重要的目标。质量管理发展主要经历以下三个阶段：质量检验阶段、质量统计阶段、全面质量控制阶段。

为了有效地控制工程质量，建设单位需配备精干高效的管理层，建立完善的管理制度，增强制度的执行力，并且选择作风优良、技术过硬、履约能力强、标价合理的设计、施工、监理单位。狠抓关键环节，解决棘手的瓶颈问题，提高建设单位自身的服务理念。因此，工程之初就强调树立精品意识，以抓好设计质量为质量控制的源头，为此充分赋予监理权力进行施工质量控制。而且工程建设始终强调以人为本，充分沟通，发挥团队力量，对工程做到全过程、全方位的质量监控，从而有效地实现工程项目的全面质量控制。

每一个水利水电施工企业都必须遵守的理念是"安全第一，预防为主，综合治理"。要对企业和劳动者负责，首先就要确保施工安全，安全生产也是促进国民经济稳定持续发展、维护社会安定团结的基本条件。因此每个企业必须重视加强安全管理与安全控制工作。

保持安全管理的长效性应该注意以下几个问题：首先就是建立起水利水电工程施工方的安全管理组织，而且要确保这个组织的正常高效运营，这是安全管理工作的组织保证。其次就是要做好安全技能培训及安全知识教育工作，并落实、健全安全职责及其一系列规章制度，同时对施工过程中出现的安全事故应该及时处理，并且对安全事故的发生原因进行分析，调查清楚安全事故的发生过程，不能放过防范措施未落实的事件。最后，还应该制订并实施企业生产事故应急救援预案，时常组织领导及员工进行演习，并逐渐完善，使大家在真正遇到事故时能够从容面对。

4. 合同与信息管理

合同管理是水利水电工程建设管理的重要内容之一，在当前体制下，如何做好各项合同管理，确保工程建设各方利益，保证工程的顺利实施是一项十分重要的课题。合同管理的重要性体现为：合同管理是施工阶段造价控制的重要手段，也是市场经济的要求；加强建设施工的合同管理是规范建设各方行为的需要；加强合同管理是适应国际化发展的重要要求。

水利水电工程建设中存在复杂的信息流，对水利水电工程建设进行信息管理同样是工程建设顺利实施的基础和保证，同时，随着信息领域相关技术的不断成熟与应用，水利水电工程建设信息管理的层次在不断提升，管理平台的功能日益完善，信息系统日益人性化。其重要性反映如下：信息是水利水电工程管理不可缺少的资源；信息管理是项目管理人员实施控制的基础；信息是进行项目管理决策的依据；信息是项目管理人员协调工程项目建设各参与单位之间关系的纽带；信息是设计单位、施工承包单位等竞争的有力工具。

水利水电工程项目管理过程中，需要处理大量的信息，而传统的信息管理技术已远不能胜任快节奏工程建设的需要。数据库技术、管理信息系统、网络技术等发展与应用，为工程项目信息管理提供了更优越的管理环境、管理方式。

1.4.3　水利水电运行期管理

水利水电工程经过前期勘测设计和建设施工并通过竣工验收合格后即转入运行期管理。水利水电工程的建成，为发展国民经济创造了有利条件，但要确保工程安全，充分发挥工程效益，还必须加强工程管理。"三分建，七分管"，对水利水电工程而言，建设是基础，管理是关键，使用是目的。工程管理的好坏，直接影响效益的高低，管理失当可能造成严重事故，给国家和人民生命财产带来不可估量的损失。

所有从事水利水电工程建设和管理的人员都必须克服"重新建，轻管理"的思想，管理部门和从事工程管理的人员必须严格执行工程技术管理的各项规章制度，并按时进行观测和养护，通过检查观测了解建筑物的工作状态，及时发现隐患；对工程进行经常的养护，对病害及时处理；开展科学研究，不断提高管理水平，逐步实现工程管理现代化。确保工程的安全、完整，充分发挥工程和水资源的综合效益。水利水电工程是国民经济的基础产业，特别是大型水利水电工程，它关系到国民经济的许多部门，工程管理不好，不仅不能发挥应有的效益，反而会缩短工程的寿命，甚至发生事故，威胁千百万人民生命财产的安全，影响国民经济建设的正常进行。

参　考　文　献

[1] 王腊春，史运良，曾春芬. 水资源学[M]. 南京：东南大学出版社，2014
[2] 中国工程院"世纪中国可持续发展水资源战略研究"项目组. 中国可持续发展水资源战略研究综合报告[J]. 中国工程科学，2000, 2(8): 1-17
[3] 贾金生. 中国大坝建设60年[M]. 北京：中国水利水电出版社，2013
[4] 魏松，王慧. 水利水电工程导论[M]. 北京：中国水利水电出版社，2012
[5] 田士豪，周伟. 水利水电工程概论[M]. 第3版. 北京：中国电力出版社，2010
[6] 姜弘道. 水利概论[M]. 北京：中国水利水电出版社，2010
[7] 王文川. 水利水电规划[M]. 北京：中国水利水电出版社，2013
[8] 梅孝威. 水利水电工程管理[M]. 北京：中国水利水电出版社，2003
[9] 申明亮，何金平. 水利水电工程管理[M]. 北京：中国水利水电出版社，2011
[10] 中华人民共和国水利部. 水利水电工程初步设计报告编制规程: SL 619—2013[S]

第2章 水利工程

2.1 水利枢纽及水工建筑物[1-3]

2.1.1 水利枢纽

为了综合利用水资源，最大限度地满足各用水部门的需要，实现除水害、兴水利的目标，必须对整个河流和河段进行全面综合开发、利用和治理规划，并根据国民经济发展的需要分阶段分步骤地建设实施。为了满足防洪要求和获得灌溉、发电、供水等方面的效益，需要在河流适宜地段修建各种不同类型的建筑物，用来控制和支配水流，这些建筑物统称为水工建筑物。集中建造的几种水工建筑物配合使用，形成一个有机的综合体，称为水利枢纽。

一个水利枢纽的功能可以是单一的，如防洪、灌溉、发电、引水等，但多数是同时兼有几种功能，称为综合利用水利枢纽。如果水工建筑物所组成的综合体覆盖相当大的一个区域，其中不仅包括一个水利枢纽，甚至可能包括几个水利枢纽，形成一个总的系统，那么这一综合体称为水利系统。例如，以苏北灌溉总渠为骨干的苏北灌溉系统，京杭南北大运河航运系统，等等。

2.1.2 枢纽的主要建筑物

枢纽水工建筑物是为了达到防洪、发电、灌溉、供水、航运等目的，用以控制和支配水流的建筑物。一个水利枢纽究竟要包括哪些组成建筑物，应由河流综合利用规划中对该枢纽提出的任务来确定。例如，为满足防洪、发电及灌溉的要求，需要在河流适宜地点修建拦河坝，用以抬高水位形成水库，调节河道的天然流量，把河道丰水期的水储蓄在水库中供枯水期引用，即把洪水期河道不能容纳的部分洪水，存蓄在水库里，以便削减河道的洪水流量，防止洪水灾害的发生。另外，在运行过程中还可能会遇到水库容纳不下的洪水，这就需要建造一个宣泄洪水的通道，叫做溢洪道或泄洪隧洞。当用拦河坝的一段兼作溢洪道时称为溢流坝。为了引用库中蓄水以供农田灌溉和城市供水或进行水力发电等，还要建造通过坝身的引水管或穿过岸边山体的引水隧洞。

下面结合工程实例加以说明。

图 2-1 所示为长江干流上著名的葛洲坝水利枢纽工程。长江在该处原有两个
江心洲（葛洲坝和西坝），分江流为三，从右到左依次称大江、二江、三江，枢纽
横跨长江及其两洲，施工比较方便，这是一座低水头大流量的水利枢纽，兼有径
流发电、航运和为上游三峡水利枢纽进行反调节的综合效益。其组成建筑物包括：
二江泄水闸，枢纽中控制水流的主要建筑物共 27 孔，每孔净宽 12 m、高 24 m。
弧形闸门控制，闭门时拦截江流，稳定上游水位，开门时泄水，排沙防淤，满足
防洪要求，最大泄流量 83 900 m³/s。河床式水电站，设计水头 18.6 m，分设于泄
水闸两侧，其中，二江电厂装有单机容量 17 万 kW 的水轮发电机组 2 台和单机容
量 12.5 万 kW 的机组 5 台；大江电厂装有单机容量 12.5 万 kW 的机组 14 台；水
电站总装机容量 271.5 kW。船闸共有 3 座，以保证长江航运，1 号船闸位于大江，
2、3 号船闸位于三江。1、2 号船闸的闸室有效长度均为 280 m，净宽 34 m，槛上

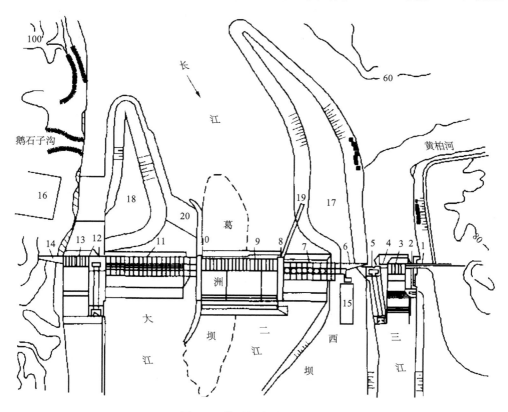

图 2-1　葛洲坝水利枢纽工程

1-左岸土石坝；2-3 号船闸；3-三江冲沙闸；4-三江混凝土坝段；5-2 号船闸；6-黄草坝混凝土坝段；7-二江电站；
8-左导墙；9-二江泄洪闸；10-右导墙；11-大江电站；12-1 号船闸；13-大江冲沙闸；14-右岸土石坝；15-220 kV
开关站；16-500 kV 开关站；17-三江防淤堤；18-大江防淤堤；19，20-导沙坝

最小水深 5 m。3 号船闸的闸室有效长度为 120 m，净宽 18 m，槛上最小水深 3.5 m。1、2 号船闸可通过 12 000~16 000 吨级船队，一次过闸时间 51~57 min，3 号船闸可通过 3000 t 级以下船队，一次过闸时间 40 min。冲沙闸，分设于两条独立人工航道上，其中，三江航道设 6 孔，大江航道设 9 孔，采用"静水通航，动水冲沙"的运行方式，以防航道淤积。此外，在两个电厂的进水口前均设置了导沙坎，在厂房底部还设置了排沙底孔，进一步加强了防沙、排沙效果。

通过以上水利枢纽的工程实例可以看出，根据水利枢纽承担的任务，其组成建筑物的规模、类型和数目也会有很大的差异，枢纽中建筑物的种类、尺寸、相互位置与当地的地形、地质、水文及施工等条件也有着密切关系。另外需要说明的是，防洪、发电、灌溉等各部门对水的要求不尽相同。例如，城市供水和航运部门要求均匀供水，而灌溉和发电需要按指定时间放水，农业及生活用水需要消耗水量，而发电则只是利用了水的能量。又如，防洪部门希望尽量加大防洪库容，以便能够拦蓄更多的洪水；而用水部门则希望扩大兴利库容，以提高供水能力；等等。为了协调上述各部门之间的矛盾，在进行水利枢纽规划时，应当在流域规划的基础上，根据枢纽工程所在地区的自然条件、社会经济特点以及近期与远期国民经济发展的需要等，统筹安排，合理开发利用水资源，做到以最小的投资来最大限度地满足国民经济各个部门的需要，充分发挥水利枢纽的综合效益。

2.1.3 水工建筑物的分类

水工建筑物是为了达到防洪、发电、灌溉、供水、航运等目的，用以控制和支配水流的建筑物。水工建筑物的种类繁多，形式各异，按其在枢纽中所起的作用可以分为以下几种类型：

（1）挡水建筑物。挡水建筑物用以拦截江河，形成水库或抬高水位。例如，各种材料和类型的坝和水闸；为防御洪水或阻挡海潮，沿江河海岸修建的堤防、海塘等。

（2）泄水建筑物。泄水建筑物用以宣泄多余水量，排放泥沙和冰凌，或为人防、检修而放空水库等，以保证坝和其他建筑物的安全；水库枢纽中的泄水建筑物可以与坝体结合在一起，如各种溢流坝、坝身泄水孔；也可设在坝体以外，如各式岸边溢洪道和泄水隧洞等。

（3）输水建筑物。输水建筑物为灌溉、发电和供水的需要，从上游向下游输水用的建筑物，如引水隧洞、引水涵管、渠道、渡槽、倒虹吸等。

（4）取（进）水建筑物。取（进）水建筑物是输水建筑物的首部建筑，如引水隧洞的进口段、灌溉渠首和供水用的进水闸、扬水站等。

（5）整治建筑物。整治建筑物用以改善河流的水流条件，调整水流对河床及河岸的作用，以及为防护水库、湖泊中的波浪和水流对岸坡的冲刷，如丁坝、顺坝、导流堤、护底和护岸等。

（6）专门建筑物。专门建筑物是为灌溉、发电、过坝需要而兴建的建筑物，例如专为发电用的压力前池、调压室、电站厂房，专为渠道或航道设置的沉沙池、冲沙间，以及专为过坝用的船闸、升船机、鱼道、过木道等。

应当指出的是：有些水工建筑物的功能并非单一，难以严格区分其类型，如各种溢流坝，既是挡水建筑物，又是泄水建筑物；水闸既可挡水，又能泄水，有时还作为灌溉渠首或供水工程的取水建筑物，等等。

2.1.4　水工建筑物的特点

水利工程的水工建筑物与一般土木工程的工业与民用建筑物相比，除了具有工程量大、投资多、工期长等特点之外，还具有以下几方面的特点。

1. 工作条件的复杂性

由于水的作用和影响，水工建筑物的工作条件比一般工业与民用建筑物复杂得多。

首先，天然来水量的大小是由水文分析确定的，水文条件对工程规划、枢纽布置、建筑物设计和施工都有重要影响，要在有代表性、一致性和可靠性资料的基础上，进行合理的分析与计算，做出正确的估计。其次，水对建筑物产生作用力，包括静水压力、动水压力、浮托力、浪压力、冰压力及地震动力水压力等。因此，建筑物需要有足够的强度和抗滑稳定能力，以保证工程安全运行。水工建筑物上、下游存在水位差时，将在建筑物内部及地基中产生渗透水流，导致对建筑物稳定不利的渗透压力，还可能引起渗透变形破坏；过大的渗流还会造成水库严重漏水，影响工程效益和正常运行。因此，水工建筑物一般都要认真解决防渗问题。泄水建筑物的过水部分，水流的流速往往比较高，高速水流可能对建筑物产生空蚀、振动以及对河床产生冲刷。因此，在进行泄水建筑物设计时，需要选择合理的体形和妥善解决消能防冲等问题。

水流往往挟带泥沙，带来许多问题，造成水库淤积，减少有效库容；产生泥沙压力，加大建筑物荷载；闸门淤堵，影响正常启闭；河道淤积，影响行洪、航运；渠道淤积，减小输水能力等。含有泥沙的高速水流，还会对过水建筑物和水力机械产生磨损造成破坏。因此，水工建筑物的设计必须认真研究泥沙问题。除了上述水的机械作用外，还要注意水的其他物理化学作用。例如，水对建筑物钢结构部分的腐蚀（氧化、生锈）；渗透水可能对混凝土或浆砌石结构中的石灰质的溶滤作用以及混凝土中孔隙水的周期性冻结和融化的破坏作用等。

水工建筑物的型式、构造尺寸,与建筑物所在地的地形、地质、水文、建筑材料储量等条件密切相关。但是几乎没有两个工程的地形条件完全相同,地质条件更是不尽相同。在岩石地基中经常遇到节理、裂隙、断层、破碎带、软弱夹层等地质构造;在土基中也可能遇到压缩性大、强度低的土层或流动性强的细砂层。为此,必须周密勘测、正确判断,提出合理、可靠的处理措施。由于水工建筑物工程量大,当地建筑材料储备情况对建筑物的型式选择有重大影响,主要建筑材料应就地取材,以降低工程造价。由于自然条件的千差万别,每一个工程都有其自身的特定条件,因而水工建筑物设计选型总是只能各自独特进行,以适应不同的自然条件,除非小型工程的建筑物,一般不能采用定型设计。当然,水工建筑物中某些结构部件的标准化则是可能而且必要的。

2. 受自然条件约束,施工难度大

在河道中建造水工建筑物,比在陆地上的土木工程施工难度大得多。自然条件包括地形、地质、水文、气象、当地材料、对外交通等。一般来说,同样的坝高情况下,河道越窄,坝体方量越小,投资就越省。但是,在狭窄河道处,枢纽布置和工程施工相对困难。水工建筑物的基础地质情况对大坝安全至关重要。在地质条件好、岩石坚硬的地方,适合建高坝,且投资省,反之,则需要大量的资金用于地基处理。坝址当地的材料情况,往往是决定拦河大坝坝型的重要因素。水文更是决定工程规模和工程效益的重要条件。没有任何两个水利水电枢纽的自然条件是完全一样的,所以,只能根据具体的自然条件区别对待。

首先,要解决复杂的施工导流问题,修建在江河上的水工建筑物拦断河流,施工期必须采取合适的导流措施,也就是迫使原河道水流按特定通道下泄,选择适当的时机对大江截流,以创造并维持工程建设的施工空间,在有的河流上还要求施工期间不断航,更增加了施工难度,这是水工建筑物设计和施工中的一个重要课题;其次,工程进度紧迫,截流、度汛需要抢时间、争进度、与洪水"赛跑",有时需要在特定的时间内完成巨大的工程量,否则就要拖延工期,甚至造成损失;第三,施工技术复杂,如大体积混凝土的温控措施和复杂地基的处理等;第四,地下、水下工程多,施工难度大;第五,机械设备部件大,建筑材料用量大,交通运输比较困难,特别是高山峡谷地区更为突出;第六,大中型水利工程的施工场面大,工种多,因而场地布置、组织管理工作也十分复杂,有的工程为了尽早获得投资收益,不等工程全部建成即将部分机组提前投入发电,使施工组织更加复杂。

3. 工程效益大，对周围的影响大

水工建筑物，特别是大型水利枢纽的兴建，将会给国民经济带来显著的经济效益和社会效益。例如，丹江口水利枢纽建成后，防洪、发电、灌溉、航运和养殖等效益十分显著。在防洪方面，大大减轻了汉江中下游的洪水灾害；在发电方面从 1968 年 10 月到 1983 年年底就发电 524 亿 kW·h，经济效益达 34 亿元，相当于工程造价的 4 倍，还为河南、湖北灌溉农田 1100 万亩，为南水北调创造了条件。小浪底工程建成后，将在防洪、防凌、减淤、供水、发电等方面发挥重要作用，产生重大的社会效益和经济效益。据估计，除得到符合社会折现率 12%的社会盈余外，还可为国家创造 78 亿元的超额盈余。举世瞩目的长江三峡建成后，也在防洪、发电、航运、旅游等各方面产生巨大效益，并对中国的国民经济建设产生深远的影响。

4. 失事后果的严重性

大型蓄水工程一旦失事决口，将会给下游人民的生命财产和国家建设带来巨大的损失。特别是挡水建筑物的破坏，可能造成下游毁灭性的损失，因此水工建筑物必须严格遵守建设程序。对于挡水建筑物、泄水建筑物等的水工建筑物，需要较高的设计安全系数，以确保工程安全。作为蓄水工程主体的坝或江河的堤防，据统计，近年来全世界每年的垮坝率虽较过去有所降低，但仍在 0.2%左右。1975 年 8 月，中国河南省遭遇特大洪水，加之板桥、石漫滩两座水库垮坝，使下游 1000 万亩农田受淹，京广铁路中断，死亡人数达 9 万人，损失十分惨重。据统计，大坝失事主要原因，一是洪水漫顶，二是坝基或结构出现问题，两者各占失事总数的 1/3 左右。应当指出，有些水工建筑物的失事与某些难以预见的自然因素或人们当时认识能力和技术水平限制有关，也有些是对勘测、试验、研究工作重视不够或施工质量欠缺所致，后者必须加以杜绝。鉴于水利工程和水工建筑物的失事会给下游人民的生命财产和工农业生产带来巨大损失，因此从事勘测、规划、设计、施工、管理等方面的工程技术人员，必须要有高度负责的精神和责任感，既要解放思想敢于创新，又要实事求是按科学规律办事，从而确保工程安全和充分发挥工程效益。

2.2 水利枢纽分等和水工建筑物的分级[4,5]

不同规模的水利水电工程在国民经济中的重要性是不同的，工程失事后的影

响程度也是大相径庭。设计时，采用与工程规模相适应的设计标准，可以在工程安全运行的前提下，使工程建设的投资更经济。例如，丹江口工程和三峡工程位于特大城市武汉和著名的农业基地江汉平原的上游，工程一旦失事，可能造成江汉平原，洞庭湖平原、武汉地区等地淹没，其损失在国民经济中不可估价。在设计和建设上，要做到万无一失。而某些山区小水库，即使失事，充其量造成一些山地被淹没，人员伤亡都是可以避免的。如果在建设中对所有工程采用同一个设计标准，前者可能存在较大的不安全因素，后者则可能造成某些浪费。将不同的水利水电枢纽按其工程的规模、效益以及在国民经济中的重要性分成不同的等别，采用与之相适应的设计洪水标准和设计安全系数，从而使工程建设达到安全、经济的目的。

水利部 2000 年颁布的《水利水电工程等级划分及洪水标准》（SL 252—2000），将不同的水利水电枢纽工程按其规模、效益和在国民经济中的重要性分为五等，见表 2-1。在综合利用的工程中，综合比较各项规模指标，取其中达到的最高等别为整个枢纽的等别标准。特殊工程在论证的基础上，可以提高一等或降低一等。

表 2-1　水利水电工程分等指标表

工程等级	工程规模	水库总库容（10^9m^3）	防洪		治涝	灌溉	供水	发电
			保护城镇及工矿企业的重要性	保护农田（10^4亩）	治涝面积（10^4亩）	灌溉面积（10^4亩）	供水对象重要性	装机容量（MW）
I	大(1)型	≥10	特别重要	≥500	≥200	≥150	特别重要	≥1200
II	大(2)型	10~1.0	重要	500~100	200~40	150~50	重要	1200~300
III	中等	1.0~0.10	中等	100~30	60~15	50~5	中等	300~50
IV	小(1)型	0.10~0.01	一般	30~5	15~3	5~0.5	一般	50~10
V	小(2)型	0.01~0.001	—	≤5	≤3	≤0.5	—	≤10

表 2-1 中水库总库容指校核洪水位以下的水库库容，灌溉面积等均指设计面积。对于综合利用的工程，如按表中指标分属几个不同等别时，整个枢纽的等别应以其中最高等别为准。挡潮工程的等别可参照防洪标准 GB 50201—2014 的规定，在潮灾特别严重地区，其工程等别可适当提高。供水工程的重要性，应根据城市及工矿区和生活区供水规模、经济效益和社会效益分析决定。分等指标中有关防洪、灌溉两项指防洪或灌溉工程系统中的重要骨干工程。

确定了水利水电枢纽的等别后，继而可确定枢纽中不同建筑物的级别。枢纽中的水工建筑物按其所属枢纽工程的等别及其在工程中的作用和重要性分为 5 级，见表 2-2。

表 2-2 水工建筑物级别的划分

工程等级	永久性建筑物		临时性建筑物
	主要建筑物	次要建筑物	
一	1	3	4
二	2	3	4
三	3	4	5
四	4	5	5
五	5	5	—

表 2-2 中永久性建筑物指枢纽工程运行期间使用的建筑物，根据其重要性程度又分为主要建筑物和次要建筑物。

主要建筑物指失事后将造成下游灾害或严重影响工程效益的建筑物，例如坝、泄水建筑物、输水建筑物及电站厂房等。次要建筑物指失事后不至于造成下游灾害，或对工程效益影响不大、易于恢复的建筑物，例如失事后不影响主要建筑物和设备运行的挡土墙、导流墙、工作桥及护岸等。临时性建筑物指枢纽工程施工期间使用的建筑物，例如导流建筑物等。

按表 2-2 确定水工建筑物级别时，如该建筑物同时具有几种用途，应按最高级考虑，仅有一种用途时则按该项用途所属级别考虑。

对于二至五等工程，在下述情况下经过论证可提高其主要建筑物级别：一是水库大坝高度超过表 2-3 数值者提高一级，但洪水标准不予提高；二是建筑物的工程地质特别复杂，或采用缺少实践经验的新坝型、新结构时提高一级；三是综合利用工程，如按库容和不同用途的分等指标有两项接近同一等别的上限时，其共用的主要建筑物提高一级；四是对于临时性水工建筑物，如其失事后将对下游城镇、工矿区或其他国民经济部门造成严重灾害或严重影响工程施工时，视其重要性或影响程度，应提高一级或两级。

表 2-3 需要提高级别的坝高界限

坝的原级别		2	3	4	5
坝高（m）	土坝、堆石坝、干砌石坝	90	70	50	30
	混凝土坝、浆砌石坝	130	100	70	40

不同级别的水工建筑物采用不同的洪水标准和设计安全系数。山区丘陵地区和平原地区的洪水特征和运用条件有所不同，洪水标准也有所不同，见表 2-4 和表 2-5。

表 2-4　山区丘陵永久性水工建筑物洪水标准（重现期）

项目		水工建筑物级别				
		1	2	3	4	5
设计		1 000~500	500~100	100~50	50~30	30~20
校核	土石坝	PMF 或 10 000~5000	5000~1000	2000~1000	1000~300	300~200
	混凝土坝、浆砌石坝	5000~2000	2000~1000	1000~500	500~200	200~100

注：PMF 为可能最大洪水

表 2-5　平原地区水工建筑物洪水标准（重现期）

项目		永久性水工建筑物级别				
		1	2	3	4	5
水库工程	设计	300~100	100~50	50~20	20~10	10
	校核	2000~1000	1000~300	300~100	100~50	50~20
拦河闸	设计	100~50	50~30	30~200	20~10	10
	校核	300~200	200~100	100~50	50~30	30~20

2.3　枢　纽　布　置[5-7]

　　枢纽布置是研究枢纽中各个水工建筑物之间的相互位置。广义的枢纽布置包括坝址选择、坝型选择和枢纽布置。坝址选择、坝型选择和枢纽布置三者之间是相互联系的。不同的坝址适用于不同的坝型，因而具有不同的枢纽布置。由于水文、地质、地形条件各不相同，水利水电枢纽工程中水工建筑物组成不同，每个枢纽的布置也是各有特点。

2.3.1　枢纽布置的任务和设计阶段

1. 枢纽布置的任务

　　水利枢纽是综合利用水资源，发展防洪、灌溉、发电、航运、工业及民用供水、养鱼等水利事业的工程措施，它由某些一般性的和专门性的水工建筑物所组成，水利枢纽布置的任务就是根据组成建筑物的形式、功能和运行方式研究各建筑物的相互位置。枢纽布置是一项复杂、重要而具有全局性的工作。合理的枢纽布置对工程的安全运行和经济效益起着决定性作用，所以，必须在充分掌握基本资料的基础上，认真分析各种具体情况下多种因素的变化和相互影响，拟定若干可能的布置方案，从设计、施工、运行、经济等方面进行论证，综合比较，选择最优的布置方案。

2. 设计阶段

水利枢纽设计必须严格执行基本建设程序，目前设计按以下四个阶段进行：

（1）预可行性研究阶段。预可行性研究阶段是在江河流域综合利用规划之后，或河流水电规划及电网电源规划基础上进行的设计阶段，其任务是论证拟建工程在国民经济发展中的必要性、技术可行性、经济合理性。主要研究内容有：流域概况及水文气象等基本资料的分析；工程地质与建筑材料的评价；工程规模、综合利用及环境影响的论证；初步选择坝址、坝型与枢纽建筑物的布置方案；初拟主体工程的施工方法，施工总体布置，估算工程总投资，工程效益的分析和经济评价等。预可行性研究阶段的成果，作为国家和有关部门作出投资决策及筹措资金的基本依据。

（2）可行性研究阶段。本阶段的主要任务是：对水文、气象、工程地质及天然建筑材料等作进一步分析与评价，论证本工程及主要建筑物的等级；选定适宜的坝址、坝轴线、坝型、枢纽总体布置及主要建筑物的结构形式和轮廓尺寸；选择施工导流方案，进行施工方法、施工进度和总体布置的设计等，提出工程总概算；进行经济分析，阐明工程效益。最后提交可行性研究的设计文件，包括文字说明和设计图纸及有关附件。本阶段相当于过去的可行性研究与初步设计两个阶段。

（3）招标设计阶段。招标设计是在批准的可行性研究报告的基础上，将确定的工程设计方案进一步具体化，详细定出总体布量和各类建筑物的轮廓尺寸、材料类型、工艺要求和技术要求等。其设计深度要求：可以根据招标设计图较准确地计算出各种建筑材料的规格品种和数量，混凝土的浇筑、土石方开挖、回填等工程量，各类机械、电器和永久设备的安装工程量等，根据招标设计图所确定的技术要求、各类工程量和施工进度计划，监理工程师可以据此编制工程概算，进而作为编制标底的依据，编标单位据此可以编制招标文件；施工投标单位也可据此编制施工方案并进行投标报价。

（4）施工详图设计阶段。施工详图设计的任务是进一步研究和确定建筑物的结构和细部构造设计、地基处理方案、施工总体布置和施工方法；编制施工进度计划和施工预算等；绘制出整个工程分项分部的施工、制造、安装详图，提出工艺技术要求等。施工详图是工程施工的依据。

2.3.2　枢纽布置的一般原则和方案选定

1. 枢纽布置的一般原则

（1）满足运用与管理的要求。枢纽建筑物的布置应避免运用时的相互干扰，保证各建筑物在任何条件下都能最好地承担所担当的任务。

（2）满足施工方面的要求。枢纽布置、坝址、坝型选择应结合施工导流、施工方法、施工进度和施工期限等综合考虑。合理布置施工场地和运输路线，避免相互干扰。进行合理的施工组织设计，在保证顺利施工的条件下尽量缩短工期。

（3）满足技术经济要求。枢纽布置应采用技术上可行、经济上最优的方案，在不影响运行、不相互矛盾的前提下，尽量发挥各建筑物的综合功能。例如将施工期的导流洞改建为泄洪洞，以及采用坝内式厂房等。在施工时尽量采用当地材料，减少运输费用。采用新技术新材料，以降低工程造价等。总之，枢纽布置应在满足建筑物的稳定、强度、运用及远景规划等要求的前提下，做到总造价和年运转费最低。

（4）满足环境方面的要求。水利枢纽的兴建，使周围环境发生明显的变化，特别是大型水库的兴建为发电、灌溉、供水、养殖、旅游等创造了有利条件，同时也带来一些不利影响。枢纽布置时应尽量避免或减轻对周围环境的不利影响，可能的条件下，尽量做到建筑上的美观，使枢纽建筑与周围自然环境相协调。

2. 枢纽布置的方案选定

在水利枢纽设计中，需要在若干个方案中选出一个最好的方案，好的方案应是技术上可行，综合效益好，工程投资省，运用安全可靠及施工方便等。然而，由于枢纽布置涉及的因素多，影响复杂，具体布置时，需对不同的布置方案综合分析比较，得到最优的枢纽布置方案。

2.3.3　蓄水枢纽与取水枢纽布置

1. 蓄水枢纽布置

在蓄水枢纽中，拦河坝是最主要的建筑物，它的工程量往往最大，其坝型对工程造价和枢纽布置形式有着极为密切的关系。例如拦河坝为土石坝，河岸地形地质条件较好时，采用开敞式河岸溢洪道是适宜的。必要时可结合施工导流隧洞泄洪。电站可设在坝后或枢纽的下游，电站宜与泄水建筑物分别布置在两岸。当拦河坝为重力坝时，常用河床式溢洪道，船闸和电站分别布置在两岸。如果两者必须布置在同一岸，则最好将电站布置在靠河心一边，而将船闸布置在靠河岸一侧。

2. 取水枢纽布置

取水枢纽的作用是从河道引水进入渠道，满足灌溉、发电、工业及生活用水等，一般位于引水渠道的首部，又称渠首工程。取水枢纽根据是否有拦截河流、抬高水位的拦河闸坝，分为无坝取水和有坝取水两种。无坝取水适用于河道枯水期的水位和流量都能满足引水要求的情况，它是一种最简单的引水方式。当河道的水位和流量都能满足引水要求时，在河岸上选择适宜的地点，建取水门和引水渠，直接从河道侧面引水，而不需修建拦河建筑物。当天然河道的水位、流量不能满足用水要求时，需在河道适当的地点修建拦河闸（坝）抬高水位，以保证引取需要的水量，这种取水形式称为有坝取水。

2.4　水利工程的管理维护[8,9]

水利工程建成后，要充分发挥已建工程的效益，必须通过有效的管理维护，才能实现预期的工程效益并验证原来规划、设计的正确性。水利工程管理的根本任务是利用工程措施，对天然径流进行实时的时空再分配，即合理调度，以适应人类生产和生活的需求。水工建筑物管理的目的在于：保持建筑物和设备经常处于良好的状况，正确使用工程设施，调度水资源，充分发挥工程效益，防止工程事故。通过水工建筑物管理维护，不但可以了解施工质量，而且能及时掌握工程运行中出现的隐患，以便防患于未然。例如安徽省梅山连拱坝，就是通过原型观测及时控制处理，才避免了一场严重事故；又如法国马尔巴赛拱坝的破坏，其主要原因之一是没有埋设必要的观测设备，未能及时发现左岸地基变形的不良预兆，以致造成不可挽回的垮坝事故。所以，应充分重视并做好管理工作，积极利用原型观测手段，总结分析观测资料，找出规律，为科学管理和运用，并为进一步提高水利科技水平而创造条件。由于水工建筑物种类繁多，功能和作用又不尽相同，所处客观环境也不一样，所以水利工程的管理维护具有综合性、整体性、随机性和复杂件的特点。

水利工程管理维护的总原则是：防（护）重于修（理），修（理）重于抢（险）。在确保工程安全，坚持为国民经济服务的前提下，充分利用宝贵的资源，大力开展综合利用，是管理维护工作中的一项重要任务。

2.4.1　水工建筑物的监测及管理

水工建筑物的工作条件比较复杂，它受到自然界各种因素的作用，内部状态也不断变化，有时险情一经发现就难以挽救，以致造成巨大损失。为了克服不易察觉的隐患，在多数情况下都预埋观测设备，定期系统地观察和量测，了解建筑物内部变化和工作状态。水工建筑物监测包括现场检查和仪器量测两部分。

现场检查就是用眼看、耳听及手摸等直觉方法或用简单的工具，从建筑物外露的不正常现象中分析判断建筑物内部可能发生的问题，进而采取必要的处理措施。这种检查简单易行，也比较及时可靠。检查的内容和时间根据具体情况确定，原则上每月应进行 1~2 次，每年汛前、汛后及用水期前后都应配合枢纽检查进行一次全面检查。而仪器量测主要通过仪器对水工建筑物的变形变位、渗流、应力、水流等进行长期的观察和测量。

通过原型观测取得数据后，需进行科学的整理和分析，才能找出变化规律及各种影响因素之间的相互关系，做出正确判断，从而为保证工程安全、合理运用和科学研究提供依据。

2.4.2　水工建筑物维护

水工建筑物的维护是指建筑物建完并交付使用后，为保持完好状态和正常运用而进行的日常养护和修理工作，也包括一般的大修小补。修理则是指建筑物受到损坏或较大程度破坏时的修复工作，它涉及面广，工作量较大。修理一般又分岁修、大修及抢修等几种。养护与修理两者之间没有严格界限，建筑物的某些缺陷及轻微损害，如不及时维修养护，就会发展为严重的破坏；反之，加强经常性的维护工作，发现问题及时处理，建筑物的破坏现象是可以防止或减轻的。养护与修理应本着"经常养护，随时维修，养重于修，修重于抢"的原则进行。

参 考 文 献

[1]　姜弘道. 水利概论[M]. 北京: 中国水利水电出版社, 2010

[2]　李宗坤. 水利水电工程概论[M]. 郑州: 黄河水利出版社, 2005

[3]　朱宪生. 水利概论[M]. 郑州: 黄河水利出版社, 2004

[4]　高必仁. 水工建筑物[M]. 北京: 中国水利水电出版社, 2003

[5]　田士豪, 陈新元. 水利水电工程概论[M]. 北京: 中国电力出版社, 2004

[6]　任德材, 张志军. 水工建筑物[M]. 南京: 河海大学出版社, 2004

[7]　魏松, 王慧. 水利水电工程导论[M]. 北京: 中国水利水电出版社, 2012

[8]　石自堂. 水利工程管理[M]. 北京: 中国水利水电出版社, 2009

[9]　易晶萍, 李飞, 胡春燕. 病害水工程维护与管理[M]. 北京: 中国水利水电出版社, 2009

第3章 水电工程

3.1 水电站主要类型[1-3]

利用水能资源发电，除了径流量外，水流要有一定的落差，即发电水头。在通常情况下，发电水头是通过一定的工程措施将分散在一定河段上的河流自然落差集中起来而形成的。河段水能资源的开发，按照集中落差方法的不同有三种基本方式，即堤坝式、引水式、混合式，称其为水能开发方式。不同水能开发方式修建起来的水电站，其建筑物的组成和布局也不相同，故水电站也随之分为堤坝式、引水式和混合式三种基本类型。水电站除按开发方式分类外，还可以按其是否有调节天然径流的能力而分为无调节水电站和有调节水电站两种类型。有些河流可将它分为若干个河段来开发利用水能资源，这样自上而下，一个接着一个进行开发的方式称为河流的梯级开发，相应的水电站叫梯级水电站。

3.1.1 堤坝式水电站

在河道上拦河建坝抬高上游水位，造成坝上、下游水位落差，这种开发方式称为堤坝式开发。采用堤坝式开发修建起来的水电站，统称为堤坝式水电站。在堤坝式水电站中，根据当地地形、地质条件，常常需要对坝和水电站厂房的相对位置作不同的布置，按照坝和水电站厂房相对位置的不同，堤坝式水电站厂房可分为河床式、坝后式、坝内式、溢流式等多种型式，最常见的是河床式和坝后式这两种类型。

1. 河床式水电站

河床式水电站一般修建在河流中下游河道纵向坡度平缓的河段上，适用于较低水头的水电站。由于地形限制，为避免造成大量淹没，只能建造高度不大的坝（或闸）来适当抬高上游水位。其适用的水头范围，在大中型水电站上一般约在25 m 以下，在小型水电站上约 8~10 m 以下。

由于水头不大，河床式水电站的厂房就直接和坝（或闸）并排建造在河床中，厂房本身承受上游的水压力而成为挡水建筑物的一部分，如图 3-1 所示。另一方面，由于河床式水电站多建筑在中下游河段上，河床式水电站的水库库容系数较小，发电径流量较大，如湖北长江葛洲坝水电站、湖北汉江王甫洲水电站。

图 3-1　河床式水电站布置图

2. 坝后式水电站

当由拦河坝集中起来的水头较大时，如果电站采用河床式布置，则由于上游水压力很大，机组和厂房的尺寸相对较小，厂房本身的重量已不足以维持其稳定，难以独立承受库水的巨大推力，因此不得不将厂房移到坝后（坝的下游），使上游水压力完全或主要由坝来承担，这样布置的水电站称为坝后式水电站，水电站的厂房紧靠在大坝的后面布置，厂坝之间设置沉陷缝，使两者之间互不传力，厂房不承受水头，如图 3-2 所示。坝后式水电站适用于高中水头的混凝土坝。

坝后式水电站一般修建在河流中、上游。由于在这种河段上允许一定程度的淹没，所以与河床式水电站比较起来，它的坝可以建造得较高，这不但使电站获得了较大的水头，更重要的是，在坝的上游形成了可以调节天然径流的水库，有利于发挥防洪、港照、发电、通航及水产等多方面的综合效益，并给水电站的运行创造了十分有利的条件。例如，湖北长江三峡水电站，重力坝，26 台 700 MW 混流式机组；厂房宽 68 m，高 94.3 m；左岸 14 台，长 643.7 m；右岸 12 台，长 584.2 m；一机一缝，机组间距 38.3 m。又如，青海黄河龙羊峡水电站，重力拱坝，4 台 320 MW 涡流式机组。

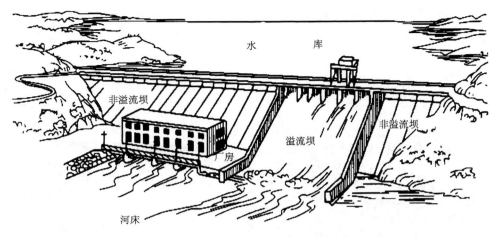

图 3-2 坝后式水电站布置图

3.1.2 引水式水电站

在河流的某些河段上，由于地形、地质条件的限制，不宜采用堤坝式开发时，可以修建人工引水道（如渠道、隧洞等）来集中河段的自然落差，这种开发方式称为引水式开发。在河道的上游坡度比较陡峻的河段上，常采用引水式开发。河段的天然坡度愈大，每公里引水渠所能集中的落差也愈大。当遇到大的河湾时，可通过打隧洞或开挖引水渠道将河湾裁直，这样也能够集中一定的落差。

引水式水电站用较长的引水道将水引到落差较大的地方（地形较陡坡处）集中水头发电。引水式水电站只需不高的拦河坝或拦河闸、底栏栅坝等挡水建筑物。引水式水电站可以减少库区淹没和工程造价，是中小型水电站经常采用的型式。引水式水电站按引水建筑物中水流状态的不同而分为两个基本类型，即无压引水式水电站和有压引水式水电站。图 3-3 所示为无压引水式水电站。

1. 无压引水式水电站

无压引水式水电站的引水建筑物是无压的，如明渠、无压隧洞等。一般在引水渠道末端，有一扩大加深的水池，称为压力前池。发电用水由压力前池经压力水管引入电站厂房。在电站骤然减少引用流量时，引水渠中多余的水量可自压力前池的溢水道泄往下游。灌溉渠道上的跌水，一般也可用来建造水电站，称为灌渠跌水式水电站。它也是一种无压引水式水电站。

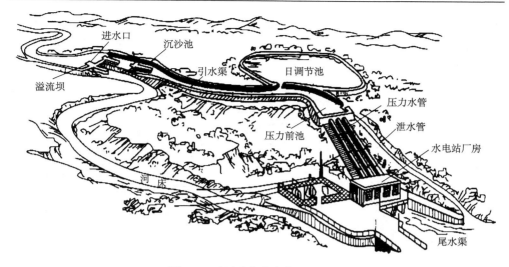

进水口　沉沙池
溢流坝　引水渠　日调节池
压力水管
泄水管
压力前池
水电站厂房
河 床
尾水渠

图 3-3　无压引水式水电站布置图

灌渠跌水式水电站的布置有两种方式。当水头较小时，发电用水直接自灌渠引入厂房（相当于河床式）；当水头较大时，发电用水经引水渠和压力前池、压力水管进入厂房。

2. 有压引水式水电站

有压引水式水电站的引水建筑物是压力隧洞或水管。如果水电站主要利用有压引水建筑物来集中水头，那么这个水电站就可以看成是有压引水式水电站。在有压引水式水电站中，当压力引水道很长时，为了减小压力管中因突然丢弃负荷产生的水击压力和改善水电站的运行条件，常需要在压力引水道和压力引水管的连接处设置调压塔或调压井。

3.1.3　混合式水电站

混合式水电站是堤坝式和引水式两种方式的结合，在河道适合的地方修建较高的拦河大坝，上游形成一个有调节能力的水库，再用压力引水道将水引到水电站厂房，称为混合式开发，相应的水电站称为混合式水电站。

混合式水电站通常建造在上游有优良库址，适宜建库，而紧接水库以下河道坡度突然变陡，或是有一个大的河湾的河段上。它的水头一部分由坝集中，另一部分由引水建筑物集中，因而具有堤坝式电站和引水式电站两方面的特点。厂房建在下游有合适地形处，如图 3-4 所示。混合式水电站的厂房位置比较灵活，既可以布置在紧靠大坝的下游处，也可以用较长的压力引水管道将厂房布置在距离水库较远的地方，并且可以进一步利用发电水头落差。大中型水电站常采用这种形式。

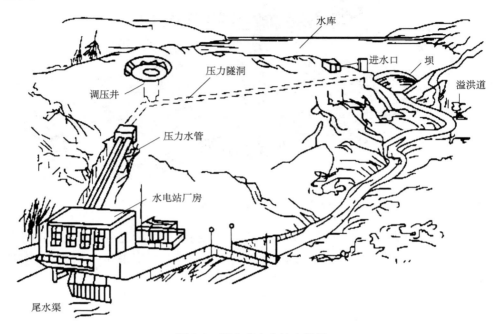

图 3-4　混合式水电站布置图

在土石坝枢纽中，引水管道不适宜于穿过坝体而布置成坝后式，常常采用混合式，将水电站厂房布置在下游河床适当的位置。例如湖北古夫河古洞口水电站，面板堆石坝，坝高 120 m。在拱坝枢纽中，往往利用狭窄河道修建拦河坝。这就存在河道狭窄、洪水流量大、泄洪建筑物与水电站厂房争占河床的特点。将拦河坝修建在河道狭窄处，水电站厂房布置在下游河道开阔处，能解决枢纽布置上的困难。

在下游有较大的弯曲河道时，采用混合式水电站，利用弯曲河道，还可以进一步利用落差，往往比较经济。

混合式水电站结合了坝后式和引水式的优点，有一定的调节能力，能够减少库区淹没，最大限度地利用水位落差，在地形地质条件适合的情况下，往往较其他型式经济。

3.1.4　无调节水电站和有调节水电站

无调节水电站没有水库，或虽有水库却不用来调节天然径流，在天然流量小于电站能够引用的最大流量时,电站的引用流量就等于或小于该时刻的天然流量，当天然流量超过电站能够引用的最大流量时，电站至多也只能利用它所能引用的最大流量，超出的那部分天然流量只好废弃。

凡是具有水库，能在一定限度内按照负荷的需要对天然径流进行调节的水电站，统称为有调节水电站。根据调节周期的长短，有调节水电站又可以分为日调节水电站、年调节水电站及多年调节水电站，视水库的有效库容与河流多年平均来水量的比值（称为库容系数）而定。无调节和日调节水电站又称径流式水电站，具有比日调节能力大的水库的水电站又称为蓄水式水电站。

在前面所述的水电站中，坝后式水电站和混合式水电站一般都是有调节的；河床式水电站和引水式水电站则常是无调节的，或者只具有较小的调节能力，例如日调节。

3.1.5　梯级开发与梯级水电站

当一条河流的全长（从河源到河口）超过一个开发段所能达到的最大长度时，就必须将全河流分成若干个河段来开发利用。这些河段自上而下，一个接着一个，犹如一级级的阶梯，所以这种开发方式称为梯级开发。梯级开发中的水电站称为梯级水电站，如图 3-5 所示。

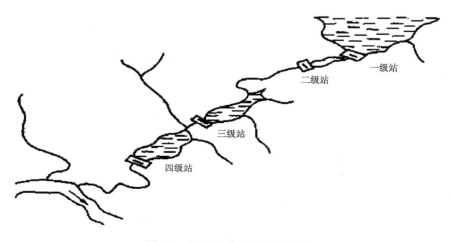

图 3-5　梯级水电站布置示意图

3.2　水电站主要建筑物[3-6]

典型的水电站建筑物主要包括挡水建筑物，泄水建筑物，进水建筑物，引水及尾水建筑物，平水建筑物，发电、变电和配电建筑物（主厂房、副厂房、变压器场及开关站）。水电站的进水建筑物为不同类型的进水口，压力钢管是典型的引水建筑物，调压井是常用的平水建筑物，发电、变电和配电建筑物统称为厂房枢纽。水电站的附属建筑物主要包括过船、过木、过鱼、拦沙、冲沙等建筑物。

3.2.1　挡水建筑物

挡水建筑物就是拦河坝，它把河流拦断，以控制水流，为人类服务。堤坝式水电站的拦河坝，一方面抬高上游水位，形成落差；另一方面形成水库，以调节径流。引水式水电站的低坝或溢流堰，仅起拦住水流，把水引向引水道的作用。

能够形成水库的挡水建筑物主要有拦河坝、拦河闸等。拦河坝有各种形式，水电工程为了就地取材，往往选用具有当地特色的坝型，如土坝、砌石坝、堆石坝、土石混合坝等当地坝型。大型水电站拦河坝则根据水利的具体条件进行设计，如重力坝、拱坝等。

必须强调指出拦河坝是最重要的建筑物，必须安全可靠，不允许失事。垮坝的灾害比天然洪灾大得多，将给下游造成严重灾难。

1. 重力坝

重力坝是依靠自身重量在地基土产生的摩擦力和坝与地基之间的凝聚力来抵抗坝前巨大的水推力，维持自身稳定的一种坝型。主要外力是呈三角形分布的上游水压力，所以重力坝的基本剖面是个三角形。在平面上，坝轴线（坝顶上游边缘线）一般为直线，有时为避开不利的地形地质条件或枢纽布置等原因，也可为折线或曲率不大的拱向上游的曲线。沿坝轴线坝体用横缝分成若干独立坝段，每一坝段为固结于地基上的悬壁梁。筑坝材料为混凝土或浆砌石，抗冲能力强，因此重力坝可做成非溢流的，也可做成溢流和坝身没有泄水孔的，溢流坝的长度由安全泄洪的要求来确定，当不需要全河宽度溢流时，靠河岸的坝段可做成非溢流坝。

重力坝是应用广泛的一种坝型，常用的形式有：实体重力坝、宽缝重力坝、空腹重力坝。与其他坝型相比，重力坝具有以下优点：

（1）由于筑坝材料强度高，耐久性好，抵抗洪水漫顶、渗漏、冲刷、地震破坏等的能力强，因而失事率低，工作安全可靠。

（2）对地质、地形条件适应性强。由于坝底压应力不高，对地质条件要求较低，一般建于岩基上，当坝高不大时，甚至可以修建于土基上；从地形上看，任何形状的河谷都可建重力坝。

（3）由于重力坝可做成溢流的，也可在坝内设置泄水孔，故一般不需另设溢洪道或泄水隧洞，枢纽布置紧凑。工程分二期施工时，可利用坝体导流，不需另设导流隧洞。

（4）结构作用明确。由于横缝将重力坝分成若干坝段，各坝段独立工作，结构作用明确，空间结构可简化为平面问题分析，应力分析和稳定计算都较简单。

（5）施工方便。坝体为大体积混凝土，可采用机械化施工，放样、立模和混凝土振捣都较简便。

重力坝的主要缺点是坝体体积较大，使得水泥用量大，施工期混凝土温度收缩应力也较大，为防止发生温度裂缝，施工时对混凝土温度控制的要求较高。由于坝体剖面尺寸往往因稳定和坝体拉应力强度条件控制而做得较大，材料用量多，坝内压应力较低，材料强度不能充分发挥，且坝底面积大，因而扬压力也较大，对稳定不利。

2. 拱坝

拱坝是三面固结于基岩上的空间壳体结构，拱向上游凸出，且不设永久性分缝，是高次超静定结构，其主要优点是拱结构的内力主要为压力，特别适宜发挥混凝土等抗压强度较高的材料的作用，将挡水建筑物建成拱结构，就是拱坝。

拱坝是平面上凸向上游呈拱形，拱端支承于两岸岩体上的空间整体结构。它不像重力坝那样全靠自重维持稳定，而是利用筑坝材料的强度来承担以轴向压力为主的拱内力，并由两岸拱端岩体来支撑拱端推力，以维持坝体稳定。

拱坝对地质条件的要求比其他混凝土坝更严格。较理想的地质条件是岩石均匀单一，有足够的强度，透水性小，耐久性好，两岸拱座基岩坚固完整，边坡稳定，无大的断裂构造和软弱夹层，能承受由拱端传来的巨大推力而不致产生过大的变形，尤其要避免两岸边坡存在向河床倾斜的节理裂隙或构造。因此，当地形、地质条件较好时，拱坝是一种经济性和安全性较优越的坝型。与其他坝型比较，拱坝具有如下一些特点：

（1）利用拱结构特点，充分发挥材料强度。拱坝是一种推力结构，在外荷载作用下，只要设计得当，拱圈截面上主要承受轴向压应力，有利于充分发挥坝体混凝土或浆砌石材料的抗压强度。对适宜修建拱坝和重力坝的同一坝址，相同坝高的拱坝与重力坝相比，体积可节省 1/3~2/3。

（2）利用两岸岩体维持稳定。拱坝将外荷载的大部分通过拱作用传至两岸岩体，主要依靠两岸坝肩岩体维持稳定，坝体自重对拱坝的稳定性影响不占主导作用。因此，拱坝对坝址地形地质条件要求较高，对地基处理的要求也较为严格。

（3）超载能力强，安全度高。可视为拱梁系统组成的拱坝结构，当外荷载增大或某一部位因拉应力过大而发生局部开裂时，能自行调整拱梁系统的荷载分配，改变应力分布状态，不致使坝全部丧失承载能力。所以按结构特点，拱坝坝面允许局部开裂。在两岸有坚固岩体支承的条件下，拱坝的破坏主要取决于压应力是否超过筑坝材料的强度极限。在合适的地形地质条件下，拱坝具有很强的超载能力。

（4）抗震性能好。由于拱坝是整体性空间结构，厚度薄，富有弹性，因而其抗震能力较强。例如我国河北省邢台地区峡沟水库浆砌石拱坝，高 78 m，在满库情况下遭受 1966 年 3 月的强烈地震，震后检查坝体未发现裂缝和损坏。

（5）荷载特点。拱坝坝体不设永久性伸缩缝，其周边通常固接于基岩上，因而温度变化、地基变形等对坝体应力有显著影响。此外，坝体自重和扬压力对拱坝应力的影响较小，坝体越薄，此特点越明显。

（6）坝身泄流布置复杂。拱坝坝体单薄，坝身开孔或坝顶溢流会削弱水平拱和顶拱作用，并使孔口应力复杂；坝身下泄水流的向心收聚易造成河床及岸坡冲刷。随着拱坝修建技术的不断提高，不仅坝顶能安全泄流，而且能开设大孔口泄洪。

由于拱坝的上述特点，拱坝的地形条件往往是决定坝体结构形式、工程布置和经济性的主要因素。所谓地形条件是针对开挖后的基岩面而言的，常用坝顶高程处的河谷宽度和坝高之比（称为宽高比 L/H）及河谷断面形状两个指标表示。河谷的宽高比 L/H 愈小，说明河谷愈窄深，拱作用容易发挥，可将大部分荷载通过拱作用传给两岸，坝体可设计得薄些。根据经验，当 $L/H<1.5$ 时，可修建薄拱坝；当 $L/H=1.5\sim3.0$，可修建中厚拱坝；当 $L/H=3.0\sim4.5$ 时，可修建厚拱坝；在 L/H 更大的条件下，修建拱坝就不一定优越了，应考虑其他合适的坝型。但随着拱坝技术水平的不断提高，上述界限已被突破。

河谷的断面形状是影响拱坝体形及其经济性更为重要的因素。不同河谷即使具有同一宽高比，断面形状也可能相差很大。形状复杂的河谷断面对修建拱坝是不利的。理想的河谷形状是狭而陡的 V 形或 U 形，两岸对称，岸坡平顺无突变。在不对称的河谷中，须适当改造地形，例如将深槽用混凝土或浆砌块石填平，将突出部分挖掉，或在一岸河滩地上修建重力墩（人工拱座），使拱坝接近对称。

3. 土石坝

土石坝主要是利用坝址附近的土石料填筑而成的一种挡水建筑物，当坝体材料以土和砂砾为主时，称土坝；以石渣、卵石、块石为主时，称为堆石坝；土和石料按一定比例的，称土石混合坝，三者在工作条件、结构形式和施工方法上均有相似之处，统称土石坝。土石坝历史悠久，是当今世界坝工建设采用最广泛、建成坝体最高的一种坝型，至今仍被广泛采用。我国现有的 8 万多座坝中，土石坝占了总数的 90% 以上。近几十年来，岩土力学和计算机技术的发展，大型土石方施工机械和筑坝技术的更新，也为高土石坝的迅速发展创造了有利条件。

土石坝在世界上历史最为悠久，应用最为广泛，随着近年来大型土方施工机械、岩上理论和计算技术的发展，放宽了对筑坝材料的使用范围，缩短了工期，也使土石坝成为当今世界坝工建设中发展最快的一种坝型。目前世界上已建成的最高土石坝为塔吉克斯坦的罗贡坝，坝高 335 m。随着我国能源和水利事业的迅猛发展，我国今后也将逐渐发展高土石坝。例如我国最高的土石坝是天生桥一级水电站面板堆石坝，坝高 178 m。黄河小浪底坝（高 151 m）、龙门坝（高 220 m）、龙滩坝（高 240 m）均为土石坝。

土石坝之所以被广泛采用，主要是由于这种坝型具有以下优点：①它可就地取材，与混凝土坝相比，节省大量水泥、钢材和木材，且减少了筑坝材料远途运输费用；②适应地基变形能力较强，对地质、地形条件要求低，任何不良地基经处理后均可筑土石坝；③施工方法灵活，技术简单，工序少，便于组织机械化快速施工；④结构简单，工作可靠，便于管理、维护、加高和扩建。但土石坝也存在一些缺点：①不允许坝顶溢流（过水土石坝除外），所需溢洪道或其他泄水建筑物的造价往往很大；②在河谷狭窄、洪水流量大的河道上施工导流较混凝土坝困难；③采用黏性土料作防渗体时，黏性土料填筑压实的质量受气候影响较大；④由于土石坝易产生渗流及渗透变形，因此坝体防渗问题突出。

土石坝一般由坝身、防渗体、排水体和护坡四部分组成。坝身是土石坝的主体，坝的稳定主要靠它来维持；防渗体的作用是降低浸润线，防止渗透破坏和减少渗透流量；排水体主要用于安全地排除渗水，降低坝体浸润线和防止渗透变形，同时，还可增强下游坝坡稳定性；护坡的作用是防止波浪、冰层、温度变化和雨水等对坝坡的破坏。

4. 支墩坝

支墩坝是由一系列支墩和支承其上的挡水盖板所组成。水压力、泥沙压力等由盖板传给支墩，再由支墩传至地基。

按挡水盖板型式的不同，支墩坝可分为平板坝、连拱坝和大头坝，见图 3-6。

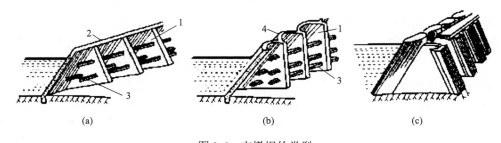

图 3-6　支墩坝的类型

（a）平板坝；　（b）连拱坝；　（c）大头坝

1-支墩；　2-平板盖板；　3-刚性梁；　4-拱形盖板

平板坝是型式最简单的支墩坝，其盖板为一钢筋混凝土板，并常以简支的方式与支墩连接。

连拱坝由拱形的挡水面板（拱筒）承受水压力，受力条件较优，能较充分地利用建筑材料的强度。但温度变化、地基变形对支墩和拱筒的应力均有影响，因而连拱坝对地基的要求也更高。

大头坝是通过扩大支墩头部而起挡水作用的。其体积较平板坝、连拱坝大，也称为大体积支墩坝。大头坝的适用范围广泛，我国已建有多座单支墩和双支墩的高大头坝。

支墩坝的支墩型式也有多种，如单支墩、双支墩、框格式支墩和空腹支墩等。与其他混凝土坝相比，支墩坝有如下一些特点：①通过利用作用在面板上的水重和减小作用在坝底面上的扬压力，可大大节省混凝土方量。与实体重力坝相比，大头坝可节省 20%~40%，连拱坝可节省 30%~60%。②能充分利用材料强度。③坝身可以溢流。④坝身钢筋含量较大。⑤对坝基地质条件要求随不同面板型式而异。⑥施工条件有所改善。⑦侧向稳定性差。

近年来，较少采用支墩坝。目前世界上最高的大头坝是巴西、巴拉圭共建的伊泰普坝，坝高 196 m；最高的连拱坝是加拿大丹尼尔•约翰逊坝，坝高 214 m。

3.2.2　泄水建筑物

拦河筑坝，形成水库，以调节流量。但在洪水时期因洪水量很大，不可能把全部洪水都拦蓄在水库中，因而需要建造泄水建筑物来宣泄水库容纳不下的洪水，以保证洪水不漫溢坝顶，确保大坝及其他挡水建筑物的安全，限制库水位不超过规定的高程，避免在坝上游库区造成额外淹没。

泄水建筑物按其功用可分为以下三类：①泄洪建筑物。用来宣泄水库容纳不下的洪水，如溢洪道和泄洪隧洞等。②泄水孔（或放水孔）。用来放泄一定的流量供给下游的需要；检修枢纽建筑物时放空水库；在洪水期兼泄一部分洪水，同时还可以冲淤。③施工泄水道。用来宣泄施工期的流量。

在工程实践中，常尽可能把泄水建筑物的不同任务结合起来，使之一物多用。例如，泄水孔常在施工期作为导流之用，运用期可放水供应下游，检修时用其放空水库，洪水期可辅助泄洪并冲淤。在平原地区，由于受地形条件限制，常用水闸来挡水。兴建水闸的目的主要是控制水位和调节流量，因其兼有泄水作用。

泄水建筑物是水利水电枢纽的重要组成部分，其造价常占工程总造价的很大部分。所以，合理选择形式、确定其尺寸十分重要。泄水建筑物按其进口高程可布置成表孔、中孔、深孔或底孔。表孔常是溢洪道和溢流坝的主要形式。深孔及隧洞一般不作为重要大泄量枢纽的单一泄水建筑物。

泄水建筑物的设计主要是确定泄水流量和水位、泄水系统组成、位置和轴线、孔口形式和尺寸等。总泄流量、枢纽各建筑物应承担的泄流量、形式选择及尺寸根据当地水文、地质、地形以及枢纽布置和施工导流方案的系统分析和技术经济比较决定。对于多目标或高水头、窄河谷、大流量的枢纽，一般可选择采用表孔、中孔或深孔，坝身与坝体外泄流，坝与厂房顶泄流等联合泄水方式。溢洪道、溢流坝、泄水孔、泄水隧洞、水闸等是泄水建筑物的主要形式。

修建泄水建筑物的关键是要解决好消能防冲和防空蚀、抗磨损问题。对于较轻型建筑物或结构，还应防止泄水时的振动。

1. 溢洪道和溢流坝

溢洪道的功用是把水库容纳不下的洪水有控制地泄放到下游，使水库的水位不超过预计的洪水位，以保证坝的安全。因此，通常把溢洪道看作是水库的安全阀。许多坝的失事大都是溢洪道的泄水能力不足，水位被迫上涨以致漫过坝顶所造成的。这对土石坝来说尤为重要，因为土石坝一旦漫顶，就会很快地被冲垮。所以，对溢洪道的设计，必须慎重对待。为了保证大坝的安全，溢洪道必须有足够的泄水能力，运用必须灵活可靠；必须保证下游河床不产生危及坝体安全的局部冲刷。

2. 泄水孔和泄水隧洞

在泄水建筑物中，除了从水库表层宣泄洪水的溢洪道外，通常还设有深式泄水孔，其作用是与溢洪道一起宣泄洪水，由于它的进口高程较低，所以能预泄库水，增大水库调蓄能力；能放空水库以便检修大坝，排放泥沙，减少水库淤积；随时向下游放水、满足航运或灌溉要求，并可兼作施工导流建筑物。

深式泄水孔闸门承受的水压力很大，因此门体结构、止水和启闭都较复杂，造价也相应增大，且孔内流速较大，易产生负压、空蚀和振动，所以一般都不用深式泄水孔作为主要的泄洪建筑物。其过水能力主要根据预泄库容、放空水库、排沙或下游用水要求确定。

泄水孔的高程应根据它的功用而定。作为放空水库、冲砂排淤及兼作施工导流用的泄水孔，孔口高程应靠近坝的底部；仅作为辅助泄洪和预泄水库用的泄水孔，可以把进水口适当提高，以减小闸门上的水压力。从而降低闸门和启闭设备的造价。要注意保证孔内水流平顺和防止负压，以免产生空蚀。

当不宜通过挡水建筑物设置泄水孔时，可在河岸岩体中开挖隧洞进行泄水或引水。在各种水利水电工程中，为输送水流而修建的隧洞称为水工隧洞，而为配合溢洪道宣泄洪水之用的隧洞称为泄水隧洞。在水利水电枢纽中，水工隧洞的造价较高，工程量大，往往布置困难。如果能够采用一洞多用，有利于减少工程投资。例如，将施工期的导流隧洞后期改建为泄洪隧洞，将发电隧洞和泄洪隧洞的大部分合用一洞，将排沙隧洞与放空隧洞合用一洞，等等。

3. 水闸

水闸是一种低水头的水工建筑物，具有挡水和泄水的双重作用。它通过闸门的启闭，起调节水位和控制泄流的作用。它常与堤坝、船闸、鱼道、水电站、抽水站等建筑物一起组成水利枢纽，共同发挥水利工程的作用。

1）水闸的类型

水闸的类型很多，其分类方法也不相同，按水闸所担负的任务分类主要有以下几种：

（1）进水闸。为了满足水力发电、农田灌溉或其他用水的需要，常在河道、水库、湖泊的岸边或渠首建闸引水，并控制水的流量，称为进水闸。

（2）节制闸。可用来调节水位和流量，如拦河建造又可称为拦河闸。其作用是在枯水期截断河道水流以抬高水位，以利上游航运、蓄水发电和进水闸取水；在洪水期还能控制下泄流量。实际上，有的低水头水电站在河床上建造的泄洪闸，也属于节制闸的范围。此外，在灌溉渠系中位于干、支渠分水口的下游附近的水闸，也叫节制闸。

（3）分洪闸。在泄洪能力不足的河段，可在上游适当地点修建分洪闸（常建于河道一侧）。

当较大洪水来临时，开闸分泄一部分洪水，使其进入闸后的洼地、湖泊等蓄洪区或滞洪区，及时削减洪峰，以减轻洪水对江河下游的威胁。

（4）挡潮闸。沿海地区的河流都受到潮水的影响。为防止涨潮时海水倒灌成灾，同时还要抬高河水位，储蓄淡水，以满足灌溉和发展航运的需要，常在入海的河口上游建挡潮闸，如苏北沿海的射阳河闸及新洋港闸等。

除了以上几种用途的水闸外，还有用于防洪排涝的排水闸，用于冲砂排淤的冲砂闸等。

2）水闸的组成

各种类型的水闸其组成部分大致类似，如图 3-7 所示。

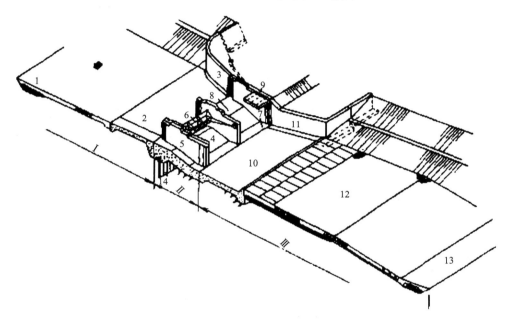

图 3-7　水闸组成部分示意图

Ⅰ-上游连接段；Ⅱ-闸室段；Ⅲ-下游连接段

1-上游防冲槽；2-铺盖；3-上游翼墙；4-闸室地板；5-闸墩；6-闸门；7-交通桥；8-工作位置；9-边墩；10-消力池；
11-下游翼墙；12-海漫；13-下游防冲槽；14-板桩

（1）上游连接段。上游连接段的主要作用是将上游来水平顺地引进闸室，保护上游河床及河岸免于冲刷变形，并有防渗作用。这一部分主要包括河床部分的防渗铺盖，上游防冲槽和块石护底，以及两岸的翼墙和护坡。铺盖作为防渗设备兼具防冲作用，有时还利用它作为阻滑板，其位置紧靠闸室底板。铺盖上游河床常设置砌石护底及上游防冲槽，防止河床冲刷。上游翼墙的功用主要是形成良好的收缩，引导水流平顺进闸，并起挡土、防冲和侧向防渗的作用。上游护坡的主要作用是防冲及防渗。

（2）闸室段。闸室是水闸的主体，它包括底板、闸墩、闸门、胸墙、工作桥和交通桥等。底板是水闸闸室的基础,承受闸室全部荷载,适当均匀地传给地基,并利用底板与地基间的摩擦力,保证闸室在水平力的作用下沿地基面的抗滑稳定件。工作桥是供安装启闭机和工作人员操纵启闭设备用的,交通桥是连接两岸交通用的。闸门用于控制水流,胸墙的作用相当于固定闸门。

（3）下游连接段。下游连接段具有消能和扩散水流的作用。在一般情况下,首先促成水跃,然后引水出闸,尽快使水流平顺地扩散,防止闸后发生危害性的冲刷。下游连接段通常包括消力池（降低护坦）、海漫、下游防冲槽、下游翼墙及两岸护坡等。消力池一般紧接闸室布置,具有增加下游水深、消除水流能量和保护水跃范围内的河床免受冲刷的作用。海漫紧接消力池,通常用浆砌块石砌成,是一种防冲措施,其表面糙率较大,既可保护河床免受冲刷,又可继续消除水流余能。海漫沿水流方向逐渐降低其高程,最后形成防冲槽,下游防冲槽主要防止海漫末端遭受冲刷,避免原河床冲坑向上游延伸。下游翼墙的作用是引导过闸水流均匀扩散,并保护两岸免受冲刷,同时又起防渗作用。在海漫和防冲槽范围内,两岸应做块石护坡,防止岸坡被水流冲刷。

3.2.3　进水建筑物

一座水电站是由一系列相互衔接的建筑物组成的,其中进水建筑物、引水建筑物和平水建筑物依次布置在水电站压力钢管之前,共同组成了水电站的输水系统,为水轮发电机组输送质量和水量符合要求的发电用水。而进水建筑物（进水口）是水电站水流的进口,位于水电站输水系统的首部,其功能是按照发电要求把河流中或水库中的水,通过进水口引入水电站进水道。

对进水建筑物的基本要求是:在任何工作水位下均能保证发电所需的水量、水质的要求,即要有足够的进水能力;对流量要有一定的控制能力,必要时可以截断水流为引水系统的检修创造条件;具有合理的高程、位置、断面尺寸及轮廓,以使水流平顺,减少水头损失;防止泥沙、漂浮物等有害污物进入;同时也要满足一般水工建筑物稳定可靠、便于施工、造价低、运行方便等要求。

按照水流特征,将进水口分为有压进水口和无压进水口两类。有压进水口设在水库最低发电水位以下,进水口流道均淹没于水中,并始终保持满流状态,属于有压流动,其后紧接有压隧洞或管道。它主要用于从水位变幅比较大的水库或河流中引水的堤坝式、有压引水式和混合式水电站。无压近水口水流为明流,进水口流道全程有自由水面,且水面以上的净空与外界大气保持良好贯通,使流经其中的水流为无压流动,其后一般紧接无压引水道,适用于从水位变幅较小的水库或河流中引水的无压引水式水电站。

3.2.4　引水建筑物

引水建筑物又称输水建筑物，是指进水口渐变段末端至调压室或压力前池之间，用于输送发电水量和集中发电水头的建筑物，主要由动力渠道、隧洞、前池、调压室（塔）和压力水管等组成。常见有渠道、隧洞和管道等，也包括渡槽、涵洞及倒虹吸等一些交叉建筑物。水电站引水建筑物也分为有压引水建筑物和无压引水建筑物两大类，有压引水建筑物衔接于有压进水口之后，其常用建筑物形式为有压隧洞和压力引水管。当地形、地质条件不利时，或洞径过小不宜开挖隧洞时，可采用压力引水管。无压引水建筑物衔接于无压进水口之后，通常是引水渠道，对于盘山开挖的引水渠道，为了缩短渠线，或为了避开不利的地形、地质条件，可将局部渠段改用无压隧洞或渡槽。

1. 动力渠道

水电站的引水渠道叫动力渠道，它的主要作用是输水发电，有时也兼顾灌溉、给水、航运等综合利用的要求。因此它必须具有足够的输水能力，能防冲和减少渗流损失，还应具有能放空检修的功能。

2. 隧洞

当引水建筑物由于地形、地质等条件的限制，不宜采用渠道，或采用隧洞能显著地缩短引水道的长度，或可以兼顾其他功能（如施工前期的泄水或导流）时，常采用隧洞。

水力发电的引水隧洞通常采用圆形有压隧洞。因圆形断面湿周最小，沿程水头损失也最小，同时又适宜承受内水压力、外水压力及其他荷载，施工也较方便。由于发电隧洞要承受巨大的荷载，通常要进行衬砌（钢筋混凝土或钢板），同时由于减少了洞壁的糙率，从而也减少了水头损失。

3. 前池

在无压引水式水电站的引水渠道和压力管道之间应设置压力前池。前池的作用是将渠道中的流量均匀地分配给各压力水管，并通过进口闸门的启闭加以必要的控制；它具有一定的容积，当水轮机引用流量突然变化时，可起一定的调节作用。暂时补充所需增加的水量，或通过泄水建筑物宣泄多余水量，以维持电站的正常运行；压力管道进水口设有拦污栅、排沙道和排冰道等设施，可拦截和排除水中的污物、泥沙、浮冰等，以免损坏水轮机的导叶和转轮，影响机组运行。

4．调压室

调压室是连接有压引水隧洞和压力管道之间的建筑物，它是一个直径较大的圆形竖井（或塔），通常设在隧洞末端离厂房不远处，井的顶部是敞开的，井的底部与隧洞相通。

调压室的主要作用是减小水流惯性力和缩短压力管道。当水电站的负荷突然发生变化时，通过调压室能均匀及时地做出相应的水量调节；当突然切断水流时，亦可借助调压室缓冲水流，减少水锤压力，防止水锤向压力隧洞扩散。

调压室的一部分或全部设置在地面以上的称为调压塔，调压室大部分埋没在地面之下，则称为调压井。一般大中型水电站大都采用调压井。

5．压力水管

压力水管是指从压力前池、调压室或直接从水库将水流引入水轮机的水管。它的特点是坡陡，内水压力大，而且要承受水锤的动水压力，因此压力水管必须安全可靠。

压力水管的布置有三种基本类型，即坝内埋管、地下埋管和地面明管。

根据电站的实际情况，压力水管的供水方式可分为单元供水、联合供水和分组供水。

3.3　水电站主要动力设备[3,7-9]

3.3.1　水轮机

水轮机是将水能转换为机械能的一种动力设备，其出力的大小主要取决于水电站的水头和流量。为适应各种不同情况的水电站之需要，人们在长期的实践中创造了各种不同型式的水轮机。表 3-1 和表 3-2 是水轮机的分类、型式及它们的代号。

表 3-1　水轮机的分类及其适用情况

类型名称		适用情况
反击式水轮机	混流式	应用普遍，性能稳定，效果较高（最高达 94%），适用水头范围从十几米到六七百米，单机容量从几千瓦到几十万千瓦，可适用于大中小型水电站
	轴流式	轴流转桨式水轮机：适用于较低水头，大流量，大中型水电站，单机容量大，可达 20 多万千瓦，性能稳定，高效率区宽广。 轴流定桨式水轮机：适用于低水头，大流量，中小型水电站，单机容量从几千瓦到数百千瓦，运行稳定较差，低负荷运行时效率低
	斜流式	斜流式水轮机是一种新型机型，适用水头较宽广，最高达 200 m，性能稳定，高效率区宽广，亦可适用于抽水蓄能电站
	贯流式	过水能力大，水力损失较小，效率较高，结构紧凑，适用水头可达 20 多米，单机容量从几千瓦到几万千瓦，适用于低水头电站和潮汐电站
冲击式水轮机	水斗式	适用于高水头电站，单机容量从十多千瓦到 20 多万千瓦，性能稳定，效率较反击式水轮机低些，但结构较简单
	斜击式	水头适用从 20 m 到 300 m，转轮结构较水斗式简单，制造容易，过水能力较水斗式大些

表 3-2　水轮机的型式及代号

分类	名称		代号
反击式水轮机	混流式		HL
	转叶式	轴流式	ZZ
		斜流式	XL
		贯流式	GZ
	定桨式	轴流定桨	ZD
		贯流定桨	GD
冲击式水轮机	水斗式		CJ
	斜击式		XJ
	双击式		SJ
可逆式水轮机	混流可逆式		HLN
	斜流可逆式		XLN

3.3.2　水轮发电机

　　水轮发电机是水电站的主要设备之一，它把水轮机（输入）的机械能转化为电能，当水轮机和发电机联合运转时，它们合成为一台水轮发电机组。

水轮发电机按轴的装置方式可分为卧式和立式两种。卧式水轮发电机常用于中小型水电站及贯流式机组；立式水轮发电机多用于大中型水电站。立式水轮发电机按推力轴承的位置不同又可分为悬吊型和伞型两种。立式水轮发电机一般由转子、定子、轴承、机架、励磁机、永磁机、制动间、空气冷却器等部件组成。

3.3.3　发电厂主要电气设备

发电厂的电气设备分为电气一次设备和电气二次设备。电气一次设备是指直接用作生产、输送和分配电能的设备，如发电机、变压器和高压输电线等。电气二次设备是指对电气一次设备的工作进行监视、测量、操作和控制的设备，如测量仪表、继电保护、自动装置、操作和控制信号设备等。

3.4　水电站厂区枢纽[1,10,11]

水电站厂区枢纽通常有主厂房、副厂房、主变压器和开关站四大主要部分，它是发电、变电、配电的机电设备和其相应的水工建筑物的综合体。

3.4.1　厂区布置的任务和原则

厂区布置的任务是以水电站主厂房为核心，根据厂区地形地貌，合理安排主厂房、副厂房、变压器场、高压开关站、引水道、尾水渠、交通道路等的相互位置，确保水电站工程经济安全运行。由于自然条件、机组型式等的不同，厂区布置方案各不相同，但一般来讲应遵循以下几条原则：

（1）综合考虑自然条件，枢纽布置、厂房形式、对外交通，厂房进出水情况和厂区防洪要求等，使厂区各部分建筑与枢纽其他建筑物相互协调，避免或减少干扰。

（2）要照顾厂区各组成部分的不同作用和要求，也要考虑它们的联系与配合，统筹兼顾，共同发挥作用。主厂房、副厂房、变压器场等建筑物应距离短、高差小、满足电站出线方便、电能损失小，并便于设备的运输、安装、运行和检修。

（3）应充分考虑施工条件、施工程序、施工导流方式的影响，并尽量为施工期间利用已有铁路、公路、水运及建筑物等创造条件。还应考虑电站要分期施工和提前发电，宜尽量将本期工程的建筑物布置适当集中，以利分期建设，分期安装，为后期工程或边发电边施工创造有利的施工和运行条件。

（4）应保证厂区所有设备和建筑物都是安全可靠的。必须避免在危岩、滑坡及构造破碎地带布置建筑物。对于陡坡则应采取必要的加固措施，并做好排水，以确保施工期和投产后都能安全可靠。

（5）应尽量少破坏天然植被，造成水土流失的应实施水土保持方案。在满足运行管理的条件下应尽量少占农田。

3.4.2　主厂房

1. 主厂房功用及布置

主厂房中安置了水轮机、发电机和各种辅助设备，是将水能转变为电能的生产场所，其主要任务是满足各种机电及其辅助设备的安装、检修和运行条件，保证发电质量，并为运行人员创造良好的工作条件，使建筑物与自然环境协调。主厂房是厂区枢纽的核心，对厂区布置起决定性的作用。主厂房位置的选择主要在枢纽总体布置中进行，因此，其布置除了要注意厂区各组成部分的协调配合外，还应考虑下列条件：

（1）地形地质条件。地形地质条件往往是决定引水式地面厂房位置的主要因素。主厂房应建筑在良好的基岩上，建基面最好与厂房底部高程相近。在陡峻的河岸处布置厂房时，要特别注意厂房后坡的稳定问题，应尽可能避开冲沟口和容易发生泥石流的地段。

（2）水流条件。主厂房的位置选取要与压力管道及尾水渠的布置统一考虑，应尽可能保证进出水流平顺。当压力管道采用明钢管时，为减轻或避免非常事故对厂房的危害，宜将厂房避开压力管道事故水流的主要方向，否则要采取其他安全措施。

（3）施工和对外交通条件。主厂房位置应选择在对外交通联系方便、易修建进厂公路（铁路）的地方，厂房附近要有足够的施工场地。

（4）其他条件。主厂房下游面有合理的朝向，能创造良好的通风和采光条件。

2. 主厂房的组成

1）按设备组成的系统划分

为了安全可靠地完成水力发电并向电网供电的任务，水电站厂房内配置了一系列的机械和电气设备，它们可归纳为水流系统、电流系统、机械控制设备系统、电气控制设备系统、辅助设备系统等。

2）按水电站厂房的结构划分

在平面上，水电站厂房分为主机室和装配场。在剖面上，以发电机层为界，分为上部结构和下部结构。

（1）上部结构。厂房上部结构与一般工业厂房类似，包括主机室和装配场，一般称为发电机层或主机房。①主机室。主机室又称主机间，它是水电站的"心脏"，水轮发电机组及辅助设备都布置在此，它是运行和管理的主要场所，其内部布置必须与厂房枢纽相协调。主机室的发电机层，是装设水轮发电机组、调速器操作柜、油压装置、机旁盘、励磁盘等设备的场所。其上空设置移动式吊车，供设备安装、检修时运用。另外还有提供上下层交通联系的楼梯、进水阀（机前阀）的吊阀孔、工作人员的交通通道等。②装配场。装配场是水电站机、电设备到货卸车、拆箱、组装和机组检修时使用的场所。装配场一般均布置在主厂房有对外道路的一端。装配场的高程主要取决于对外道路及发电机层楼板的高程。一方面，装配场最好与对外道路同高，且高于下游最高水位，以保证对外交通畅通无阻。另一方面，装配场与发电机层楼板同高，使安装、检修工作方便。

（2）下部结构。下部结构是发电机层楼板以下的部分，为大体积的钢筋混凝土结构，一般分为以下四部分：①发电机出线层（有的厂房不设）。一般布置有发电机定子、转子和通风道。②水轮机层，是发电层地面以下和蜗壳顶部混凝土以上的空间。它的布置主要有水轮机顶盖，发电机机墩，通向蜗壳和尾水管的进人孔，油、气、水管道和电气设备等。发电机机墩支撑发电机在预定的位置上，并给机组的安装、运行、维护和检测创造有利的条件。③蜗壳层，是反击式水轮机的引水设备蜗壳及其周围的钢筋混凝土结构块体部分。④尾水管层，是反击式水轮机的泄水设备，尾水管的顶部与基础底板之间的空间。主要布置有尾水管、集水廊道、水泵室等。

3.4.3　副厂房

副厂房是布置机电设备运行、控制、试验、管理和运行人员工作及生活的房间。副厂房的房间使用分下述几类。

（1）控制及运行室，如中央控制室、集缆室、发电机配电装置室、继电保护室、蓄电池室、载波通信室、充电机室、通风室等，这些房间是水电站运行必须设置的。

（2）辅助设备房间，如厂用配电装置室、厂用变压器室、空气压缩机和贮气罐室、水泵室、油处理及油罐室等，这些房间也是水电站运行必需的。

（3）生产车间，如电器修理车间、工具间、油和水化验室、高压试验室、仪表试验室等。

（4）工作场所，如办公室、会议室、值班室、生产技术科和休息室、卫生间和浴室等。

副厂房具体布置，应取决于电站装机容量、电站在电力系统中的作用与地位、电站自动化程度等因素。工程实践表明，中央控制室的布置是副厂房布置中的关键。

3.4.4 主变压器

主变压器作用是将电能升高到规定的电压后送到开关站。主变压器应尽可能靠近厂内的机组，以缩短昂贵的发电机母线的长度，减少电能损失和故障机会；并尽量与主厂房内装配场处在同一高程，以方便安装、检修和排除故障，并满足防火要求。

对于河床式厂房，由于其尾水管较长，可将主变压器设置在尾水平台上；对于坝后式厂房，可以利用厂坝之间的空间布置主变压器；对于岸边式厂房，主变压器可以设置在厂房的上游侧。

3.4.5 开关站

开关站是装设高压开关、高压线和保护措施等高压电气设备的场所，高压输电线由此将电能输送到电网。开关站一般是露天的，从运行方便来讲，开关站应与变压器布置在同一高程，多布置在岸边，以便运行管理人员检查和维护，并且应满足防火要求。开关站所需面积，主要取决于电气主结线、运行条件、输电线回路数和出线方向等，要求的占地面积较大。

参 考 文 献

[1] 田土豪，陈新元. 水利水电工程概论[M]. 北京：中国电力出版社，2004
[2] 黄强. 水能利用[M]. 北京：中国水利水电出版社，2009
[3] 于永海. 水电站[M]. 北京：中国水利水电出版社，2008
[4] 何晓科，殷国仕. 水利工程概论[M]. 北京：中国水利水电出版社，2007
[5] 吕尚泰，温信文. 水电站概论[M]. 北京：中国水利水电出版社，2008
[6] 陈锡芳. 水力发电技术与工程[M]. 北京：中国水利水电出版社，2010
[7] 张治滨. 水电站建筑物设计参考资料[M]. 北京：水利水电出版社，1997
[8] 徐晶，宋东辉. 水电站与水泵站建筑物[M]. 北京：中国水利水电出版社，2011
[9] 姜弘道. 水利概论[M]. 北京：中国水利水电出版社，2010
[10] 张敬楼，吴良政. 水利电力工程概论[M]. 南京：河海大学出版社，1997
[11] 龙建明，杨絮. 水电站辅助设备[M]. 郑州：黄河水利出版社，2009

第二篇　水利水电工程混凝土结构

第4章　水利水电工程混凝土结构腐蚀因素及类型

4.1　混凝土结构的基本概念及优缺点[1,2]

4.1.1　混凝土结构的基本概念

混凝土结构广义上是指房屋建筑和土木工程的建筑物、构筑物及其相关组成部分的实体，是土木建筑工程中按材料来区分的一种结构，是指以混凝土为主要材料和钢筋等为增强材料制作的结构，包括钢筋混凝土结构、预应力混凝土结构和素混凝土结构等。钢筋混凝土结构是指配置普通钢筋、钢筋网或钢筋骨架的混凝土结构；预应力混凝土结构是由配置受力的预应力钢筋通过张拉或其他方法建立预加应力的混凝土制成的结构；素混凝土结构是指无筋或不配置受力钢筋的混凝土结构。事实上，混凝土结构的范围还可以更广泛一些。19世纪中叶以后，人们开始在素混凝土中配置抗拉强度高的钢筋来获得加强效果。如果用"加强"的概念来定义"钢筋混凝土结构"，则钢纤维混凝土结构、钢管混凝土结构、钢-混凝土组合结构、钢骨混凝土结构、纤维增强聚合物混凝土结构等，均属于钢筋混凝土结构的范畴。

在现代土木建筑工程结构中，混凝土结构比比皆是。但是，对混凝土结构的认识不能仅停留在"混凝土结构是由水泥、砂、石和水组成的人工石"以及"混凝土中埋置了钢筋就成了钢筋混凝土结构"的简单概念上，而应从本质上即力学概念上去认识、了解混凝土结构的基本工作原理。

钢筋混凝土是由钢筋和混凝土两种物理力学性能不相同的材料所组成。混凝土的抗压强度高、抗拉强度低，其抗拉强度仅为抗压强度的 1/20~1/8，混凝土是一种非均质、非弹性、非线性的建筑材料。同时，混凝土破坏时具有明显的脆性性质，破坏前没有征兆。因此，素混凝土结构通常用于以受压为主的基础、桥墩和一些非承重结构。与混凝土材料相比较，钢筋的抗拉强度和抗压强度均较高，破坏时具有较好的延性。为了提高构件的承载力和使用范围，将钢筋和混凝土按照合理的方式结合在一起协同工作，使钢筋主要承受拉力，混凝土承受压力，充分发挥两种材料各自的特长，则可以大大提高结构的承载能力，改善结构的受力特性。

相关试验证明，钢筋混凝土梁的承强力比素混凝土梁的承载力显著提高。钢筋混凝土梁中混凝土的抗压强度和钢筋的抗拉强度均可得到充分发挥；其承载力可以提高数倍，甚至十多倍，并且破坏具有明显的征兆。不了解钢筋混凝土工作原理的非专业人员，常常以为埋置了钢筋的梁，就一定能提高其承载力，其实不然。如果把钢筋埋在梁上方受压区，则梁的承载力几乎不能提高，仍发生如同素混凝土梁那样的"一裂即穿"的脆性破坏，钢筋则白白浪费。

除了钢筋的布置位置要正确外，承载力得以提高的另一重要条件是钢筋和混凝土之间必须保证共同工作。钢筋和混凝土之间的良好黏结，使两者有机地结合为整体，而且这种整体还不致由于温度变化而破坏，同时钢筋周围有足够的混凝土包裹，使钢筋不易生锈，从而保证黏结力的耐久性，所以两者的共同工作是可以得到保证的。

由上述可知，正确理解钢筋混凝土结构的工作原理，需要注意以下几点：

（1）钢筋混凝土由混凝土和钢筋两种材料组成，这两种材料的力学特性是不相同的。

（2）两种材料必须各在其所，才能各司其职，各显其能。钢筋主要置于构件的受拉区，混凝土则承受压力，从而充分发挥各自的力学特性，提高构件的承载能力。

（3）必须保证两种材料共同工作。

理解了这种工作原理，也就不难理解钢筋混凝土的英文名称"reinforced concrete"（缩写为 RC）的科学性，并且也就不难理解为什么前面提及的各种混凝土，乃至于 20 世纪 50 年代我国曾使用过的竹筋混凝土结构均可以归属于"钢筋混凝土结构"的范畴，广义地称为"钢筋混凝土结构"。

4.1.2　钢筋混凝土结构的优缺点

混凝土是一种人造石材，其抗压强度高，而抗拉强度很低，同时混凝土破坏具有明显的脆性，用于以受压为主的基础、桥墩、非承重结构。

钢材的抗拉强度和抗压强度都很高，钢材一般具有屈服现象，破坏时表现出较好的延性。但细长钢筋受压时极易失稳，仅能作为受拉构件。

钢筋混凝土是将两种力学性能不同的材料，即钢筋和混凝土结合成整体，共同发挥作用的一种建筑材料。为了充分利用两种材料的性能，把混凝土和钢筋结合在一起，使混凝土主要承受压力，钢筋主要承受拉力，以满足工程结构的需要。钢筋和混凝土这两种不同性能的材料能有效地结合在一起共同工作，主要是由于钢筋和混凝土之间存在良好的黏结力，使两种材料结合成整体，在荷载作用下，两者协调变形，共同受力；并且钢筋和混凝土两种材料的温度线膨胀系数非常接近，钢材为 1.2×10^{-5} ℃$^{-1}$，混凝土为 $1.0 \times 10^{-5} \sim 1.5 \times 10^{-5}$ ℃$^{-1}$，当温度变化时，两者不会因变形而破坏它们的整体性，而钢筋处于混凝土内部，混凝土妥善保护了钢筋，使钢筋不易发生锈蚀。

钢筋混凝土结构除了能充分利用钢筋和混凝土两种材料的受力性能外，尚具有许多优点：

（1）强度高。钢筋混凝土的强度高，适用于各种承重构件。

（2）整体性好。现浇或装配整体式钢筋混凝土结构具有很好的整体性，有利于结构的抗震、防爆。同时，其防震和防辐射性能好，适用于防护结构。

（3）可模性好。可根据使用需要浇筑成各种形状和尺寸的结构，尤其适合建造外形复杂的大体积及空间薄壁结构。

（4）耐久性好。混凝土耐自然侵蚀能力较强，钢筋因混凝土的保护而不易锈蚀，坚固耐用。

（5）耐火性好。由传热差的混凝土作为钢筋的保护层，在普通火灾情况下，混凝土传热性能差，30 mm 厚混凝土保护层可耐火 2 h。因此，发生火灾时，由于混凝土包裹在钢筋外面，不致使钢筋达到软化温度而导致整体结构的破坏，从而避免结构倒塌破坏，比钢、木结构耐火性好。

（6）就地取材，节约钢材。钢筋混凝土结构中所用的砂、石材料，一般可就地采取，减少运输费用，造价低，也可有效利用工业废料（矿渣、粉煤灰等）作为人工骨料或外加剂改善混凝土的工作性能，保护环境。

同时钢筋混凝土结构也存在一些缺点。

（1）自重大。在同样承载力的条件下，混凝土结构所需要的材料自重比钢结构大，使截面抗力要花费相当大的部分用于抵抗其自身的重量，这给建造大跨度结构和超高层结构造成了困难。

（2）抗裂性差。普通钢筋混凝土结构在正常使用的情况下往往出现裂缝。这一缺点对水工混凝土结构尤为不利。裂缝的存在降低了混凝土抗渗、抗冻的能力。当水和有害气体侵入后又会引起钢筋生锈，影响结构构件的正常使用和耐久性。一些水工混凝土结构的裂缝还会引起水的渗漏，影响正常使用，民用建筑和公共建筑的裂缝还会造成使用者心理上的不安全感。

（3）承载力有限。与钢材相比较．普通混凝土抗压强度较低，因此，普通钢筋混凝土结构的承载力有限，用做承重结构和高层建筑底部结构时，不可避免地会导致构件尺寸过大，减小有效使用空间。因此对于一些超高层的结构，采用混凝土结构有其局限性，而更多地选择钢结构。

（4）施工复杂。混凝土结构施工需经过制模、立模、搅拌、浇筑、振捣、养护、凝固等多个工序，施工工期较长，施工技术复杂，施工要求严格。一旦出现质量事故，结构即拆除报废，不像钢结构和砌体结构，部分材料尚可重复利用。混凝土结构的施工还受气候和环境条件的限制。大型水利水电工程还要求较大的砂、石料场和混凝土搅拌场。水工大体积混凝土构件还要有温控措施，否则会因温度应力大而引起质量事故。即使是装配式结构，预制构件在现场装配时也非易事，需填缝、找平，接头构造也较复杂，并浇二期混凝土。预应力混凝土结构的设计和施工则更为复杂，要求具有更高水平的专门施工队伍。

但是对混凝土结构的优点和缺点应辩证地对待。在水利水电工程建设中，混凝土重力大就成了重力坝的优点。混凝土耐久性好也仅是相对的，混凝土结构如同人的生命一样，也有衰老的过程。在 20 世纪 70 年代，英国、美国等一些发达国家发现，50 年代以后修建的混凝土基础建设，尤其是桥面板这类工作环境较为恶劣的结构，过早出现了病害、开裂，甚至严重损坏。我国在 20 世纪 70 年代后修建的大量混凝土结构工程，尤其是中小型的水利工程、桥梁工程等，也有相当部分过早地发生了不同程度的病害，甚至严重损害，这使后来的修复、补强加固工作耗费了大量的人力和物力。

但随着科学技术的发展，钢筋混凝土存在的缺点正在得到克服和改善。例如，采用预应力混凝土可提高其抗裂性，并可用于建造大跨度结构和防渗漏结构；采用轻质高性能混凝土可减轻结构自重，并改善隔热隔声性能；采用预制和叠合构件可节约模板，减少现场施工工序，加快施工进度等。

4.2 混凝土结构的发展及应用[3,4]

4.2.1 混凝土结构的发展简况

从现代人类的工程建设史上来看，相对于砌体结构、木结构和钢铁结构而言，混凝土结构是一种新兴结构，它的应用也不过一百多年的历史。现代混凝土结构是随着水泥和钢铁工业的发展而发展起来的，1824 年，英国的砌砖工人约瑟夫·阿斯普丁（Joseph Aspdin）调配石灰岩和黏土，首先烧成了人工制造的波特兰水泥，申请了水泥的专利，成为水泥工业的开端，拉开了混凝土使用的大幕。1849 年，法国人朗波（L. Lambot）制造了第一只钢筋混凝土小船，1861 年法国人约瑟夫·莫尼埃（Joseph Monier）获得了制造钢筋混凝土板、管道和拱桥等专利。

混凝土结构在应用的初期，由于当时水泥和混凝土的质量都很差，同时设计计算理论尚未建立，所以发展比较缓慢。直到 19 世纪 80 年代以后，随着生产的发展，以及试验工作的开展、计算理论的研究、材料及施工技术的改进，这一技术才得到了较快的发展。1886 年，德国学者发表了钢筋混凝土结构的计算理论和计算方法，1887 年又发表了试验结果，并提出了钢筋应配置在受拉区的概念和板的计算方法，在此之后，钢筋混凝土的推广应用才有了较快发展。1891~1894 年，欧洲各国的研究者发表了一些理论和试验研究结果。但是在 1850~1900 年的整整 50 年内，由于工程师们将钢筋混凝土的施工和设计方法视为商业机密，因此总的来说公开发表的研究成果不多。美国学者 1850 年进行过钢筋混凝土梁的试验，但其研究成果直到 1877 年才发表并为人所知。19 世纪 70 年代有学者曾使用过某些形式的钢筋混凝土，并且于 1884 年第一次使用变形（扭转）钢筋并形成专利。1890 年在旧金山建造了一幢两层高，321 英尺（95 m）长的钢筋混凝土美术馆。从此以后，钢筋混凝土在美国获得了迅速的发展。

　　从 20 世纪 30 年代开始，从材料性能的改善、结构形式的多样化、施工方法的革新、计算理论和设计方法的完善等多方面开展了大量的研究工作，钢筋混凝土结构工程应用十分普遍，使钢筋混凝土结构进入了现代化阶段。钢筋混凝土结构迅速发展成为现代工程建设中应用非常广泛的建筑结构，目前已成为现代工程建设中应用最广泛的建筑材料之一。

　　在材料研究方面，钢筋混凝土材料主要是向高强、轻质、耐久及具备某种特异性能方向发展。为改善钢筋混凝土自重大的缺点，世界各国已经大力研究发展了各种轻质混凝土（由胶结料、多孔粗骨料、多孔或密实的细骨料与水拌制而成），其干容重一般不大于 18 kN/m³，如陶粒混凝土、浮石混凝土、火山渣混凝土、膨胀矿渣混凝土等。轻质混凝土可在预制和现浇的建筑结构中采用，例如可制成预制大型壁板、屋面板、折板以及现浇的薄壳、大跨、高层结构。但在应用中应当考虑到它的一些特殊性能（弹性模量低、收缩、徐变大等）。目前国外轻质混凝土用于承重结构的强度等级为 C30～C60，其容重一般为 14～18 kN/m³。国内常用的强度等级为 C20～C40 或更高的强度，其容重一般为 12～18 kN/m³。由轻混凝土制成的结构自重较普通混凝土可减少 20%～30%，由于自重减轻，结构地震作用减小，因此在地震区采用轻质混凝土结构可有效地减小地震力，节约材料和造价。

　　在结构和施工方面，水工钢筋混凝土结构常因整体性要求而采用现浇混凝土施工。尤其是大型水利工程的工地建有拌和楼（站）集中搅拌混凝土，并可将混凝土运至浇筑地点，这给机械化现浇施工带来很大方便。采用预先在模板内填实粗骨料，再将水泥浆用压力灌入粗骨料空隙中形成的压浆混凝土，以及用于大体积混凝土结构（如水工大坝、大型基础）、公路路面与厂房地面的碾压混凝土，它们的浇筑过程都采用机械化施工，浇筑工期可大大缩短，并且能节约大量材料，从而获得经济效益。值得注意的是，近几年来由钢与混凝土或钢与钢筋混凝土组成的结构、型钢与混凝土组成的组合梁结构、外包钢混凝土结构及钢管混凝土结构，已在工程上逐步推广应用。这些组合结构具有充分利用材料强度、较好地适应变形能力（延性）、施工较简单等特点。

　　所有这些都显示了近代混凝土结构设计、材料应用和施工水平日新月异的迅速发展。

4.2.2　混凝土结构的应用

自从混凝土材料诞生以来，其卓越的建筑性能使其迅速发展，成为有史以来应用最广且成功的建筑材料，使得混凝土结构成为近现代最为基本的建筑结构。混凝土结构是目前我国土木工程中应用最为广泛的结构，据统计，我国每年混凝土用量约 9 亿 m³，钢筋约 2000 万 t，我国每年在混凝土结构上耗资达 2000 亿元以上。

在工程应用方面，混凝土结构最初仅在最简单的结构物如拱、板等中使用。随着水泥和钢材工业的发展，混凝土和钢材的质量不断改进，强度逐步提高。目前，混凝土结构已广泛应用于水利水电工程、工业与民用建筑、桥梁隧道、港口码头等诸多工程领域，在工程实践、试验研究、理论分析、施工技术以及新材料的应用等方面都有了较快的发展。

1. 在水利水电工程中的应用

钢筋混凝土结构在水利水电工程中的应用已非常广泛，水坝、水电站厂房、水闸、船闸、渡槽、涵洞、倒虹吸管、调压塔、压力水管、码头、隧洞衬砌等大都采用钢筋混凝土结构。钢筋混凝土结构在水利水电工程中的应用更加令人瞩目，葛洲坝水利枢纽、三峡水利枢纽、乌江渡水电站、龙羊峡水电站都是规模宏伟的钢筋混凝土工程。例如长江三峡水利枢纽工程（图 4-1），大坝坝顶总长 3 035 m，坝高 185 m；由大坝、水电站厂房和通航建筑物三大部分组成，其中三峡水电站的机组布置在大坝的后侧，共安装 32 台 70 万千瓦水轮发电机组，其中左岸 14 台（图 4-2），右岸 12 台，右岸地下 6 台，另外还有 2 台 5 万千瓦的电源机组，总装机容量 2 250 万千瓦，年发电量约 1 000 亿度。永久通航建筑物为双线五级总水头 113 m 的连续级船闸，是世界上级数最多、总水头最高的内河船闸。

图 4-1　长江三峡水利枢纽　　　　　图 4-2　三峡左岸电站厂房

2. 在建筑工程中的应用

混凝土被广泛应用于民用建筑和工业建筑中，如住宅楼和办公楼的楼板基本上都是预制或现浇的钢筋混凝土板，小高层房屋和多层工业厂房多采用现浇钢筋混凝土梁板柱框架结构；单层厂房多采用钢筋混凝土柱，采用钢筋混凝土结构或钢–混凝土组合结构建造了大量的高层建筑。早在 1931 年，美国便建成了保持世界纪录达 40 年之久，102 层，高 381 m 的帝国大厦（图 4-3）。20 世纪 70 年代以来，很多国家已把高强度钢筋和高强度混凝土用于大跨、重型、高层结构中，在减轻自重、节约钢材上取得了良好的效果，同时也使大跨度结构、高层建筑、高耸结构和具备某种特殊性的钢筋混凝土结构的建造成为现实。钢筋混凝土结构的跨度和高度都在不断增大，目前，世界上最高的建筑为阿联酋的哈利法塔（前称迪拜塔）（图 4-4），高 828 m。

图 4-3　帝国大厦　　　　　　　图 4-4　　哈利法塔

3. 在桥梁工程中的应用

2008 年建成通车的杭州湾跨海大桥（图 4-5）是目前世界上最长的跨海大桥，全长 36 km，双向六车道，大桥设南、北两个航道，其中北航道桥为主跨 448 m 的钻石形双塔双索面钢箱梁斜拉桥，南航道桥为主跨 318 m 的 A 形单塔双索面钢箱梁斜拉桥，其余引桥采用 30~80 m 不等的预应力混凝土连续箱梁结构。我国 1993 年建成通车的上海杨浦大桥（图 4-6），总长 7 654 m，跨径为 602 m，主桥长 1 172 m，主塔高 220 m，是目前世界上最大跨径的钢–混凝土组合梁斜拉桥。1997 年建成的重庆长江二桥，主跨 444 m，是我国目前最大跨径的预应力混凝土梁斜拉桥。我国 1997 年建成的箱形截面的万县长江大桥，主跨 420 m，是当今世界上最大跨度的钢筋混凝土拱桥。

图 4-5　杭州湾跨海大桥　　　　　图 4-6　上海杨浦大桥

4. 在其他工程中的应用

在隧道工程中，隧道的衬砌均采用混凝土结构。新中国成立后修建了超过 2500 km 的铁道隧道，修建的公路隧道超过 80 km。地铁具有安全、舒适、运输量大、噪声小等优点，已成为城市重要的交通设施。

混凝土结构的电视塔由于其造型和施工上的特点，已逐步取代过去常用的钢结构电视塔。龟山电视塔是中国自行设计和施工的第一座钢筋混凝土结构的多功能电视塔，高 311.4 m。广州新电视塔高达 610 m，是目前世界上第二高塔；排名第一的是东京晴空塔，高 634 m；上海的"东方明珠"广播电视塔，排名第五，高 468 m。

除上述一些工程外，还有一些特种结构，如烟囱、水塔、水池、筒仓、码头、核反应堆安全壳等也广泛采用钢筋混凝土结构形式。随着科学技术的发展、施工水平的提高以及高强轻质材料研究的不断突破，钢筋混凝土的缺点正在逐步地被克服和改善，例如，采用轻质高强混凝土可以减轻结构的自重；采用预应力混凝土结构可以提高构件的抗裂性能；采用预制装配构件可以节约模板和支撑，加快施工进度，减少季节气温对施工的影响。总之，随着对混凝土结构研究的不断深入，混凝土结构的应用会更加广泛，前景会更加广阔。

4.3　影响水利水电工程混凝土腐蚀的主要因素[5-7]

混凝土结构在服役过程中，由于受到周围环境的物理、化学、生物的作用，其内部某些成分发生反应、溶解、膨胀，从而导致混凝土构筑物的破坏，这种现象即为混凝土的腐蚀。

4.3.1　混凝土结构中的孔隙及其对腐蚀的影响

1.混凝土结构中的孔隙

混凝土的结构孔隙种类有毛细孔隙、沉降孔隙、接触孔隙、余留孔隙及施工孔隙等。孔隙的存在为腐蚀介质的进入和腐蚀反应的发生提供了便利条件。

（1）毛细孔隙。水泥熟料与水之间发生水合作用后，便生成水泥石。水泥在水化凝固过程中多余的水分（即需要的结合水 β 值之外的水分）将蒸发，蒸发后在混凝土中遗留下孔隙，其数量和大小与拌和时的水灰比、水泥水化程度、养护条件等因素有关。普通水泥在水化过程中，需要的结合水 β 值为水泥质量的20%~25%，但是为了达到拌和过程要求的和易性，实际施工中加入的水量大大超过这个比例，通常会达到水泥质量的 60%以上，多余的那部分水就会导致孔隙和毛细管的形成。

水泥水化过程的 β 值（结合水）与凝固的龄期（时间）有关，一般在 360 d 左右达到固定值（约 25%左右）。表 4-1 列出了不同品种水泥在不同的凝固期内的结合水 β 值。

表 4-1　水泥不同凝期的结合水 β 值

水泥品种	水泥水化结合水 β 值					
	3 d	7 d	28 d	98 d	360 d	备注
普通硅酸盐水泥	0.11	0.12	0.15	0.19	0.25	龄期达 1 a 后 β 值固定
矿渣硅酸盐水泥	0.06	0.08	0.10	0.15	0.23	

（2）沉降孔隙。在混凝土结构形成时由于钢筋的阻力，或因集料与水泥各自比重和颗粒大小不匀，在重力作用下产生的孔隙，与配合比密切相关。

（3）接触孔隙。由于砂浆和集料变形不一致，以及集料颗粒表面存有水膜，水分蒸发后残留的孔隙。

（4）余留孔隙。由于混凝土配比不适当，水泥用量不足以填满粗细集料的间隙而出现的孔隙。

（5）施工孔隙。由于浇灌、振捣不良而引起的孔隙。

综上所述，严格控制配料比、保证原料质量、精心操作等是减少各类孔隙的有效措施，也是降低混凝土腐蚀的重要环节。

2. 混凝土的密实性与腐蚀的关系

混凝土的密实性与腐蚀关系很密切。在任何介质作用下，密实性愈高的混凝土耐蚀性相对也愈好，反之亦然。混凝土的密实性主要取决于混凝土拌和过程中的水灰比（即水与水泥之间的重量比），即水灰比愈小，则混凝土的孔隙率愈小。一般规律是：当水灰比在 0.5 以下时，水泥石的孔隙率较低，水泥石的密实性较好，渗透性很低；当水灰比为 0.6 时，其渗透性略有增加；当水灰比超过 0.6 时，则渗透性急剧增加。

当水灰比从 0.4 增加到 0.7 时，渗透系数增加至原来的 100 倍。渗透系数或渗透深度是表示混凝土密实程度的量化指标，也是混凝土抗腐蚀性能定量化的描述。降低孔隙率和渗透性是控制混凝土腐蚀的重要途径。

4.3.2　水泥外加剂与混凝土耐蚀性的关系

水泥外加剂是用来改善混凝土内部组织结构而向水泥中引入的化学物质。向水泥中引入一定量的水泥外加剂以增加混凝土的密实性，提高混凝土的抗渗性。外加剂的作用主要是能吸附、分散、引气、催化或与水泥的某种成分发生物理、化学作用，使混凝土性能得到改善。不同的外加剂，其性能、化学作用各异。

（1）减水剂。在混凝土拌和物中掺入适量不同类型的减水剂以提高其抗渗性能。减水剂具有强烈分散作用，它借助于极性吸附作用，大大降低水泥颗粒间的吸引力，有效地阻碍和破坏颗粒间的凝絮作用并释放出凝絮体中的水，从而提高了混凝土的和易性。在满足一定施工和易性的条件下可以大大降低拌和用水量，使硬化后孔结构分布情况得以改善，孔径及总孔隙率均显著减小，分散和均匀混凝土的密实性，从而提高混凝土的抗渗性、耐蚀性。

（2）引气剂。在混凝土拌和物中掺入微量引气剂，可以提高混凝土的密实性、抗渗性与耐蚀性。引气剂是具有憎水作用的表面活性剂，它能显著降低混凝土拌和水的表面张力，经搅拌可在拌和物中产生大量密闭、稳定和均匀的微小气泡，在含气量体积分数为 0.05 的每立方米引气混凝土中，直径为 50~200μm 的气泡约数百亿以至数千亿个，大约每隔 0.1~0.3 mm 即有一个气泡。由于这些微细、密闭、互不连通的气泡的阻隔，毛细管变得更细小、曲折、分散，从而减少了渗透的通道，达到提高混凝土密实性、抗渗性与耐蚀性的目的。

（3）三乙醇胺防渗剂。引入三乙醇胺是借助三乙醇胺催化作用，在早期生成较多的水化产物，部分游离水结合为结晶水，相应地减少毛细管通路和孔隙，从而提高混凝土的抗渗性。

4.3.3　湿度等对混凝土腐蚀行为的影响

湿度是影响混凝土耐腐蚀性的重要因素。一般在长期处于相对干燥条件下，而又无有害气体浸蚀时，混凝土基本无腐蚀发生；在长期处于浸水条件下，水泥结构中的孔隙中充满碱性水分（pH 值在 10 以上），空气中的氧或二氧化碳又无法进入时，混凝土结构很少腐蚀或腐蚀很微弱。当空气相对湿度在 60%~80% 之间或处于干湿交替的条件下，混凝土的表面既有水又有空气中的氧及二氧化碳进入混凝土时，则混凝土会遭受腐蚀。其腐蚀程度又与混凝土本身的密实性有密切关系，如孔隙的连通程度、孔隙的大小等。

4.3.4　水泥品种对腐蚀的影响

不同品种的水泥，其化学成分各异，制成的混凝土的性能有别，对各种介质的耐腐蚀程度也不同，因此在有腐蚀环境的条件下，正确选择混凝土的水泥品种是十分重要的。

水泥通常分为如下几种主要类型：硅酸盐水泥、普通硅酸盐水泥、火山灰质硅酸盐水泥、粉煤灰硅酸盐水泥、矿渣硅酸盐水泥、特种水泥（如水玻璃耐酸水泥、抗硫酸盐水泥等）。

（1）普通硅酸盐水泥。普通硅酸盐水泥和硅酸盐水泥性质基本相同，只是硅酸盐水泥比普通硅酸盐水泥纯度更高些。其特点是早期强度高、硬化快，用它制成的混凝土密实性好、碱度高，因而对钢筋的保护性好。它适用于所有的承重与非承重的混凝土和钢筋混凝土结构。

（2）矿渣硅酸盐水泥。其特点是早期强度低，但它耐水性能和耐硫酸盐的性能略高。普通硅酸盐水泥耐硫酸根的浓度为 250 mg/L，而矿渣水泥耐硫酸根的浓度为 450 mg/L。在常用水泥中，以矿渣水泥耐氯化铵的性能最好，但矿渣水泥混凝土的密实性差，且干缩性大、易裂，其碱度也低于普通硅酸盐水泥，所以将它用于上部结构时，不及普通硅酸盐水泥耐腐蚀综合性好，只适用于潮湿环境的地下构筑物。

（3）火山灰质硅酸盐水泥。火山灰质硅酸盐水泥与矿渣硅酸盐水泥性能基本相同，但综合性能差。火山灰质硅酸盐水泥混凝土吸水性大，不适合用于受冻融的工程，也不适合用于干燥地区的结构，在一般有腐蚀的建筑工程中不推荐采用。

（4）抗硫酸盐水泥和高抗硫酸盐水泥。由于组成中铝酸三钙和硅酸三钙低，具有较好的耐硫酸盐性能。抗硫酸盐水泥耐硫酸根的浓度达 2 500 mg/L；高抗硫酸盐水泥可耐浓度 10 000 mg/L 的硫酸根。这两种水泥适用于有硫酸盐腐蚀的地下和港口工程，其抗冻融和耐干湿交替性能都优于普通硅酸盐水泥。

在常用水泥中，在配合比相同的条件下，普通硅酸盐混凝土的密实性最好，碱度最高。在各种水泥中，普通水泥混凝土的碳化速率最慢。用不同水泥拌制混凝土，碳化速率的试验结果比较如表 4-2 所示。

表 4-2　不同品种水泥拌制的混凝土相对碳化速率比较

水泥品种	普通水泥	矿渣水泥	火山灰水泥	煤粉灰水泥
相对碳化速率	1	1.4	1.7	1.9

4.3.5　酸、碱、盐对混凝土腐蚀的影响

1. 酸的影响

酸对水泥砂浆和混凝土的作用一般属于化学溶蚀，主要是酸与水泥石之间的相互反应，包括阳离子交换，易于溶解的反应产物通过扩散或渗透而流失。常见的无机酸和有机酸中的乙酸，可将水泥石完全破坏。

一般说来，硫酸、硝酸、盐酸、铬酸、乙酸对水泥砂浆及混凝土的腐蚀比较强烈，其中硫酸对水泥石不仅有分解作用，而且硫酸根离子与钙离子反应，生成的硫酸钙还具有膨胀破坏作用，所以在相同条件下，硫酸对水泥石的破坏比其他大多数酸要强烈。磷酸的腐蚀性较弱，是因为磷酸与水泥反应后生成不溶性磷酸钙，使腐蚀难以继续进行。有机酸腐蚀的能力与其相对分子质量的高低有关。相对分子质量高，对混凝土腐蚀性小，一般可视为无腐蚀；低相对分子质量的柠檬酸、乙酸对混凝土有较大腐蚀性；草酸则无腐蚀性。

2. 碱的腐蚀

碱对水泥砂浆和混凝土腐蚀性较小。在水泥的组分中，硅酸三钙水解后生成的氢氧化钙，在任何温度下，在任意浓度的碱中都很稳定。硅酸三钙和硅酸二钙，经水化（凝固）而生成的含水硅酸钙，对质量分数在 0.30 以下的碱也有很优良的耐蚀性。由铝酸三钙水化生成的含水铝酸钙，耐碱性较差，质量分数为 0.30 的苛性碱液在常温下能破坏已硬化的含水铝酸三钙。铁铝酸钙水化（凝固硬化）后，与硅酸二钙和硅酸三钙的耐碱性基本相同。故铝酸三钙是水泥的四种矿物组分中

耐碱性最差的成分。

在通常的情况下，苛性碱对水泥砂浆混凝土的腐蚀性并不大。只有当碱的质量分数较高时（例如大于 0.20），能缓慢地腐蚀结构不密实的混凝土。温度升高，腐蚀迅速加剧，处于熔融状态的高温碱液，对混凝土有强烈的腐蚀。从化学性质上讲，碳酸钠对水泥砂浆混凝土无化学反应，基本没有腐蚀性。但是在干湿条件下，碳酸钠能渗入不密实的混凝土，在孔隙中再结晶而生成含水碳酸钠，体积膨胀后使混凝土破坏。

3. 盐的腐蚀

盐类对水泥砂浆混凝土的腐蚀主要是由于体积膨胀造成的破坏，同时也有化学溶蚀。硫酸盐的腐蚀是盐类腐蚀中最普遍的。在硫酸盐中又以硫酸钠、硫酸铵对水泥砂浆混凝土的腐蚀破坏性最大。水泥石在硫酸铵溶液中会产生连续反应，使其强度不断降低。硫酸钙在硫酸铵溶液中形成了复盐 $CaSO_4(NH_4)_2SO_4 \cdot H_2O$，溶解度增大。其他铵盐的腐蚀性与硫酸铵的上述反应相同，但是其他铵盐的酸根离子与水泥石中钙离子生成的钙盐，不及硫酸钙水化物的体积大。

化学溶蚀可见于镁盐和铵盐，它们能与混凝土中的氢氧化钙生成可溶性的盐。纯净的氯化钠对混凝土无腐蚀性，但在氯化钠中经常含有杂质氯化镁、氯化钙等吸湿性很强的成分，而氯化钠的渗透力强，在干、湿交替条件下能缓缓地腐蚀混凝土。

盐类对混凝土的腐蚀，除了与它的化学性质有密切关系外，还与盐介质的溶解度、吸湿性和含水率有关。溶解度愈大，吸湿性愈高，含水率愈大的盐类则腐蚀性愈大，反之则小。

4.3.6 钢筋锈蚀对混凝土腐蚀的影响

钢筋混凝土中除了混凝土各组分会发生腐蚀之外，钢筋本身的腐蚀也很常见，并且其破坏性也非常大，由此影响着混凝土结构的安全性和寿命。由于混凝土内埋置钢筋的锈蚀，引起混凝土开裂，致使构件承载力不足，导致结构耐久年限降低，这是影响混凝土结构耐久性的最主要因素之一。不仅在工业厂房、化工车间、酸洗车间等有侵蚀性化学物质的环境中，存在因钢筋锈蚀引起的混凝土结构破坏，而且在水工、海工及道桥结构中，也普遍存在着因钢筋锈蚀开裂，导致混凝土破损腐蚀的现象。在混凝土结构中，钢筋的腐蚀可以分为自然电化学腐蚀、杂散电流腐蚀、氢脆、应力腐蚀、微生物腐蚀等形式。

1. 自然电化学腐蚀

通常混凝土呈较强的碱性，其 pH 值在 12 以上，而钢筋在这种强碱性环境中（pH 值为 12.5~13.2），表面会生成一层致密的薄膜，呈钝化状态，保护钢筋免受腐蚀。通常周围混凝土对钢筋的这种碱性保护作用在很长时间内也都是有效的。然而一旦钝化膜遭到破坏，钢筋就处于活化状态，就有受到腐蚀的可能性。

使钢筋的钝化膜破坏的主要因素有四点，①当没有其他有害杂质时，碳化作用使钢筋钝化膜破坏；②氯离子的作用使钢筋钝化膜破坏；③硫酸根或其他酸性介质的侵蚀使混凝土碱度降低，当 pH 值降至 10 以下时，钝化膜破坏；④混凝土中掺加大量活性混合材料或采用低碱度水泥，导致钝化膜破坏或根本不生成钝化膜。

钢筋生锈的内部条件是钝化膜遭到破坏，产生活化点；钢筋锈蚀的外部条件是必须有水及氧的作用。当这些条件同时具备时，则钢筋表面存在电位差，由此产生局部腐蚀电池，导致钢筋锈蚀。锈蚀产物的体积大于腐蚀掉的金属体积，产生膨胀应力，导致混凝土层顺筋开裂，此即所谓混凝土的"先蚀后裂"现象。

2. 杂散电流腐蚀

杂散电流腐蚀是由漏电引起的，一般发生于电解车间，在其他厂房中由于结构上违章接电或天车系统绝缘不良等，也会出现漏电现象。直流电解系统泄漏到地下的电流，对钢筋混凝土结构所造成的腐蚀破坏，其实质是一种电解作用。根据杂散电流流动方向和路径的不同，可以分为阳极腐蚀和阴极腐蚀。当混凝土中的钢筋处于阳极时，就发生阳极极化而出现阳极腐蚀，钢筋锈蚀膨胀，混凝土开裂。如果钢筋处于阴极，根据阴极保护理论，当阴极电流较小时，一般不会发生腐蚀。而当阴极电流较大时，钢筋表面阴极反应速率加快，氧的去极化反应产生大量 OH^-，使钢筋表面的混凝土过度碱化，并导致大量氢气析出，破坏钢筋与混凝土的黏结力，使混凝土开裂。钢筋表面尽管轻度锈蚀，但会增加氢脆的风险。

3. 氢脆

钢筋的氢脆具有与应力腐蚀开裂相似的外貌，使处于应力状态的试件脆性、无缩颈地断裂。氢脆是硫化氢等与铁作用，以及杂散电流的阴极大电流腐蚀产生氢原子并进入钢筋内部所致。氢原子渗入钢材内部缺陷处或应力集中部位，重新结合成分子，失去了溶于钢中的能力并形成很大的内应力。由此产生相当大的局部应力与高强钢材的低变形性能及高拉应力等因素的协同作用,使钢筋产生裂纹,并迅速发展,最后导致脆断。

4. 应力腐蚀

应力腐蚀是指钢筋在应力和一些腐蚀介质的共同作用下,形成脆性断裂。通常是腐蚀介质先腐蚀钢筋,使钢筋表面产生大小不等、离散分布的腐蚀坑,成为应力集中源,钢筋在拉应力和腐蚀介质的联合作用下,在应力集中源处萌生裂纹,引起早期断裂。这种破坏的外观变化并不显著,所以有较大的潜在危险性。

应力腐蚀主要发生在预应力钢筋上,它的产生有三个条件:拉应力、腐蚀介质和钢筋对应力腐蚀的敏感性。对钢筋应力腐蚀影响较大的腐蚀介质有硝酸和氯化物等。对腐蚀较敏感的钢筋有直径不超过 4 mm 的各类钢筋和钢丝,经过强化处理过的任何直径的钢筋,或拉应力大于 329 MPa 的经过冷加工的预应力钢筋等。一般讲,高碳钢丝对应力腐蚀比低碳钢丝敏感。

4.4　水利水电工程混凝土腐蚀破坏类型及原因[6,8]

由于混凝土是一种复杂的建筑材料,它是碎石、卵石、砾石或炉渣在水泥或其他胶结材料中的凝聚体,是一种特殊的复合材料。混凝土品种繁多,家族庞大。工程中使用最为广泛的是钢筋混凝土,它是以钢筋作为混凝土的增强材料。在混凝土中用量最大的胶结材料是水泥,特别是波特兰水泥。水泥熟料由硅酸三钙（$3CaO \cdot SiO_2$）、硅酸二钙（$2CaO \cdot SiO_2$）、铝酸三钙（$3CaO \cdot Al_2O_3$）和铁铝酸四钙（$4CaO \cdot Al_2O_3 \cdot Fe_2O_3$）等组成。这些熟料与水作用（水合作用）凝固后即成为水泥石。水合作用的产物取决于水泥中的组元组成。通常水泥石的构成包括水化硅酸钙、氢氧化钙,以及含水铝酸三钙、铁铝酸钙等。其中硅酸钙使混凝土具有强度,故可用做建筑结构材料。氢氧化钙呈碱性,使水泥石的 pH 值高达 12 以上,由于这种碱性使钢筋处于钝化状态,故钢筋本身通常情况下不易遭受腐蚀。但当钝化膜遭到破坏时,钢筋将会腐蚀,并进而破坏混凝土结构。

混凝土是一种非匀质性的结构材料,从微观结构上看,它属于多孔体,其内部有许多大小不同的微细孔隙,一切浸蚀性的介质就是通过这些孔隙和裂缝进入混凝土的内部,从而腐蚀混凝土。浸蚀介质的渗透性又与这些孔隙大小、孔隙的连通程度（即毛细管通路）有密切关系,孔隙率越大,介质的渗透率越高,危害越大,尤其是孔径大于 25 nm 的开放式孔隙危害性极大,它是造成混凝土介质渗透性浸蚀的主要原因。

凡经常或周期性地受环境水作用的水工建筑物所使用的混凝土称为水工混凝土。水工混凝土大多数为大体积混凝土，如大坝、船闸、泄洪建筑物、电站厂房等。由于水工混凝土往往工程量大，结构体积大，长期与环境水接触，上游面水位变化幅度大，受干湿循环、冻融循环的破坏作用，过流面受悬移质、推移质及高速水流的冲刷磨损、气蚀，要求快速连续高强度施工，因此，水工混凝土与其他行业的混凝土不同，对混凝土的抗渗、抗冻、抗侵蚀、耐磨、温控防裂以及技术经济性有较高的要求，而对混凝土的强度要求则往往不是很高。

4.4.1　混凝土的腐蚀类型

室温下混凝土结构的腐蚀主要是水和水溶液的腐蚀。水下混凝土建筑物大多处在与水相接触的环境中工作。当环境水中含有侵蚀性介质时，水下混凝土会受到侵蚀作用，发生侵蚀破坏，常见的侵蚀作用有溶出性侵蚀、酸性侵蚀、硫酸盐侵蚀和镁盐侵蚀等，应根据建筑物所处的环境条件选择适当的水泥品种。如环境水对混凝土有硫酸盐侵蚀时，宜选用抗硫酸盐水泥。

混凝土中的硅酸盐水泥组分的腐蚀有按腐蚀形态和按环境两种分类方法。

1. 按腐蚀形态分类

按腐蚀形态可分为溶出型腐蚀（溶解浸蚀）、分解型腐蚀、膨胀型腐蚀（或称结晶型腐蚀），如表 4-3 所示。溶出型腐蚀为物理作用，分解型腐蚀为化学作用，膨胀型腐蚀既可能是物理作用引起，也可能是化学反应所造成。

表 4-3　水泥类材料按形态分类的腐蚀类型

腐蚀类型	腐蚀作用来源	腐蚀过程
溶出型腐蚀	软水的作用	硬化水泥石中的 $Ca(OH)_2$ 受软水作用，产生物理性溶解并从硬化水泥中溶出
分解型腐蚀	① pH<7 的溶液（酸性溶液和碳酸） ② 镁盐溶液	硬化水泥石中的 $Ca(OH)_2$ 与酸性溶液作用或与镁离子作用的交替作用，生成可溶性化合物，或生成无胶结性能的产物，导致 $Ca(OH)_2$ 丧失，使硬化水泥石分解
膨胀型腐蚀（结晶型腐蚀）	① 硫酸盐溶液 ② 结晶型盐类溶液	硫酸盐溶液与 $Ca(OH)_2$ 作用，产生硫酸钙型、硫铝酸钙型的腐蚀，体积膨胀。结晶型盐类溶液在水泥孔隙中脱水、结晶体积膨胀

2. 按环境分类

按环境可分为硫酸盐腐蚀、酸性介质腐蚀、海水腐蚀、土壤腐蚀、生物腐蚀等。在实际工程中，有时是单一类型腐蚀，但是大多数情况下是多种类型的复合腐蚀。

4.4.2 混凝土的腐蚀原因

1. 溶解浸蚀

环境介质将混凝土中易溶成分（如硬化水泥石中的 $Ca(OH)_2$）溶解和洗出，引起混凝土强度减小，酸度增大，孔隙增加，腐蚀介质进一步加速渗入和溶解，周而复始，导致混凝土结构的破坏，这种现象称为溶解腐蚀。

硬水含有 $Ca(HCO_3)_2$ 或 $Mg(HCO_3)_2$，能把硬化水泥石中的 $Ca(OH)_2$ 变成碳酸钙($CaCO_3$)沉淀下来，形成的碳酸盐薄膜使硬化水泥石密实，所以普通的江水、河水、湖水或地下水等硬水对水泥不构成严重腐蚀问题。而软水不但能溶解 $Ca(OH)_2$，而且还能溶解硬化水泥石表面已形成的碳酸盐薄膜，因此对硬化水泥石产生溶出型腐蚀的水主要是软水，冷凝水、雨水、冰川水或者某些泉水等软水会对水泥构成严重腐蚀。当混凝土中 CaO 损失达 33%时，混凝土就会被破坏。溶出型腐蚀的速率主要受水的冲洗的条件、硬化水泥石表面水体的更换条件、水体的压力、水体中含影响 $Ca(OH)_2$ 溶解度的物质数量等因素的影响。水的成分对混凝土腐蚀的影响见表 4-4。

表 4-4　水的成分对混凝土腐蚀的影响

序号	水的硬度		对混凝土的腐蚀性
	$CaCO_3$（$\times 10^{-6}$）	CO_2（$\times 10^{-6}$）	
1	>35	<15	几乎无
2	>35	15~40	微
	3.5~35	<15	微
3	>35	40~90	重
	3.5~35	15~40	重
	<3.5	<15	重
4	>35	>90	强烈
	3.5~35	>40	强烈
	<3.5	>15	强烈

2. 分解型腐蚀

1）碳化作用

CO_2 或含有 CO_2 的软水与水泥中的 $Ca(OH)_2$ 等起反应，导致混凝土中碱度降低和混凝土本身的粉化，其反应式如下：

$$Ca(OH)_2 + CO_2 \longrightarrow CaCO_3 + H_2O$$

$$CO_2 + H_2O \longrightarrow H_2CO_3$$

$$Ca(OH)_2 + H_2CO_3 \longrightarrow CaCO_3 + 2H_2O$$

混凝土的碳化作用受混凝土的组分、配比、环境条件（如温度、湿度、二氧化碳浓度）和碳化龄期等因素的影响。

2）形成可溶性的钙盐

在工业生产中，经常会有一些 pH<7 的酸性溶液能与硬化水泥石中的钙离子形成可溶性的钙盐，造成腐蚀。其腐蚀过程为：溶液中氢离子与硬化水泥石中的氢氧根相结合成为水，使硬化水泥石中的氢氧化钙分解，而硬化水泥石中的钙离子与溶液中的酸根结合，生成新的可溶性钙盐；然后酸性溶液又与铝酸钙的水化物和硅酸盐的水化物起反应。反应产物的可溶性越高，腐蚀溶液的更新速率越快，则硬化水泥石的破坏速率也越快。

含有盐酸、硫酸、硝酸、乙酸、甲酸、乳酸的废水，软饮料中含有的碳酸，天然水中溶解的 CO_2 等通过阳离子交换反应，与硬化水泥石生成可溶性的钙盐，被水带走，造成混凝土结构的腐蚀破坏。例如，发生的反应为：

$$Ca(OH)_2 + 2HCl \longrightarrow CaCl_2 + 2H_2O$$

$$Ca(OH)_2 + H_2SO_4 \longrightarrow CaSO_4 + 2H_2O$$

$$Ca(OH)_2 + 2HNO_3 \longrightarrow Ca(NO_3)_2 + 2H_2O$$

$$Ca(OH)_2 + H_2CO_3 \longrightarrow CaCO_3 + 2H_2O$$

$$CaCO_3 + H_2CO_3 \Longleftrightarrow Ca(HCO_3)_2$$

氯盐是造成沿海水工混凝土建筑物梁腐蚀的重要原因之一，而铵盐等则是导致化肥厂混凝土结构破坏的主要原因，其破坏机理均属于形成可溶性的钙盐的分解型腐蚀。例如：

$$2Cl^- + Ca(OH)_2 \longrightarrow CaCl_2 + 2OH^-$$

3）镁盐侵蚀

含有氯化镁、硫酸镁或碳酸氢镁等镁盐的地下水、海水及某些工业废水，所

含有的 Mg^{2+} 与硬化水泥石中的 Ca^{2+} 起交换作用，生成 $Mg(OH)_2$ 和可溶性钙盐，导致硬化水泥石的分解。例如，硫酸镁的反应式为：

$$MgSO_4 + Ca(OH)_2 + 2H_2O \longrightarrow CaSO_4 \cdot 2H_2O + Mg(OH)_2$$

生成的氢氧化镁溶解度极小，极易从溶液中沉析出来，从而使反应不断向右进行。

3. 膨胀型腐蚀

膨胀型腐蚀主要是外界腐蚀性介质与硬化水泥石组分发生化学反应，生成膨胀性产物、使硬化水泥石孔隙内产生内应力，导致硬化水泥石开裂、剥落，直至严重破坏。此外，渗入到硬化水泥石孔隙内部后的某些盐类溶液，如果再经干燥，盐类在过饱和孔隙液中结晶长大，也会产生一定的膨胀应力，同样也可能导致破坏。膨胀型腐蚀主要有硫酸盐侵蚀和盐类结晶膨胀两种形式。

1）硫酸盐侵蚀

硫酸盐腐蚀是盐类腐蚀中最普遍而具有代表性的，水中硫酸盐浓度对普通波特兰水泥腐蚀性的影响见表 4-5。它的腐蚀过程如下：硫酸盐与水泥混凝土中的游离氢氧化钙作用，生成硫酸钙，再进一步与水化铝酸钙作用，生成硫铝酸钙。体积膨胀两倍以上，所以受硫酸盐腐蚀的水泥砂浆混凝土，普遍出现体积膨胀。以硫酸钠为例，化学反应式如下：

$$Ca(OH)_2 + Na_2SO_4 \cdot 10H_2O \longrightarrow CaSO_4 \cdot 2H_2O + 2NaOH + 8H_2O$$

$$4CaO \cdot Al_2O_3 \cdot 19H_2O + 3(CaSO_4 \cdot 2H_2O) + 7H_2O$$
$$\longrightarrow 3CaO \cdot Al_2O_3 \cdot 3CaSO_4 \cdot 31H_2O + Ca(OH)_2$$

表 4-5　水中硫酸盐浓度对普通波特兰水泥腐蚀性的影响

$c(SO_4^{2-})$(mg/L)	耐蚀性	$c(SO_4^{2-})$(mg/L)	耐蚀性
<300	低微	1 500~5 000	严重
300~600	低	>5 000	很严重
601~1 500	中等		

2）盐类结晶膨胀

有些盐类虽然与硬化水泥石的组分不产生反应，但可以在硬化水泥石孔隙中结晶。由于盐类从少量水化到大量水化的转变，引起体积增加，造成硬化水泥石的开裂、破坏。仅仅是盐的干燥和结晶作用，对膨胀型腐蚀的影响是不大的；但是当在高于相间的转换温度时被干燥，而又在低于转换温度时浸湿时，能产生较大的体积膨胀。例如，温度高于 32.3℃的无水硫酸钠，对硬化水泥石没有腐蚀作用，但当硫酸钠在较低温度进入浸湿的硬化水泥石中，而在较高温度干燥时，便会成为一种稳定的结晶体 $NaSO_4 \cdot 10H_2O$，其体积为原来无水盐的 4 倍，它在硬化水泥石中引起很大的压力，造成破坏。又如，当挡土墙或混凝土板的一侧所含水分有可能蒸发时，孔隙中盐类的结晶就成为一个纯属物理性的破坏因素。

　　碱性介质也会造成混凝土的结晶型膨胀破坏。在制造苛性钠或纯碱的化工厂里，混凝土与空气中的 CO_2 发生碳化作用，生成 Na_2CO_3 或 K_2CO_3，水分蒸发后碳酸盐结晶导致膨胀，即：

$$Na_2CO_3 + 10H_2O \longrightarrow Na_2CO_3 \cdot 10H_2O$$

$$K_2CO_3 + 1.5H_2O \longrightarrow K_2CO_3 \cdot 1.5H_2O$$

　　混凝土原材料中的水泥、外加剂、混合材和水中的碱（Na_2O 或 K_2O）与骨料中的活性成分（氧化硅、碳酸盐）发生反应，反应生成物重新排列和吸水膨胀产生应力，诱发混凝土结构开裂和破坏，这种现象被称为碱骨料反应。这种破坏已造成许多工程结构的破坏事故，并且难以补救，因此被称为混凝土结构的"癌症"。

4. 微生物腐蚀

　　钢筋混凝土除了可能产生上述的腐蚀外，还会在特定污水管道的环境中发生微生物腐蚀。例如城市环保工程、大型民用或国防混凝土结构中常会遇到微生物对混凝土的腐蚀。

　　含无机和有机污染物质的水排入城市排水系统后，首先被系统中原有的流水混合、中和、稀释、扩散或浓度加大。比较重的粒子沉降到管道底部，形成黏泥层。有机物质便成为微生物的营养腺，它们被分解与消化。在这个生物的氧化作用过程中，开始有充分的氧气，有机物被好氧菌分解成水、二氧化碳、五氧化二磷、硫酸根离子等。这种反应需要消耗水中大量的溶解氧。水中的溶解氧因得不到补给而显著降低，一旦耗用殆尽，氧化作用便停止。厌氧菌参与分解有机物，将其分解成甲烷、氮和硫化氢等气体。其中硫化氢本身对混凝土无明显的侵蚀作用，但遇到混凝土表面的凝聚水膜，就生成硫酸，对混凝土具有强烈的侵蚀作用。

　　排水管道混凝土管的微生物腐蚀一般分为两类：一类是含有大量硫化氢的工厂废水或化粪池污水排入混凝土管道，导致微生物腐蚀；另一类是管道底部沉积的枯泥层在厌氧状态下，产生的微生物腐蚀。

　　混凝土管壁的微生物腐蚀的主要过程如下：

（1）污水和废水中的有机和无机悬浮物随水流流动而逐渐沉积于管底成为黏泥层。黏泥层中的硫酸根离子被硫还原菌还原，生成硫化氢。

（2）释放的硫化氢进入管道未充水的上部空间，与管壁相接触。

（3）在管壁上，硫化氢由于生物化学的作用，氧化生成硫酸。

（4）在生成的硫酸的不断作用下，管道上部混凝土被腐蚀。

硫酸盐还原菌是使硫酸盐转变为硫化氢的主要角色。食混凝土菌则在管壁上与硫化氢产生生物反应，生成硫酸，从而成为破坏混凝土的最终杀手。

新浇灌的混凝土具有很强的碱性，pH 值达到 12，没有任何一种硫杆菌能生存在这样的碱性环境中，因此混凝土暂时不受细菌作用，不会发生腐蚀；混凝土在空气中自然碳化，其表面的 pH 值逐渐降低于 9 以下，在这种碱度下，硫杆菌便利用硫化氢作为基质，生化反应成氢硫酸，混凝土表面的 pH 值继续下降至 5，这时，食混凝土菌开始大量繁殖，并生成高浓度硫酸；pH 值降到 2 以下，混凝土水泥石中的硅酸钙和铝酸钙水化物被酸溶解，从而导致混凝土被破坏。

参 考 文 献

[1]　李平先. 水工混凝土结构[M]. 郑州：黄河水利出版社，2012

[2]　宋玉普，王清湘，王立成. 水工钢筋混凝土结构[M]. 北京：中国水利水电出版社，2010

[3]　李萃青，阎超君，赵建东. 水工钢筋混凝土结构[M]. 北京：中国水利水电出版社，2010

[4]　蒋林华. 混凝土材料学[M]. 南京：河海大学出版社，2006

[5]　洪定海，等. 混凝土中钢筋的腐蚀与保护[M]. 北京：中国铁道出版社，1998

[6]　黄永昌，张建旗. 现代材料腐蚀与防护[M]. 上海：上海交通大学出版社，2012

[7]　葛燕，朱锡昶，李岩. 混凝土结构钢筋腐蚀控制[M]. 北京：科学出版社，2015

[8]　李殿平. 混凝土结构加固设计与施工[M]. 天津：天津大学出版社，2012

第 5 章　水利水电工程混凝土结构腐蚀病害及控制措施

5.1　概　　述[1,2]

如前文所述，混凝土结构在服役过程中，由于受到周围环境的物理、化学、生物的作用，其内部某些成分发生反应、溶解、膨胀，从而导致混凝土构筑物的破坏。这种现象即为混凝土的腐蚀。混凝土是水利水电工程中使用最为广泛的材料，在施工及使用中，不可避免地会遇到各种各样的腐蚀病害等问题。通过对水利水电工程混凝土结构腐蚀状况进行现场检测，并对其腐蚀程度进行评估分析，采取相应的措施对腐蚀病害进行修复，控制其发生和发展，直接关系到工程的安全性、适用性、耐久性、使用年限，乃至美观性、经济性和可持续发展。

为了较全面地认识我国水利水电工程混凝土建筑物腐蚀状况，国家有关部门曾组织中国水利水电科学研究院、南京水利科学研究院、长江水利科学研究院等9 个单位，对全国 32 座混凝土高坝和 40 余座钢筋混凝土水闸等水工混凝土建筑物进行了耐久性和腐蚀病害的调查，并编写了"全国水工混凝土建筑物耐久性及病害处理调查报告"。通过调查可以看出，在我国大型水利水电混凝土工程中，各种腐蚀病害主要有以下六类：

（1）混凝土的裂缝。在调查的 32 座大坝中，均存在裂缝问题，而且调查中发现，电站厂房钢筋混凝土结构中的裂缝问题较严重，有的已危及安全生产。

（2）渗漏和溶蚀。渗漏问题与裂缝问题同样普遍，在调查的 32 座混凝土大坝中均存在不同程度的渗漏病害，而且由于渗漏，大坝混凝土产生了溶蚀破坏及由此带来的其他病害。

（3）混凝土的碳化和钢筋锈蚀。由于空气中的二氧化碳对混凝土的侵蚀，继而引起钢筋混凝土结构中钢筋锈蚀而产生破坏的工程，调查中有 13 个，占所调查大坝的 40.6%。

（4）冲刷磨损和气蚀破坏。在调查的 32 座混凝土大坝中，有 22 座存在着气蚀和冲蚀磨损对混凝土泄流建筑物的破坏，所占比例为 68.7%。

（5）化学侵蚀。在调查的 32 座混凝土大坝中有 10 座存在这种病害，占所调查大坝的 31.2%。西北地区的硫酸盐侵蚀，已经造成了一些工程混凝土破坏，并对安全运行构成了潜在威胁。

（6）冻融破坏。大型工程的冻融破坏问题主要集中在东北、西北和华北地区，在调查的 32 座混凝土大坝中共有 7 座发生冻融破坏，占 21.9%，其中华北地区工程的混凝土冻融破坏最为严重。

除以上六类腐蚀病害以外，在大型工程中，混凝土耐久性还存在一些其他问题，如大坝混凝土中的碱活性骨料问题、大坝混凝土因强度降低而产生风化剥落问题以及某些混凝土大坝局部坝顶异常升高问题等。

在调查的 40 余座钢筋混凝土水闸和混凝土坝溢洪道工程中，混凝土腐蚀病害问题较为突出。在众多的钢筋混凝土闸坝工程中，混凝土的裂缝仍然是主要的病害，发生裂缝的部位主要是闸底板、闸墩、胸墙及各种大梁，存在此类病害的工程，占所调查中小型工程的 64.3%；混凝土的碳化和氯离子侵蚀而造成内部钢筋锈蚀，甚至引起结构物破坏的事例，在中小型工程中较为普遍，占 47.5%；冻融破坏在中小型水利工程中分布的区域较为广泛，不仅在东北、西北、华北地区存在，在华东地区也存在，例如山东、安徽乃至江苏都有发生，有冻融病害的工程占所调查工程的 26%；其他病害如冲磨气蚀、渗漏、水质侵蚀等也都会发生，分别占所调查工程的 24%、28.3%和 4.3%。

20 世纪 80 年代，江苏对省内 1964 年以来修建的大中型涵闸和泵站进行调查检测的统计结果表明，106 座建筑物中有 81 座因混凝土碳化及氯离子入侵导致钢筋锈蚀，其中 17 座出现不同程度的钢筋裸露甚至锈断，近海涵闸中钢筋锈蚀更严重，达 87%，其中锈蚀情况严重和极严重的占 54%；有 36 座出现因冻融循环、风化剥蚀、污水侵蚀导致表层混凝土大面积剥落或露石露筋，有的工程建成 3~4 年后就发生腐蚀损坏并不断发展。其他一些调查也同样说明混凝土腐蚀老化病害是相当严重的；不少工程完工后只有 10~15 年时间，就发生了严重的腐蚀病害。

通过已有的大量调查样本可以看出，我国已建的水利水电混凝土工程中，无论大型工程还是中小型工程，普遍存在裂缝、渗漏、碳化、溶蚀、冲刷磨损和气蚀破坏等腐蚀病害问题，对混凝土结构耐久性产生重要影响，且直接影响结构使用年限，有的工程腐蚀病害较严重，直接危及建筑物的正常安全运行。

为此，我们必须充分重视水利水电工程混凝土建筑物的腐蚀病害问题，并尽快采用相应有效的腐蚀控制措施，确保已建工程的安全运行，延长使用寿命，进一步发挥这些工程的经济效益和社会效益。同时要大力宣传和重视水利水电工程混凝土耐久性的研究工作，采取措施提高在建和新建工程混凝土的防腐蚀措施，使水利水电工程发挥其应有的巨大效益。

5.2　混凝土裂缝[3,4]

水利水电工程混凝土结构中，裂缝的存在和发展会使内部的钢筋等材料产生腐蚀，加速混凝土的碳化，降低混凝土的抗渗能力和耐久性，影响结构的整体性和安全性。近代科学研究和大量实践证明，水利水电工程混凝土结构中裂缝问题是难以完全避免的，但在一定的范围内是可以接受的。钢筋混凝土规范也明确规定：有些结构在所处的不同条件下，允许存在一定宽度的裂缝。但在施工中应尽量采取有效措施控制裂缝的产生，使结构尽可能不出现裂缝或尽量减少裂缝的数量和宽度，尤其要尽量避免有害裂缝的出现，从而确保工程质量。

混凝土裂缝产生的原因很多，主要包括变形引起的裂缝，如温度变化、收缩、膨胀、不均匀沉陷等原因引起的裂缝，外部荷载作用引起的裂缝，养护不当和化学作用引起的裂缝等。

根据《水工混凝土结构设计规范》（SL 191—2008），水工混凝土结构所处的环境条件分为五类，分类方法见表 5-1，并提出相应的裂缝宽度限值见表 5-2。

表 5-1　环境条件类别

环境类别	环境条件
一	室内正常环境
二	露天环境；室内潮湿环境；长期处于地下或淡水水下环境
三	淡水水位变动区；弱腐蚀环境；海水水下环境
四	海上大气区；海水水位变动区；轻度盐雾作用区；中等腐蚀环境
五	海水浪溅区及重度盐雾作用区；使用除冰盐的环境；强腐蚀区

注：1. 大气区与浪溅区的分界线为设计最高水位加 1.5 m；浪溅区与水位变动区的分界线为设计最高水位减 1.0 m；水位变动区与水下区的分界线为设计最低水位减 1.0 m；

2. 重度盐雾区为离涨潮岸线 50 m 内的陆上室外环境；轻度盐雾区为离涨潮岸线 50~500 m 内的陆上室外环境；

3. 冻融比较严重的三、四类环境条件的建筑物，可将其环境类别提高一类

表 5-2　钢筋混凝土结构构件的最大裂缝宽度限值

环境类别	一	二	三	四	五
W_{lim}（mm）	0.40	0.30	0.25	0.20	0.15

注：1. 当结构构件承受水压且水力梯度 $i>20$ 时，表列数值宜减小 0.05；

2. 当结构构件的混凝土保护层厚度 >50 mm 时，表列数值可增加 0.05；

3. 当结构构件表面设有专门的防渗面层等防护措施时，最大裂缝宽度限值可适当增大

5.2.1　各种裂缝出现的原因

1. 荷载裂缝

一般钢筋混凝土结构，在使用荷载作用下，截面的混凝土拉应变大多大于混

凝土极限拉伸值，因而构件总是带裂缝工作。作用于截面上的弯矩、剪力、轴向拉力以及扭矩等正常荷载效应都可能引起钢筋混凝土构件开裂。不同性质的荷载效应，裂缝的形态也不相同。

2. 干缩裂缝

干缩裂缝多出现在混凝土养护结束后的一段时间或是混凝土浇筑完毕后的一周左右。干缩裂缝的产生主要是由于混凝土内外水分蒸发程度不同而导致变形不同的结果。混凝土受外部条件的影响，表面水分损失过快，变形较大，内部湿度变化、变形较小，较大的表面干缩变形受到混凝土内部约束，产生较大拉应力而产生裂缝。这种裂缝是由表及里逐渐扩展的。早期的干缩裂缝出现在混凝土的表面，并且比较细微，随着时间的推移，混凝土的蒸发量和干缩量不断增大，裂缝伸长加宽逐渐明显起来。混凝土干缩值的大小与混凝土的体积稳定性直接相关，并受环境相对湿度的影响。相对湿度越低，水泥浆体干缩越大，干缩裂缝越易产生。干缩裂缝通常会影响混凝土的抗渗性，引起钢筋的锈蚀，影响混凝土的耐久性，在水压力的作用下会产生水力劈裂，影响混凝土的承载力等。混凝土干缩主要与混凝土的水灰比、水泥的成分、水泥的用量、集料的性质和用量、外加剂的用量等有关。

3. 塑性收缩裂缝

混凝土在终凝前强度很小，或者混凝土刚刚终凝，在干热或大风天气，受高温或较大风力的影响，混凝土表面失水过快，造成毛细管中产生较大的负压而使混凝土体积急剧收缩，而此时混凝土的强度又无法抵抗其本身收缩，因此产生龟裂，出现塑性收缩裂缝。影响混凝土塑性收缩开裂的主要因素有水灰比、混凝土的凝结时间、环境温度、风速、相对湿度和施工方法不当等。

4. 沉陷裂缝

沉陷裂缝的产生主要是不均匀沉降所致。此类裂缝多为深进或贯穿性裂缝，其走向与沉陷情况有关，裂缝宽度往往与沉降量成正比关系，受温度变化的影响较小。地基变形稳定之后，沉陷裂缝也基本趋于稳定。

5. 温度裂缝

温度裂缝多发生在大体积混凝土表面或温差变化较大地区的混凝土结构中。混凝土浇筑后，在硬化过程中，水泥水化产生大量的水化热。由于混凝土的体积较大，大量的水化热聚积在混凝土内部而不易散发，导致内部温度急剧上升，而混凝土表面散热较快，这样就形成内外的较大温差，造成内部与外部热胀冷缩的程度不同，使混凝土表面产生拉应力。当拉应力超过混凝土的抗拉强度极限时，混凝土表面就会产生裂缝。这种裂缝多发生在混凝土施工中后期。在混凝土的施工中，当温差变化较大或者混凝土受到寒潮的袭击等，会导致混凝土表面温度急剧下降，而产生收缩，表面收缩的混凝土受内部混凝土的约束，将产生很大的拉应力而产生裂缝，这种裂缝通常只在混凝土表面较浅的范围内产生。温度裂缝会引起钢筋的锈蚀，混凝土的碳化，降低混凝土的抗冻融、抗疲劳及抗渗能力等。

6. 化学反应引起的裂缝

碱骨料反应裂缝和钢筋锈蚀引起的裂缝是水利水电工程钢筋混凝土结构中最常见的由于化学反应而引起的裂缝。

混凝土拌和后会产生一些碱性离子，这些离子与某些活性骨料会产生化学反应并吸收周围环境中的水以致体积增大，造成混凝土酥松、膨胀开裂。这种裂缝一般出现在混凝土结构使用的期间，一旦出现就很难补救，因此应在施工中采取有效的措施来进行预防。

由于混凝土的浇筑、振捣的不良或者是钢筋的保护层较薄，有害物质进入混凝土使钢筋产生锈蚀，锈蚀的钢筋体积膨胀，导致混凝土胀裂，此种类型的裂缝多为纵向裂缝，沿钢筋的位置出现。

7. 冰冻引起的裂缝

水在结冰过程中体积会增加。因此，水在没有灌浆或灌浆不饱满的预应力构件孔道中结冰，就可能产生沿着孔道方向的纵向裂缝。

8. 钢筋锈蚀引起的裂缝

钢筋的生锈过程实际上是电化学反应过程，其生成物铁锈的体积大于原钢筋的体积。这种效应可在钢筋周围的混凝土中产生胀拉应力，如果混凝土保护层比较薄，不足以抵抗这种拉应力时，就会沿着钢筋形成一条顺筋裂缝。顺筋裂缝的发生，又进一步促进钢筋锈蚀程度增加，形成恶性循环，最终导致混凝土保护层剥落，甚至钢筋锈断。这种顺筋裂缝对结构的耐久性影响极大。

5.2.2　裂缝与钢筋腐蚀的关系

裂缝宽度对钢筋腐蚀的影响一直是钢筋混凝土结构耐久性方面研究的热点之一。早期的观点认为裂缝与钢筋腐蚀间存在密切关系，裂缝宽度越大则钢筋腐蚀越快、越严重，出于保证结构耐久性的考虑，需对裂缝宽度严加限制。这种思想在 20 世纪 60 年代以前国内外设计规范中有明显的反映。目前，国内外的大部分设计规范都是以裂缝的表面宽度为指标来验算裂缝开展的，即认为垂直于纵向受力钢筋的横向裂缝表面宽度是影响钢筋锈蚀的主要因素。但后来的研究发现，裂缝对钢筋腐蚀的影响并非想象中的那么严重，它只是在一定条件下和一定程度上对腐蚀起控制作用。这已为大量开裂试件的暴露试验所证实，可以通过钢筋电化学腐蚀原理来解释。

裂缝处钢筋表面钝化膜被氧等腐蚀性介质破坏，形成阳极，开始腐蚀。腐蚀程度将取决于氧向阳极的扩散速度，而受裂缝宽度大小的影响甚微。锈蚀速度主要取决于混凝土的密实性与保护层厚度等因素。混凝土越密实，保护层越厚，混凝土碳化区到达钢筋表面所需的时间就越长，氧气以及氯离子等侵蚀性介质的扩散速度也就越慢，锈蚀程度就越轻或根本不锈蚀。混凝土不密实或保护层过薄时，会导致钢筋沿顺筋方向发生锈蚀，这种顺筋锈蚀不但影响混凝土的黏结，还会引起沿钢筋的纵向裂缝，影响混凝土结构的安全性。所以，横向裂缝只在裂缝截面附近很短的范围内造成钢筋锈蚀，它只导致钢筋锈蚀提前而不控制锈蚀的速度和程度。

尽管混凝土裂缝对钢筋锈蚀的影响没有想象中那样严重，但并不是说裂缝对钢筋锈蚀的影响可以不考虑。目前对混凝土中钢筋与裂缝宽度关系的一般认识是，当裂缝宽度不超过 0.2 mm 时，不会发生严重锈蚀，锈蚀速度随时间的增长而减慢，裂缝宽度与钢筋锈蚀程度之间无明显的相关性。在雨量、温度、相对湿度等环境条件中，对腐蚀影响最大的是相对湿度。保护层厚度对钢筋腐蚀影响很大，裂缝宽度相同，保护层越厚钢筋腐蚀程度越小。当裂缝宽度大于 0.2 mm 时，裂缝宽度的影响会变得明显。由于目前尚没有混凝土中钢筋与裂缝宽度关系的长期试验和调查研究结果，工程设计时仍需对混凝土裂缝的宽度进行严格的限制。

5.2.3 减少混凝土裂缝的方法和措施

1. 减少荷载裂缝的方法和措施

对于由荷载作用引起的裂缝只要通过合理的配筋，例如选用与混凝土黏结较好的带肋钢筋，控制钢筋的应力不过高，钢筋的直径不过粗，并且钢筋在混凝土中的分布比较均匀，这样就能够控制正常使用条件下的裂缝宽度不致过宽。

2. 减少干缩裂缝的方法和措施

（1）选用收缩量较小的水泥，一般采用中低热水泥和粉煤灰水泥，降低水泥的用量。

（2）混凝土的干缩受水灰比的影响较大，水灰比越大，干缩越大，因此在混凝土配合比设计中应尽量控制好水灰比的选用，同时掺加合适的减水剂。

（3）严格控制混凝土搅拌和施工中的配合比，混凝土的用水量绝对不能大于配合比设计所给定的用水量。

（4）加强混凝土的龄期养护，并适当延长混凝土的养护时间。冬季施工时要适当延长混凝土保温覆盖时间，并涂刷养护剂养护。

（5）在混凝土结构中设置合适的收缩缝。

3. 减少塑性收缩裂缝的方法和措施

（1）选用干缩值较小、早期强度较高的硅酸盐或普通硅酸盐水泥。

（2）严格控制水灰比，掺加高效减水剂来增加混凝土的坍落度工作性，减少水泥及水的用量。

（3）浇筑混凝土之前，将基层和模板浇水均匀湿透。

（4）及时覆盖塑料薄膜或者潮湿的草垫、麻片等，保持混凝土终凝前表面湿润，在混凝土表面喷洒养护剂等进行养护。

（5）在高温和大风天气要设置遮阳和挡风设施，及时养护。

4. 减少沉降裂缝的方法和措施

（1）对松软土、填土地基在上部结构施工前应进行必要的夯实和加固等以消除均匀沉陷的因素。

（2）保证模板有足够的强度和刚度，且支撑牢固，并使地基受力均匀。

（3）防止混凝土浇灌过程中地基被水浸泡。

（4）模板拆除的时间不能太早，且要注意拆模的先后次序。

（5）在冻土上搭设模板时要注意采取一定的预防措施。

5. 减少温度裂缝的方法和措施

（1）尽量选用矿渣水泥、粉煤灰水泥等低热或中热水泥。

（2）降低水灰比，改善骨料级配，减少水泥用量。通过掺加粉煤灰或高效减水剂等来减少水泥用量，降低水化热。

（3）改善混凝土的搅拌加工工艺，在传统的"三冷技术"的基础上采用"二次风冷"工艺，降低混凝土的浇筑温度。

（4）在混凝土中掺加一定量的具有减水、增塑、缓凝等作用的外加剂，改善混凝土拌和物的流动性、保水性，降低水化热，推迟热峰的出现时间。

（5）加强混凝土湿度的监控，及时采取冷却、保护措施。高温季节浇筑时可以采用搭设遮阳板等辅助措施控制混凝土的温升，降低浇筑混凝土的温度；在寒冷季节，混凝土表面应设置保温措施，以防止寒潮袭击；在大体积混凝土内部设置冷却管道，通冷水或者冷气冷却，减小混凝土的内外温差。

（6）要合理安排施工工序，分层、分块浇筑，以利于散热。

（7）预留温度收缩缝。

（8）加强混凝土养护，混凝土浇筑后，及时用湿润的草帘、麻片养护，适当延长养护时间，保证混凝土表面缓慢冷却。

（9）混凝土中考虑温度应力影响，配置少量的钢筋或者掺入纤维材料，将混凝土的温度裂缝控制在一定的范围之内。

6. 减少化学反应裂缝的方法和措施

选用碱活性小的砂石骨料、低碱水泥、低碱或无碱的外加剂；选用合适的掺和料抑制碱骨料反应。

7. 减少冰冻裂缝的方法和措施

疏干积水。在建筑物基础下垫一定厚度的松散材料（如炉渣），防止土冰胀后作用力直接作用在基础梁上而引起开裂或者破坏。

8. 减少钢筋锈蚀裂缝的方法和措施

（1）混凝土级配要良好、混凝土浇筑要振捣密实，保证混凝土的密实性。
（2）要保证钢筋保护层的厚度。
（3）钢筋表层涂刷防腐涂料。

5.3　渗漏和溶蚀[2]

渗漏和溶蚀是水利水电工程混凝土结构经常出现的问题。这种形式的病害不仅使整个结构丧失保水功能，更重要的是渗漏的水将混凝土中水化形成的氢氧化钙溶出带走，在混凝土外部形成白色碳酸钙结晶。这样破坏了水泥其他水化产物稳定存在的平衡条件，从而引起水化产物分解，造成混凝土性能降低。

5.3.1　渗漏和溶蚀出现的原因

混凝土在压力水作用下产生渗漏溶蚀作用，实际上是混凝土中水泥水化产物随着渗漏而不断流失，而引起其他水化产物不断分解并逐步失去胶凝性的一种腐蚀现象。溶蚀是混凝土由于渗漏而产生的一种内在的本质性的病害。其基本规律为：

（1）在压力水作用下，混凝土中 $Ca(OH)_2$ 的溶蚀速度在初期逐步增大，中期基本稳定，而后期又逐步呈下降趋势。

（2）随着混凝土中 $Ca(OH)_2$ 的不断流失，混凝土的抗压强度和抗拉强度都将不断下降，当 $Ca(OH)_2$ 溶出（以 CaO 量计）达 25%时，混凝土的抗压强度将下降 35.8%，抗拉强度将下降 66.4%，溶蚀对混凝土抗拉强度的影响更为明显。

（3）随着混凝土中 $Ca(OH)_2$ 的不断流失，混凝土的宏观密实度将不断下降，当 $Ca(OH)_2$ 溶出达 25%时，混凝土饱和面干吸水率将增大 90%。

（4）混凝土的溶蚀过程是一个较为复杂的物理化学反应过程，随着溶蚀的发生和发展，混凝土的微观成分和微孔结构将不断发生变化，$Ca(OH)_2$ 的溶出使水泥水化产物中的 $Ca(OH)_2$ 含量不断下降，从而引起水化硅酸钙、钙矾石等水化产物的凝胶体和结晶体不断分解而逐步失去胶凝性。混凝土的微孔结构也由含孔量较少、孔径较小的密实体，逐步发展为含孔量较多、孔径较大的疏松体。微观测试的结果与宏观性能测试的结果是相互印证的。

5.3.2　控制、减轻渗漏和溶蚀的方法及措施

采用混凝土本体材料的改性措施和混凝土表面防护涂层，均可以提高混凝土的抗渗漏、抗溶蚀能力。

1. 混凝土本体材料的改性

（1）采用第二系列和第三系列水泥混凝土。通常把硅酸盐水泥系列产品通称为第一系列水泥；把铝酸盐水泥系列产品通称为第二系列水泥；把硫铝酸盐水泥和铁铝酸盐水泥以及它们派生的其他水泥品种通称为第三系列水泥。

（2）采用粉煤灰混凝土。

（3）采用引气剂混凝土。

在本体材料改性技术中，提高混凝土抗压力水下渗漏和溶蚀最有效的措施是掺用优质粉煤灰。当在混凝土中掺用一级粉煤灰并超量取代时，混凝土在 2 MPa 水压力下，经 60 d 没有发生渗漏，渗漏量和 CaO 溶出量为 0，是本体材料改性措施中最有效的一种。当掺用优质引气剂时，同样可以较大幅度降低混凝土的渗漏量和 CaO 的溶出量，引气剂混凝土累计渗漏量仅为基准混凝土的 65%，CaO 溶出量仅为基准混凝土的 26.9%。说明混凝土中掺用优质引气剂，可以明显地提高压力水下混凝土的抗渗漏、抗溶蚀能力。

2. 混凝土材料的表面防护

（1）EVA（乙烯-乙酸乙烯共聚物）涂层防护。

（2）丙烯酸涂层防护。

采用高分子涂层进行表面封闭，对提高混凝土压力水下的抗渗漏、抗溶蚀能力有较明显的效果。以 EVA 复合涂层效果最好，累计渗漏量仅为 31.5%，CaO 累计溶出量仅为 11.5%。这一技术对已建工程提高抗渗、抗溶蚀能力是较为有效的措施。

5.4　钢　筋　锈　蚀[5,6]

钢筋锈蚀是混凝土结构最为常见的腐蚀病害，也是目前各行业混凝土耐久性研究最为广泛的问题之一。钢筋锈蚀发生的条件是钢筋的钝化膜遭到破坏，环境中有氧和水存在。钢筋锈蚀会影响水利水电工程混凝土结构的使用性能和安全性，

锈蚀严重时锈蚀产物膨胀会使混凝土保护层胀裂，出现沿纵向钢筋的裂缝，影响结构的使用寿命。

近年国内外在混凝土中钢筋锈蚀方向进行了大量的试验和理论研究。除钢筋锈蚀的机理外，很多研究集中在钢筋锈蚀后钢筋混凝土构件的力学性能方面，如钢筋锈蚀后的材料性能变化，钢筋锈蚀后钢筋与混凝土黏结性能的变化，钢筋锈蚀后钢筋混凝土构件承载力的变化、抗震性能和疲劳性能的变化等。

5.4.1 钢筋锈蚀的原因

1. 混凝土不密实或有裂缝造成钢筋腐蚀

混凝土不密实和构件上产生的裂缝，往往是造成钢筋腐蚀的重要原因，尤其当水泥用量偏小，水灰比不当和振捣不良，或在混凝土浇筑中产生露筋、蜂窝、麻面等情况，都会加速钢筋的锈蚀。调查资料表明，混凝土的碳化深度和混凝土密实度有很大关系。密实度好的混凝土碳化深度仅局限在表面；而密实度差的混凝土碳化深度很大。

2. 混凝土碳化和侵蚀气体、介质的侵入造成钢筋腐蚀

空气中的二氧化碳气体在混凝土表面层中逐渐为氢氧化钙的碱性溶液所吸收，相互反应生成碳酸钙，这种现象称为混凝土的碳化。碳化除与二氧化碳浓度相关外，还与相对湿度有关。混凝土碳化生成的碳酸钙很难溶解，其饱和的 pH 值为9。因此，碳化的结果就是 pH 值不断下降，并不断向内部深化；当碳化深度达到或超过保护层时，钢筋表面的钝化膜遭到局部破坏，钢筋开始腐蚀。当大气中有工业废气，如氯化氢、氯等酸性气体，将同样被混凝土吸收而与氢氧化钙结合，从而使混凝土碱度迅速下降，使钢筋遭受腐蚀。理论分析和试验分析表明，在大气环境下，混凝土的碳化深度与时间的关系为：

$$x = k\sqrt{t}$$

（5-1）

式中，k 为混凝土碳化系数，与结构所处的自然环境和使用环境、水泥品种、结构混凝土质量及混凝土早期养护条件有关；t 为混凝土暴露时间（年）。

3. 环境湿度

混凝土的碳化和钢筋腐蚀与环境湿度有直接关系。在十分潮湿的环境中，其

空气相对湿度接近于 100%时，混凝土孔隙中充满水分，阻碍了空气中的氧向钢筋表面扩散，二氧化碳也难以进入，所以，使钢筋难以腐蚀。当相对湿度低于 60%时，在钢筋表面难以形成水膜，钢筋几乎不生锈，碳化也难以深入。而空气相对湿度在 80%左右时，会利于碳化作用，混凝土中的钢筋锈蚀发展很快。由于环境湿度往往随气候和生产情况而变化，因而混凝土在变化的气候或生产环境中会遭到碳化，从而腐蚀钢筋。

4. 氯离子的侵蚀

为提高混凝土早期强度和防冻，在混凝土内掺一定量的氯盐，如氯化钙、氯化钠是有效的。但氯盐掺量过大，将产生下列危害：

（1）混凝土中存在的氯离子会破坏钢筋表面的钝化膜，使局部活化，形成阴极区，并能使钢筋表面局部酸化，从而加速腐蚀。

（2）水泥和氯化钙结合生成氯铝酸钙，若形成硬化结晶，则会在固相中膨胀而形成微细裂缝，使钢筋腐蚀。

（3）增加混凝土的干缩量，氯盐本身尚有较大的吸湿性，会促进钢筋腐蚀。

（4）钢筋腐蚀生成物中的氯化铁水解性强，使氯离子能长期反复地起作用。

（5）氯盐使水泥的水化作用不完全，同时会增加混凝土的导电性。

混凝土中的氯离子有两种来源，一种来源于原材料和外加剂，如使用海砂、海水或用氯化钙作促凝剂，用氯化钙作为防冻剂等；另一种由外界环境侵入，如处于海洋环境的混凝土结构。

水利行业标准《水工混凝土结构设计规范》（SL 191—2008）和国家标准《混凝土结构耐久性设计规范》（GB/T 50476—2008）对混凝土中最大氯离子含量作了相应的规定，见表 5-3 和表 5-4。

表 5-3 《水工混凝土结构设计规范》中规定混凝土中最大氯离子含量

环境类别	钢筋混凝土（%）	预应力混凝土（%）
一	1.0	0.06
二	0.3	0.06
三	0.2	0.06
四	0.1	0.06
五	0.06	0.06

注：氯离子含量指水溶性氯离子占水泥用量的百分比

表 5-4　《混凝土结构耐久性设计规范》混凝土抗氯离子侵入性指标

设计使用年限（年）		100		50	
作用等级 侵入性指标		D	E	D	E
电量指标（56 d 龄期）（C）		<1200	<800	<1500	<1000
氯离子扩散系数 D_{RCM}（28 d 龄期）（×10^{-12} m²/s）		≤7	≤4	≤10	≤6

注：D 表示严重腐蚀；　E 表示极严重腐蚀

5.4.2　钢筋锈蚀对混凝土结构使用性和安全性的影响

在钢筋混凝土结构内，钢筋受到周围混凝土的保护，一般不锈蚀。但当保护层破坏或保护层厚度不足时，钢筋在一定条件下将产生锈蚀。钢筋锈蚀对结构使用性能和结构承载力的影响在于：

（1）由于钢筋锈蚀，其截面面积减小，延性降低，力学性能退化，构件承载能力下降，还会降低钢筋与混凝土的握裹力，影响两者共同工作的性能。尤其是预应力混凝土结构内的高强钢丝，表面积大、截面小、应力高，一旦发生锈蚀，危险性更大，严重者会导致构件断裂。

（2）钢筋锈蚀，体积膨胀 3~7 倍，会使混凝土保护层破裂甚至脱落，从而降低结构的受力性能和耐久性。

（3）钢筋与混凝土交界面上钢筋锈胀力的存在，导致混凝土产生顺筋裂缝，甚至使混凝土保护层剥落，使构件截面的有效面积减小，更重要的是使钢筋与混凝土间黏结性能退化，降低结构的强度安全。

5.4.3　控制钢筋锈蚀的方法

1. 合理选材

合理选用水泥品种、骨料质量及钢筋类别等能保证混凝土对钢筋的保护作用及钢筋自身的抗锈蚀能力。因此，必须根据钢筋混凝土结构的使用条件，合理选用混凝土原材料及钢筋类别。例如，在腐蚀性介质中使用的钢筋混凝土结构应优先选用普通硅酸盐水泥或其他耐腐蚀水泥。骨料质量应有保证，并应在施工前严加检验，特别是外加剂的选用更应慎重。尽量不采用 HFB235 钢筋，应采用强度更高的品种。

2. 钢筋的存放处理

对施工场地上的钢筋应采取防水、防湿措施，禁止钢筋与地面直接接触。对已出现表面锈蚀的钢筋，应进行防锈处理，锈蚀严重的做报废处理。

3. 提高混凝土的密实度

首先应从选择混凝土最佳配合比入手，并应尽量降低水灰比。为此采用各种减水剂，特别是近年来发展起来的高效减水剂。其次掺入硅灰也可以提高混凝土的密实性。由于硅灰粒径极细，掺入混凝土后能改善混凝土的孔结构，使原来开放的孔变成封闭的微孔，因而可提高混凝土的密实度，降低其透水性及透气性。但掺硅灰时必须同时掺入高效减水剂，否则将增大混凝土的需水量或严重影响混凝土的工作性。另外，施工中加强质量管理，改善混凝土的施工操作方法，在混凝土施工中，应该按规定的时间与数量检查混凝土组成材料的质量与用量，在搅拌地点及浇筑地点要检查混凝土拌和物的坍落度或维勃稠度，应当搅拌均匀、浇灌和振捣密实，加强养护，确保混凝土的密实度。

4. 增加保护层的厚度

适当增加混凝土保护层厚度，即使保护层开裂，也能防止或延缓在使用期内碳化到钢筋表面，并能阻止或延缓腐蚀介质渗到钢筋表面，这是保护钢筋免遭锈蚀的重要措施。一般钢筋混凝土结构的保护层厚度应大于 50 年的碳化深度。我国《混凝土结构工程施工质量验收规范》（GB 50204—2015）要求对涉及混凝土结构安全的重要部位进行结构实体检测，其中包含钢筋保护层厚度的检测。

5. 采用耐腐蚀钢筋

在强腐蚀介质中使用的钢筋混凝土结构应考虑使用耐腐蚀钢筋，常用的耐腐蚀钢筋有环氧涂层钢筋、镀锌钢筋及不锈钢钢筋。

6. 对钢筋混凝土结构喷刷防腐涂层

在钢筋混凝土结构表面涂刷或喷涂防腐层能防止腐蚀介质浸透到钢筋表面，

从而提高结构耐久性。常用的防腐涂层有聚合物水泥砂浆、油漆、沥青、环氧树脂等有机防护材料，以及近年来发展起来的无机防腐抗渗材料。

7. 采用特种混凝土

常用的特种混凝土有聚合物水泥混凝土、聚合物浸渍混凝土及水玻璃耐酸混凝土等。这些混凝土在强腐蚀介质中也有很强的抗腐蚀性能，因而能防止钢筋生锈。但这些特种混凝土主要还是作为耐腐蚀、抗渗混凝土，以作防护层为主，如作为桥面板的防渗面层等。

8. 采用钢筋阻锈剂

为防止氯盐对钢筋的腐蚀，常采用钢筋阻锈剂。特别是在沿海地区采用海砂或掺有氯盐防冻剂的混凝土中阻锈剂是不可缺少的。常用的阻锈剂有阳极型阻锈剂、阴极型阻锈剂、吸附型阻锈剂、复合型阻锈剂。

5.5　冲刷磨损和空蚀破坏[1,7]

冲刷磨损和空蚀破坏是水利水电工程泄水建筑物如溢流坝、泄洪洞、泄水闸等常见的病害。尤其是当流速较高，水流中又挟带悬移质或推移质等磨损介质时，这种破坏现象就更为严重。据调查，我国运行的大坝泄水建筑物有70%存在不同程度的冲刷磨损和空蚀破坏问题，很多典型工程都是屡经修补而问题依然严重。

因此保持混凝土的高稳定性、高强度、高密度是防止和减轻冲刷磨损和空蚀破坏的基本原则之一。为满足这些要求，一般采用高标号水泥和高强度骨料。我国曾进行铁矿石骨料超高强混凝土抗冲磨和柔性全封闭抗冲磨喷涂技术的研究，结果表明铁矿石骨料超高强混凝土抗冲磨性能较普通混凝土提高1~2倍，柔性全封闭抗冲磨喷涂技术经过现场试验，效果良好。在冲刷磨损和空蚀破坏修补材料方面，也由单纯采用有机树脂材料（环氧、呋喃等）向高强甚至超高强水泥混凝土材料及有机与无机复合的混凝土材料方向发展。

5.5.1　冲刷磨损和空蚀破坏的原因

冲刷磨损和空蚀破坏均发生在水利水电工程建筑物泄流部位的混凝土表面，而且冲刷磨损往往诱发空蚀破坏，但冲刷磨损与空蚀破坏的原因却完全不同。

冲刷磨损是由携带泥、沙、石的高速水流，对混凝土表面造成的一种单纯的机械作用破坏。悬移质泥沙颗粒较小,在高速水流的紊动作用下能充分与水混合,形成近似均匀的固液两相流。高速水流携带的悬移质在移动过程中触及建筑物过流面时的作用,表现为磨损、切削和冲撞。悬移质对混凝土的冲刷磨损开始表现为从表面开始的均匀磨损剥离。而后由于剥离程度的加深及混凝土本身的非均质性,过流表面会出现凹凸不平的磨损坑。

高速水流泄水建筑物的空蚀现象比较复杂,由于过水边界的突变、突体、陡坎,使水流发生涡流和分离时,流速加大,压力降低。当压力降到相应水温的汽化压力时,流体中形成空腔、空穴或气泡,这称为"空化"。空穴气泡不断随水流运动而突然溃灭,在很短的瞬间以极大的压力冲击微小的混凝土表面,造成破坏,即为"空蚀"。从以上的分析,造成水流空化和建筑物表面空蚀的原因,主要是过流面水的流速过高和压强过低。泄水建筑物表面的不平整也是形成空化与空蚀的重要条件。

基于冲刷磨损的机理,可知造成破坏的原因涉及面较广,有设计、施工、材料和运行管理四个方面。按破坏情况分析如下:

(1)空蚀破坏。空蚀产生的原因,首先是因建筑物流态不当,其次是过流面平整度不够;还有就是混凝土局部强度低、冲刷磨损后引起空蚀而致。此外,闸门开度不当或多孔闸门不同的启闭方式也会造成空蚀。

(2)水流介质的影响。破坏形式是磨损,主要是悬浮质所致。

(3)混凝土质量差。混凝土质量包括两方面的内容,一是标号低,二是均匀性差。

(4)结构上的原因。结构设计不当也是引起冲刷磨损的重要原因。

(5)修补失败。一方面是由于措施不当,如目前材料难以抵御空蚀;高速水流忌缝,不宜用铸石板之类的块材,另一方面是工艺,修补有新老材料结合问题,工艺不当往往从接缝处破坏。

5.5.2　控制、减轻冲刷磨损和空蚀破坏的方法及措施

1. 抗冲磨设计

泄水建筑物泄槽段宜采用直线,如必须设置弯道段,应设在流速较小、水流平稳、缓坡的部位。平面布置弯道应采用大半径和小转角,弯道前后应设直线段。纵剖面曲线应连续、平顺。当流速大于 25 m/s 时,应通过水工模型试验,使体型简单合理,水流平稳,时均压力大,避免发生空蚀。

设计泄水建筑物,在多泥沙河流应全面收集水流中的含沙量、泥沙颗粒形状、

粒径、硬度、矿物成分、异重流运动规律等，分析其对混凝土表面的磨损影响。在多泥沙河流的泄水建筑物进口附近宜设置排沙、沉沙设施。泄水建筑物的边坡和出口岸坡应进行防护，防止掉石、滚石进入槽内。含推移质和多泥沙河流的闸坝泄水建筑物底板应采用一种坡度与护坦相接的急流泄槽型式。

2. 防空蚀设计

泄水建筑物设计，应选择合理体型，提高水流空化数，降低初生空化数。水流空化数小于 0.30 或流速大于 30 m/s 时，宜按以下原则设置掺气减蚀设施：选用合理的掺气形式，组合式掺气应进行大比尺模型试验论证，确保形成稳定的空腔；近壁层掺气浓度应大于 3%，要求特别高的部位应不低于 5%；掺气保护长度根据泄水曲线型式和掺气结构型式确定，对长泄水道应考虑设置多级掺气减蚀设施。

3. 材料选取

不同冲磨情况对泄水建筑物的作用力不同，对材料的要求也不同。选择材料时，先应分清破坏类型。以悬移质破坏为主的高速含沙水流泄水建筑物表面，应选择抗磨损硬度较好的材料；受推移质破坏为主的泄水建筑物表面，应选择抗冲击韧性较好的材料。抗磨蚀护面的有机材料，可采用环氧树脂砂浆及混凝土、聚合物纤维砂浆及混凝土、不饱和聚酯树脂砂浆及混凝土、丙烯酸环氧树脂砂浆及混凝土、聚氨酯砂浆及混凝土等。各类抗磨蚀树脂砂浆及混凝土应选用耐磨填料及骨料，例如石英砂或粉、铸石砂或粉、金刚砂或粉等，其配合比应通过试验确定。

（1）骨料混凝土的抗冲磨强度主要取决于组成材料的抗冲磨强度及其在混凝土中所占的比例。细骨料应选用质地坚硬、含石英颗粒多、清洁、级配良好的中粗砂。粗骨料应选用质地坚硬的天然卵石或人工碎石，天然骨料最大粒径不宜超过 40 mm，人工骨料最大粒径可为 80 mm，当掺用钢纤维时混凝土骨料最大粒径不宜大于 20 mm。

（2）在混凝土中，骨料的抗冲磨性能比水泥石高得多。提高水泥石的抗冲磨性能并减少其含量，可以减少骨料与水泥石抗冲磨性能的差距，从而提高混凝土冲磨后的平整度及水泥石对骨料的黏结作用。规范规定宜选用大于或等于 42.5 MPa 强度等级的中热硅酸盐水泥、硅酸盐水泥或普通硅酸盐水泥。

（3）外掺高效减水剂已成为混凝土的重要组成部分，掺用高效减水剂可显著减少用水量，改善和易性，能有效提高各类混凝土的抗磨蚀能力。对于各种活性掺和料，由于硅粉可明显提高抗磨蚀性，应优先选用硅粉。

（4）混凝土中掺入适量的钢纤维，能提高混凝土的抗冲击性及韧性，对提高混凝土的抗空蚀破坏性能是有利的。

4. 施工及维护

（1）施工中定线误差，横向接缝不平（错台）或未清除残留突起物，过流表面不平整会引起局部边界分离，因而形成漩涡，产生冲磨空蚀破坏。若查明确实是不平整度引起的磨蚀破坏，应根据水流空化数的大小确定过流表面的不平整度处理标准。

（2）粗骨料是混凝土中抗冲磨性能最优良的组成部分。因此，抗磨蚀混凝土配合比设计中，应尽量采用较小的混凝土坍落度，尽可能多地加入坚实的粗骨料，尽可能减少较弱的水泥浆用量。

（3）混凝土浇筑过程中由于自身的流动性和振捣引起的压力，以及其他各种荷载的作用，在安装、浇筑、拆除模板的过程中都有不同程度的损坏和变形，其结构设计需要随时修正，混凝土浇筑速度也需及时调整，才能保证泄水建筑物满足设计要求。

（4）泄水建筑物运行时，应按设计要求进行水力学观测，并经常观测水流流态等，发现异常情况应及时记录并报告。

（5）易遭受冲磨与空蚀破坏的部位应重点维护检查。主要内容包括：查明遭受磨蚀破坏的状况，分析破坏类型与原因；判断消能工内残积物数量、分布范围及特征；判断结构物与基岩连接部位的破坏状况。

5.6　化学侵蚀[2,8]

混凝土化学侵蚀是指与混凝土接触的腐蚀介质对混凝土的化学腐蚀作用。以硫酸盐对混凝土的侵蚀作用最为常见。混凝土硫酸盐侵蚀的研究，国外发展得很早。早在 20 世纪初期俄国的科学家就进行了硫酸盐腐蚀的研究，并把硫酸盐腐蚀归为水泥的第三类腐蚀，即盐类腐蚀。20 世纪五六十年代以前，苏联、美国、欧洲等国家和地区相继制定了混凝土抗腐蚀的有关标准，并研制出提高混凝土抗蚀性的新材料、新技术，在防止和延缓混凝土的硫酸盐腐蚀方面取得了明显的效果。近年对高浓度和应力状态下混凝土硫酸盐侵蚀性也进行了研究。

我国自 20 世纪 50 年代初期也开始了混凝土硫酸盐侵蚀的研究。1991 年我国颁布了《建筑防腐施工及验收规范》（GB 50212—91），在这一规范中提出了硫酸盐的侵蚀标准：当水中硫酸根离子含量大于 4 000 mg/L 为强侵蚀，1 000~4 000 mg/L 为中等侵蚀，250~1 000 mg/L 为弱侵蚀；同时对防腐混凝土的设计、施工和养护也做出了相应的规定。英国 BS 8500 给出了硫酸盐和其他侵蚀性化学物质的类别和数量、对土壤的分类、设计化学侵蚀等级和附加保护措施的选择，以及确定混凝土质量和采取附加措施的步骤等。《水力发电工程地质勘察规范》（GB 50287—2006）按水中 SO_4^{2-}、Mg^{2+} 和 CO_2 的含量以及水的 pH 值确定化学腐蚀程度，见表 5-5。

表 5-5 新规范中环境水腐蚀判别标准

腐蚀类型		腐蚀性特征判定依据	腐蚀程度	界限指标	
分解类	溶出型	HCO_3^- 含量（mmol/L）	无腐蚀	$HCO_3^- > 1.07$	
			弱腐蚀	$1.07 \geqslant HCO_3^- > 0.70$	
			中等腐蚀	$HCO_3^- \leqslant 0.7$	
			强腐蚀	—	
	一般酸型	pH 值	无腐蚀	$pH > 6.5$	
			弱腐蚀	$6.5 \geqslant pH > 6.0$	
			中等腐蚀	$6.0 \geqslant pH > 5.5$	
			强腐蚀	$pH \leqslant 5.5$	
	碳酸型	游离 CO_2 含量（mg/L）	无腐蚀	$CO_2 < 15$	
			弱腐蚀	$15 \leqslant CO_2 < 30$	
			中等腐蚀	$30 \leqslant CO_2 < 60$	
			强腐蚀	$CO_2 \geqslant 60$	
分解结晶复合类	硫酸镁型	Mg^{2+} 含量（mg/L）	无腐蚀	$Mg^{2+} < 1\,000$	
			弱腐蚀	$1\,000 \leqslant Mg^{2+} < 1\,500$	
			中等腐蚀	$1\,500 \leqslant Mg^{2+} < 2\,000$	
			强腐蚀	$Mg^{2+} \geqslant 2\,000$	
结晶类	硫酸盐型	SO_4^{2-} 含量（mg/L）		普通水泥	抗硫酸盐水泥
			无腐蚀	$SO_4^{2-} < 250$	$SO_4^{2-} < 3\,000$
			弱腐蚀	$250 \leqslant SO_4^{2-} < 400$	$3\,000 \leqslant SO_4^{2-} < 4\,000$
			中等腐蚀	$400 \leqslant SO_4^{2-} < 500$	$4\,000 \leqslant SO_4^{2-} < 5\,000$
			强腐蚀	$SO_4^{2-} \geqslant 500$	$SO_4^{2-} \geqslant 5\,000$

5.6.1 化学侵蚀的形式和机理

1. 外界硫酸盐对混凝土的侵蚀

外界硫酸盐对混凝土的侵蚀最常见的是钙矾石和石膏的形成。钙矾石的形成会导致固体体积增大，引起膨胀和开裂。石膏的形成能导致混凝土软化，使混凝土强度损失。然而钙矾石或石膏在混凝土的形成并不足以表明它本身受到硫酸盐的侵蚀，遭受硫酸盐的侵蚀应该通过岩相学和化学分析核实。当侵蚀的硫酸盐溶液包含硫酸镁时，除了钙矾石或石膏之外还有氢氧镁石生成。与硫酸盐有关的某些作用能导致混凝土损坏而不膨胀。例如，遭受水溶硫酸盐溶液侵蚀的混凝土能使基体砂浆软化或总孔隙率增加，都会降低混凝土的耐久性。

2. 自然盐分的侵蚀

地下水中含有硫酸钠、碳酸钠和氯化钠。在硫酸盐暴露环境下，与含有氯化钠、氯化镁盐分的土壤相接触的潮湿混凝土中会发生典型损坏。一旦盐分溶解，氯离子就会渗透到混凝土中，随后在混凝土暴露面浓缩和沉淀。混凝土表面会剥落，类似于冻融破坏。混凝土暴露面的缺损是逐渐增加的，若持续暴露，温湿度重复循环将导致质量低劣的混凝土整体开裂。由于温度循环引起盐分脱水、再溶解水化，循环往复，会导致混凝土劣化。

3. 海水暴露环境

成熟混凝土受到海水中的硫酸根离子侵蚀的反应类似于淡水中或土壤中的硫酸根离子侵蚀，但是作用效果不同。在严酷环境条件下，由于毛细管吸收和蒸发，海水中的硫酸盐离子浓度可以增到很高。然而，氯离子可以改变化学反应的广度和本质，以致水泥中铝酸三钙（C_3A）引起的膨胀小于那些有同样硫酸根离子含量的淡水。

4. 酸蚀

遭受酸蚀的混凝土劣化主要是这些化学物质和水泥水化产生的氢氧化钙反应的结果。大多数情况下，化学反应的结果是形成可溶解的钙化合物，然后被水溶液滤掉。草酸和磷酸是例外，因为它形成的钙盐在水中是难溶解的，不易被混凝土表面滤掉。硫酸侵蚀，会加速劣化，这是因为形成的硫酸钙将影响混凝土性能。

酸、氯化物或其他侵蚀性物质或盐溶液都可能通过裂缝或孔隙到达钢筋，从而导致钢筋腐蚀，反过来又会导致混凝土开裂和剥落。

5. 碳化

已水化的波特兰水泥与空气中 CO_2 的反应一般比较慢。碳化的速率很大程度上取决于环境湿度、温度、混凝土的渗透性以及 CO_2 的浓度。当相对湿度在 50%~75%之间时，碳化的速率最大。相对湿度低于 25%时，碳化影响可以忽略。相对湿度大于 75%时，孔隙中的湿气能限制 CO_2 的渗透。

雨水中吸收的 CO_2 能进入到地下水里，从而形成碳酸。另外空气中的 CO_2 和来自于植被腐烂形成的酸性物质一道溶解，从而使水中自由 CO_2 的浓度达到很高。这些水通常呈酸性，其侵蚀性不能就 pH 值单独决定。土壤中的碳化反应能生成重碳酸盐并达到一个平衡，最终使溶液的pH值呈中性,但是含有大量的 CO_2。

碳酸侵蚀的速率类似于大气环境中的 CO_2，取决于混凝土的特性和 CO_2 的浓度。至于时间的限定值没有达成一致的意见，这是因为地下建筑中的条件千变万化。然而，在某些研究中得出结论：水中含有的 CO_2 超过 20 ppm（百万分之二十）时能导致已水化水泥砂浆的急剧碳化；从水中自由逸出的 CO_2 达 10 ppm 或更少一点，也能导致严重的碳化。

5.6.2　化学侵蚀对混凝土结构使用性和安全性的影响

自然界固有的硫化钠、硫化钙或硫化镁，在土壤中或溶解于邻近混凝土结构的地下水中，能使已凝固的混凝土受到侵蚀。溶液中的硫酸盐会进入混凝土，并侵蚀胶凝材料。如果混凝土结构暴露在空气中，表面蒸发，硫酸盐离子会集中在表面附近，增加导致劣化的潜在危险。从全世界来看，硫酸盐侵蚀存在于各种各样的地区，在干旱区域尤其严重。

混凝土冷却塔中的水分也是硫酸盐侵蚀的潜在来源。因为蒸发，硫酸盐会逐渐积累，尤其是那些制造水量相对较小的系统装置。硫酸盐离子也存在于工业废物中，例如炼铁产生的矿渣、煤油以及滤去这些材料的地下水。海水和海岸受海水浸湿的土壤共同组成了一个特殊的暴露环境。

从全世界范围来看，各地海水中的盐水浓度都有一个范围，海水中的盐分组成是基本恒定不变的。寒冷地区盐水浓度低于那些温度较高的温暖地区，尤其是日蒸发速率过大的浅水海岸。建在海岸区的混凝土结构，其基础在地下盐水面以下时，毛细管吸收和蒸发可能引起地下以上混凝土的过度饱和与结晶化，导致水泥砂浆受到硫酸盐和氯盐的侵蚀从而加速钢筋腐蚀。在热带地区，几年之内，这些有害物质的共同作用就可能导致混凝土受到严重缺损。

许多燃料的燃烧产物含有硫的气体，与湿气组合会形成酸雨。地面上污水的聚积也能导致酸雨的形成。开矿排水和某些工业废水也含有能侵蚀混凝土的酸溶液。泥炭土、黏土和明矾页岩也含有硫化铁（黄铁矿），氧化会产生硫酸，再进一步反应就能产生硫酸盐，从而引起硫酸盐侵蚀。山间溪水由于溶解有二氧化碳，有时也具有弱酸性。如果混凝土质量很好且吸水性较低，通常这些水仅能侵蚀混凝土表面。一些矿水也含有大量溶解的二氧化碳或硫化氢，或者两者都具有，能使混凝土严重损坏。

当混凝土或水泥砂浆与二氧化碳接触，就会产生反应生成碳酸盐，并且伴随混凝土收缩。事实上，已水化的波特兰水泥中的所有组分都易受碳化影响，其结果是有利的还是有害的，取决于暴露的时间、反应速率以及影响的范围。另一方面，在制作混凝土时故意让其碳化，能改善混凝土的强度和硬度以及混凝土产物的空间稳定性。然而，其他情况下，碳化将使混凝土劣化，降低水泥浆的 pH 值，从而导致距表面较近的钢筋锈蚀。混凝土在硬化过程中与二氧化碳接触也能影响面板的完整度，使表面耐磨性降低。在硬化过程中，使用未放气的加热器或者与设备排放的废气接触或别的来源，将导致混凝土表面孔隙率增大，更易受到化学物质侵蚀。

5.6.3　避免或减轻化学侵蚀的方法和措施

1. 减轻外界硫酸盐对混凝土的侵蚀

为保护混凝土免遭硫酸盐侵蚀，一般采用可延迟水分侵入和流动的混凝土，并配置合适的组分制成耐硫酸盐侵蚀的混凝土。通过减小水胶比可降低水分侵蚀和流动。要小心谨慎确保混凝土的设计和施工能减少收缩开裂。如果在降低水胶比的同时还使用引气剂，是有益的。混凝土适当的放置、压紧、修整和养护，对降低水分侵入和流动携带侵蚀性盐分是必要的。

2. 减轻自然盐分的侵蚀

通过减小水分的迁移可以减轻自然盐分对混凝土的侵蚀。引气是有利的，可以降低水分的迁移，对水灰比较低的混凝土是不能替代的。为了改善混凝土耐久性，可添加火山灰，建议的最大水胶比是 0.45。养护充分也是一个很重要的预防措施。阻止混凝土中水汽迁移和排水，也是一种降低潮气进入混凝土的建议。与使用特殊类型的水泥或外加剂相比，这种措施对保护混凝土免遭破坏是很有效的。

3. 减轻海水暴露环境下的化学侵蚀

低渗透性要求是必要的，这样能延迟硫酸盐侵蚀的作用。要获得低渗透性，可以降低水灰比，并修整良好和养护充分。

与同等强度未掺入高炉矿渣或火山灰的混凝土相比，掺入适量的高炉矿渣或火山灰，混凝土的渗透性可以降低到 1/10~1/100。在沿海环境下，掺入矿渣的混凝土性能是令人满意的。

混凝土的设计和施工应使裂缝宽度最小化，从而限制海水侵入混凝土中。施工时应用导电涂层作为阴极保护系统的一部分，来对部分浸没于海水中或者是达到地下盐水的混凝土提供附加的保护。硅烷涂层是憎水性的，已经表明有极好的防护特性。

4. 减轻酸蚀

低水灰比的致密性混凝土能保护混凝土免遭弱酸的侵蚀，特别是某些火山灰或硅灰材料能增加耐酸能力。应尽可能减少与酸的接触时间，尽量避免浸没。

5. 减轻碳化

与致密、养护充分的混凝土相比，渗透性高的混凝土受碳化的影响大。低水灰比能降低混凝土的渗透性，从而限制表面受到碳化影响。

碳化引起钢筋锈蚀病害的修补处理方法是，对于已碳化到钢筋表面而未引起钢筋锈蚀或处于锈蚀发展前期的混凝土保护层，可不凿除，在保护层表面喷刷涂料，以隔绝空气和水分进入混凝土内部，防止钢筋的锈蚀。对处于锈蚀发展到钢筋的混凝土保护层，必须立即采取措施将开裂及松动的保护层清除，凿除包裹钢筋的混凝土，使钢筋全部露出，然后将钢筋的锈蚀物清理干净，测量缺损断面；对于缺损断面小于 5%者，可用环氧树脂涂抹以补足缺损断面；缺损断面大于 5%者，应通过计算补足缺损钢筋；新增加的补强钢筋可以通过若干点焊接在原钢筋的下面。钢筋除锈及补强处理后重新浇筑保护层，浇筑保护层之前应使用无机界面黏结胶或聚合物水泥浆处理好新旧混凝土界面。新的钢筋保护层应是高密实、低渗透性的优质混凝土或砂浆，使空气和水难以进入混凝土保护层，保护层不小于原保护层的厚度。

5.7　冻　融　破　坏[9]

　　常温下的硬化混凝土是由未水化水泥、水泥水化产物、集料、水、空气共同组成的气-液-固三相平稳的体系，当混凝土处于一定负温度下时，其内部孔隙中的水分就将发生从液相到固相的转变。含水或水接触混凝土在长期正负温度交替作用下会出现由表及里的剥蚀破坏，称为冻融破坏。混凝土的冻触破坏是国内外研究较旱、较深入的课题。20 世纪 40 年代，美国、苏联、欧洲、日本等均开展过混凝土冻融破坏机理的研究，提出的破坏理论就有五六种。但目前对混凝土冻融破坏的机理研究尚无定论。不过已经提出了许多提高抗冻性的有效措施，如采用优质引气剂等，在工程实践中得到了推广应用，并取得了实效。

　　几十年来，对混凝土抗冻融的研究主要集中在混凝土原材料及配合比组成对抗冻性的影响研究上，结论是，混凝土中的水灰比和含气量，是影响抗冻性的两个最主要的参数。因此需要严格控制混凝土的水灰比，并保证一定的含气量。近年来，国内外除研究原材料和组成对抗冻性的影响之外，还开展了亚微观结构即混凝土孔结构对抗冻性影响的研究，并且提出为保证良好的抗冻性，混凝土中气泡必须有合适的间距系数，通过掺用某些掺和材料以改善气泡性质，从而提高混凝土的抗冻性。

5.7.1　冻融破坏出现的原因

　　对于冻融破坏，公认程度较高的理论是由美国学者 T. C. Powerse 提出的膨胀压和渗透压理论：吸水饱和的混凝土在其冻融的过程中，遭受的破坏应力主要由两部分组成，其一是当混凝土中的毛细孔在某负温下发生物态变化，内水转变成冰，体积膨胀 9%左右，因受毛细孔壁约束形成膨胀压力，从而在孔周围的微观结构中产生拉应力；其二是当毛细孔水结成冰时，由凝胶孔中过冷水在混凝土微观结构中的迁移和重分布引起的渗透压。由于表面张力的作用，混凝土毛细孔隙中水的冰点随着孔径的减小而降低。凝胶孔水形成冰核的温度在-78℃以下，因而由冰与过冷水的饱和蒸汽压差和过冷水之间的盐分浓度差引起水分迁移而形成渗透压。另外，凝胶不断增大，形成更大膨胀压力，当混凝土受冻时，这两种压力会损伤混凝土内部微观结构，只有当经过反复多次的冻融循环以后，损伤逐步积累并不断扩大，发展成互相连通的裂缝而使混凝土层层剥蚀，强度逐步降低，最后破坏甚至完全丧失使用功能。

　　影响混凝土冻融破坏的因素是多方面的。一是组成混凝土的主要材料的质量，如水泥、骨料的品种和质量。水泥中不同矿物成分对混凝土的耐久性影响较大。骨料除本身的质量对混凝土抗冻性的影响以外，渗透件和吸湿性对混凝土抗冻性也有决定性的作用。由于湿度和强度的变化，会产生含针状物岩石体积的变化，同时骨料的化学性能对混凝土的耐久性也将产生一定的影响，这将会损坏已硬化的水泥砂浆和混凝土表面。二是混凝土所处的环境，处在水下、潮湿寒冷地区，冬季的水位和温度变化会引起混凝土的严重冻融破坏。三是施工工艺。混凝土的配合比、水灰比、施工、硬化条件等都与混凝土的耐久性有密切的关系，其中单位用水量是影响混凝土抗冻性的一个重要因素，此外混凝土的表面、边角和工作缝部位处于最不利的工作条件，所以混凝土模板种类、性质、表面加工情况以及施工缝的处理包括施工质量的好坏，都将对混凝土的耐久性、抗冻性有很大的影响。因此，严格控制施工质量，把好施工质量关（特别是振捣关），不出现蜂窝、麻面，力求结构密实、表面光滑十分重要。四是外加剂，在混凝土施工过程中掺入加气剂或减水剂能改善混凝土的内部结构和孔隙结构，可起到缓冲和降低冻胀应力的作用，提高混凝土的抗冻性。

5.7.2　冻融破坏对水利水电工程混凝土结构使用性和安全性的影响

冻融破坏是混凝土水利水电工程建筑物破坏的主要形式之一，它严重影响建筑物的正常运行，致使许多建筑物的运行寿命因局部结构丧失功能而大为缩短，或形成严重的安全隐患，造成极大浪费。在我国寒冷和严寒地区，许多水利水电工程建筑物建成后 5~10 年就因冻融破坏而需花大量资金进行修补，一些小型建筑物则因破坏严重而报废。不仅如此，即使在气候温和地区也会发生建筑物混凝土冻融破坏现象。

5.7.3　控制冻融破坏的方法和措施

1. 建筑物基础处理

处理好建筑物基础，避免发生不均匀沉陷。若因不均匀沉陷造成混凝土建筑物个别部位出现裂缝，将加速混凝土冻融破坏。

2. 选择抗冻性好的水泥

按抗冻要求选择符合条件的水泥种类，如抗硫酸盐水泥。一般的硅酸盐水泥和矿渣水泥适量地掺入外加剂，也可以满足抗冻要求。

3. 降低混凝土的水灰比或配制适量防冻钢筋

水灰比是影响混凝土密实性的主要因素，为提高混凝土的抗冻性也必须从降低水灰比入手。当前较为有效的方法是掺减水剂，特别是高效减水剂。许多研究成果及生产实践证明，掺入水泥重量的 0.5%~1.5% 的高效减水剂，可以减少用水量 15%~25%，使混凝土强度提高 20%~50%，抗冻性也能相应提高。另外，严寒地区混凝土较薄处配适量竖向防冻胀钢筋，也是防治冻融破坏的有力措施。

4. 采用引气剂与减水剂

掺引气剂与减水剂是提高混凝土抗冻性的主要措施。加引气剂使水泥结石中形成互不连通的气泡，这些气泡阻止混凝土吸收水分，可防止冻结时的膨胀变形；加减水剂可增大混凝土熟料的流动性，从而减少混凝土的拌和用水，达到减小水灰比的目的。根据中交一航局对天津新港北坡堤的调查可知，不加引气剂的混凝土使用 15 年即出现表面剥落等冻害现象，而加引气剂的混凝土则无冻害。日本研究成功一种非引气型表面活性剂，掺量为水泥重量的 2%~4% 时，这种表面活性剂可使混凝土的耐久性指数提高 50%~90%；这种外加剂是烃基及醇基胺类化合物，其引气量虽少，但气泡很细且均匀分散，因此对提高混凝土抗冻性非常有利。国内外对混凝土中的含气量都作了具体规定，详见相关规范和标准。

5. 加强早期养护或掺入防冻剂防止混凝土早期受冻

常用的热养护方法有电热法、蒸汽养护法及热拌混凝土蓄热养护法。目前我国常使用的还是蒸汽养护法，但耗汽量很大。早强剂、防冻剂目前仍以氯盐、亚硝酸盐为主。三乙醇胺复合早强剂使用也较普遍。近几年我国开始研制和应用无氯盐早强减水剂和防冻剂。中国建筑科学研究院混凝土研究所研制成功的 SJ 型早强减水剂和防冻剂均不含氯盐和铬盐，对钢筋无锈蚀作用，在负温条件下使混凝土具有较强的抗冻害能力，从而能保证冬季正常施工。

6. 严格控制施工质量

混凝土施工质量的好坏，直接影响它的抗冻性，因此必须把好施工质量关。对重要部分的混凝土应采取必要措施，如溢流坝溢流部位、冬季水位变化部位等处，采取直接作业吸收混凝土中的多余水分，同时加大气压可使气压压向混凝土表面，使表层 2~4 cm 被压实。实践证明，作业良好的混凝土，由于表面密实光滑，远比一般混凝土的抗冻性高。在实际工程中应严格按照设计混凝土等级执行，严格控制水灰比、水泥用量，以及引气剂和减水剂的使用，使混凝土抗冻融性达到最好效果。

5.8　碱-骨料反应[9,10]

20 世纪 30 年代后期，在加利福尼亚沿岸的混凝土结构中发现了一种呈放射状或网状裂缝的令人震惊的破坏形式。加利福尼亚运输局最先提出混凝土中的这种破坏是由于水泥中的碱与骨料中某种活性含硅成分间的反应引起的。水泥中的碱性氧化物含量较高时，会与骨料中所含的二氧化硅发生化学反应，并在骨料表面生成碱-硅酸凝胶，吸水后会产生较大的体积膨胀，导致混凝土胀裂现象。

这一发现引发一系列的实验，尤其在美国，几年后发展到澳大利亚、英国和丹麦。自此以后直到 1960 年，这种反应引起了世界的广泛关注，国际上开展了一系列的研究。采取的第一个措施是对波特兰水泥中的含碱量进行限制，防止这种有害反应继续发生。许多研究表明，当水泥中等效 Na_2O 的碱含量低于水泥质量的 0.6%时，就不会发生这种膨胀反应。然而，一些研究者证实，在很多情况下这个值有些保守。

碱-骨料反应是在混凝土孔隙中的溶液里，氢氧根离子与骨料中的某种硅酸成分之间发生的一种缓慢反应。活性硅并不直接与碱金属发生反应。开始碱金属主要是在溶液中形成高浓度的氢氧根离子，然后才形成碱硅凝胶。混凝土的水泥浆中含有互相连通的微小孔隙，通过这些孔隙，水和溶液中的离子可以移动。混凝土孔隙中的溶液实际上是碱性的，其 pH 值会随着水泥中碱含量的增加而增加。碱硅反应的产物对湿气有很大的亲和力。通过吸收水分，凝胶产生压力、膨胀和裂缝，并在周围形成新的凝胶。

5.8.1　碱-骨料反应的机理

1. 碱-硅酸反应

碱-硅酸反应是指水泥中的碱与骨料中的活性氧化硅发生反应生成碱-硅酸凝胶。碱-硅酸凝胶具有强烈的吸水性，吸水后膨胀（实验表明，体积可增大 3 倍），当凝胶体的膨胀受到周围已硬化水泥石的限制时，就产生内压（肿胀压、渗透压，渗透压可达 30~40 kg/cm^2，强度和性能降低），导致混凝土开裂。使混凝土可发生碱-硅酸反应的活性 SiO_2 岩石有蛋白石、玉髓石族、石英岩、硬砂岩等，这些岩石分布广泛，因而，世界各国发生的碱-骨料反应绝大多数为碱-硅酸反应。

2．碱-碳酸盐反应

碱-碳酸盐反应是指碱与某些岩石的反应，一般专门指加拿大的 Kingston 黏土质石灰质白云石加工成的碱-骨料反应所产生的膨胀。其反应机理与碱-硅酸反应有所不同，是碱与黏土质石灰质白云石反应，其中白云石（$MgCO_3$）转化为水镁石[$Mg(OH)_2$]，水镁石晶体排列产生的压力和黏土吸水膨胀，引起混凝土内部压力，导致混凝土开裂。一般出现裂缝时间为 40~50 年，但是后果很严重。

3．碱-硅酸盐反应

SiO_2 还可能来自一些硅酸盐岩中的硅酸盐矿物，如长石、绢云母、微晶白云母、伊利石及黏土类矿物等。由于这类硅酸盐矿物与碱的反应和膨胀相当缓慢，且很少有凝胶产物生成，与一般的碱-硅酸反应明显不间，称为碱-硅酸盐反应。

这三类碱-骨料反应产生的裂缝都是膨胀性裂缝，在没有约束的情况下，出现网状裂缝；在有钢筋约束的情况下，由于受钢筋的约束力影响，出现顺筋裂缝。而且碱-骨料反应使混凝土胀裂时可导致整个构件伸长，使混凝土构件变形，造成破坏。

5.8.2　碱-骨料反应对混凝土结构使用性和安全性的影响

碱-骨料反应是混凝土原材料中的水泥、外加剂、混合材料、水中的碱（Na_2O 或 K_2O）与骨料中的活性成分在混凝土浇筑成型后若干年（数年至二三十年）逐渐反应，反应生成物吸水膨胀，使混凝土产生内部应力，发生膨胀开裂，导致混凝土失去设计性能，迅速老化。由于活性骨料经搅拌后大体呈均匀分布，所以一旦发生碱-骨料反应，混凝土内各部分均产生膨胀应力，混凝土自身胀裂，发展严重的只能拆除，无法补救。因而碱-骨料反应又称为混凝土的"癌症"。目前混凝土碱-骨料反应问题已构成我国水利水电混凝土建筑工程的一大潜在危害。

5.8.3　避免或减轻碱-骨料反应的方法和措施

1. 控制混凝土中总的碱含量

由于混凝土中碱的来源不仅是水泥，而且还有外加剂和水，甚至有时来自骨料（海砂），因此，拌制混凝土各种原材料总碱量比单纯控制水泥含碱量更为科学。对此，南非曾规定每立方米混凝土中总碱量不得超过 2.1 kg，英国提出每立方米混凝土全部原材料总碱量（Na_2O 当量）不得超过 3 kg，已为许多国家所接受。GB 50010—2010 关于这一方面也作了如下具体现定：环境条件为一类的不限制；二、三类的最大碱含量不超过 3.0 kg/m³。

2. 使用低活性骨料

骨料的活性及矿物成分也是混凝土产生碱-骨料反应的主要因素之一。因此，应对骨料的这一特性加以控制，特别是重点工程更应注意选用无反应活性的骨料。如果对骨料无选择的余地，则应采取前述的措施或在混凝土中掺有部分轻骨料，以减少碱-骨料反应的膨胀能量。

3. 使用掺和料降低混凝土的碱性

掺某些活性混合材料可缓解、抑制混凝土的碱-骨料反应。例如掺用粉煤灰、矿渣、硅灰等掺和料都能降低混凝土的碱性，特别当水泥含碱量高于允许值时，更应掺加粉煤灰等掺和料。应当指出，在混凝土中掺加粉煤灰掺和料，必须防止钢筋锈蚀，为此，除应注意检查粉煤灰的质量外，还应选用超级取代法，以保证掺粉煤灰混凝土等强度和等稠度。掺粉煤灰的混凝土必须同时掺入减水剂，以免因硅化颗粒过细引起混凝土需水量的增加。掺粉煤灰对节约资源和保护环境也有重要意义，比较适合我国的国情。

4. 改善混凝土结构的施工和使用条件

保证混凝土结构的施工质量，防止因振捣不密实引起的蜂窝、麻面以及因养护不当引起的干缩缝，防止外界水分侵入混凝土，从而起到抑制碱-骨料反应的作用。

参 考 文 献

[1]　李金玉, 曹建国. 水工混凝土耐久性的研究和应用[M]. 北京: 中国电力出版社, 2004

[2]　白俊光, 魏坚政, 石广斌. 水工钢筋混凝土结构设计技术研究[M]. 北京: 中国水利水电出版社, 2009

[3]　段凯敏, 丁灿辉, 张宪明. 水工混凝土结构[M]. 武汉: 华中科技大学出版社, 2013

[4]　李平先. 水工混凝土结构[M]. 郑州: 黄河水利出版社, 2012

[5]　洪定海, 等. 混凝土中钢筋的腐蚀与保护[M]. 北京: 中国铁道出版社, 1998

[6]　葛燕等. 混凝土结构钢筋腐蚀控制[M]. 北京: 科学出版社, 2015

[7]　中华人民共和国国家发展和改革委员会. 水工建筑物抗冲磨防空蚀混凝土技术规范: DL/T 5207—2005[S]

[8]　张巨松. 混凝土学[M]. 哈尔滨: 哈尔滨工业大学出版社, 2011

[9]　李殿平. 混凝土结构加固设计与施工[M]. 天津: 天津大学出版社, 2012

[10]　杨华全, 李鹏翔, 李珍. 混凝土碱骨料反应[M]. 北京: 中国水利水电出版社, 2010

第6章　水利水电工程混凝土结构腐蚀检测与评估方法

6.1　检测基本要求

从混凝土应用于建筑工程至今的 150 年间，大量钢筋混凝土结构由于各种各样原因而提前失效，达不到预定的服役年限[1]。这其中有的是结构设计抗力不足造成的，有的是使用荷载的不利变化造成的，但更多的是结构的耐久性不足导致的。水利水电工程混凝土结构（以下简称为水工混凝土结构）作为建筑物的重要组成部分，根据《水利水电工程合理使用年限及耐久性设计规范》（SL 654—2014），水工建筑物的合理使用年限为 30~100 年不等，在其漫长的寿命周期中，环境侵蚀、材料老化和物理力学性能的改变、突发事变过载等因素的综合作用将不可避免地导致结构损伤的不断演化，直接影响其工作性态，并致使结构强度、稳定性和耐久性等重要安全性能指标下降，抵抗自然灾害的能力降低，影响其正常工作的能力，甚至发生结构性破坏[2]。因此，在设计确定的环境作用、实际运行的条件和规定的维修使用条件下，对现存水利水电工程混凝土结构的腐蚀状况进行检测、分析和评估诊断，合理评价水利水电工程混凝土结构在合理使用年限内的适用性和结构安全性，分析水利水电工程混凝土结构腐蚀后的剩余使用年限，显得尤为重要[3]。

在水利水电工程中，开展混凝土结构腐蚀检测和评估一般程序见图 6-1[4]，首先需要管理单位根据水利水电工程混凝土结构腐蚀现状，提出开展结构腐蚀检测与评估的申请立项；其次立项获批后根据相关法规委托具有资质的检测与评估单位，对水利水电工程混凝土结构现场工作条件、结构腐蚀现状和损伤程度等进行实地调查，并采用经过率定的试验仪器和经济合理的现场检测手段，对水利水电工程混凝土结构进行全面检测、评估分析，提出结构腐蚀的维修加固建议；最后管理单位通过召开专家鉴定会或维修加固设计方案评审会等形式，论证检测和评估单位维修加固的技术可行性、经济合理性[3]。

应当指出的是，水利水电工程混凝土结构腐蚀检测和评估与新建水利水电工程混凝土结构的设计是不同的，新建结构设计可以自由确定结构形式，调整杆件断面，选择结构材料，根据工程等级和重要性确定设计使用年限，利用现行有效规范确定设计参数取值；而水利水电工程混凝土结构腐蚀检测和评估只有通过现场调查和检测才能获得现状结构有关参数，并据此判断是否满足现行规范要求，或者满足现行规范的程度。因此，水利水电工程混凝土结构腐蚀检测和评估，必须建立在现状调查和现场结构检测的基础上[3]。

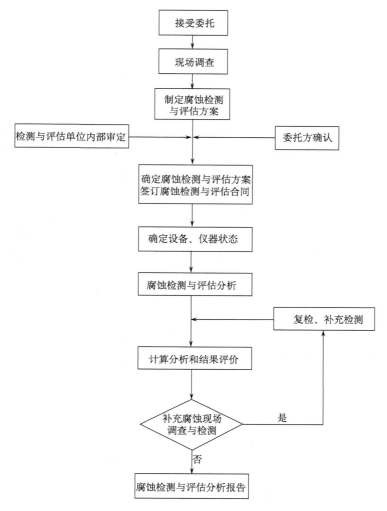

图 6-1 水利水电工程混凝土结构腐蚀检测和评估一般程序

水利水电工程混凝土结构腐蚀检测目的是作为混凝土结构性能的评价与鉴定，提供翔实、可靠和有效的检测结论。因此检测单位应具备健全的质量管理体系和计量认证体系，并具有相应资质，设备和人员的配备应与所承担的任务相适应。检测人员应由持有相应检测资格证书的专业人员进行，每项检测工作由两名或两名以上检测人员承担；进行水下潜水检测时，潜水作业人员还应具有潜水员资格证书和年度身体健康体检证明；潜水作业要严格遵守国家有关潜水条例的相关规定，并接受水上指导和监督（《水工混凝土结构缺陷检测技术规程》（SL 713—2015）和《水工混凝土建筑物缺陷检测和评估技术规程》（DL/T 5251—2010））。

6.2　检测依据和内容

6.2.1　水利水电工程混凝土结构腐蚀检测与评估依据标准

混凝土结构耐久性设计理念在结构设计和工程实践中不断进步和发展，1990年日本发布了《混凝土结构耐久性设计建议》，1989年欧洲出版了《CEB 耐久混凝土结构设计指南》，国际材料与结构研究实验联合会（RILEM）于1990年出版了《混凝土结构的耐久性设计》，欧盟在2000年出版了《混凝土结构耐久性设计指南》。我国在总结国内外研究成果的基础上，2000年交通部颁布了行业标准《海港工程混凝土结构防腐蚀技术规范》（JTJ 275—2000），2004年中国土木工程学会编制了《混凝土结构耐久性设计与施工指南》（CCE S01—2004），2006年交通部颁布了行业标准《公路工程混凝土结构防腐蚀技术规范》（JTG/T B 07-01—2006）、《港口水工建筑物检测与技术评估规范》（JTJ 302—2006）；2007年，中国工程建设标准化协会组织西安建筑科技大学、中冶集团建筑研究总院、武汉钢铁（集团）公司、上海交通大学、同济大学和清华大学等共同编制了《混凝土结构耐久性评定标准》（CECS 220:2007），提出混凝土结构在下列情况下宜进行耐久性评定：①使用时间较长的结构；②使用功能或环境明显改变时；③已发生某种耐久性损伤的结构；④其他特殊情况。

该标准适用于既有房屋、桥梁及一般构筑物的混凝土结构耐久性评定，不适用于轻骨料混凝土及特种混凝土结构，不适用于液相化学腐蚀、疲劳荷载、火灾等混凝土结构耐久性评定；不涉及由设计、施工、荷载变化等非耐久性损伤引起的结构安全性、适用性鉴定。适用于混凝土中性化（碳化）及氯盐侵蚀引起的钢筋锈蚀、冻融损伤等混凝土结构耐久性评定。

为保证混凝土结构的耐久性达到规定的设计使用年限，确保工程的合理使用寿命要求，2008年住房和城乡建设部颁布了《混凝土结构耐久性设计规范》（GB/T 50476—2008），该标准适用于常见环境作用下房屋建筑、城市桥梁、隧道等市政基础设施与一般构筑物中普通混凝土结构及其构件的耐久性设计，不适用于轻骨料混凝土及其他特种混凝土结构；主要内容为混凝土结构耐久性设计的基本原则、环境作用类别与等级的划分、设计使用年限、混凝土材料的基本要求、有关的结构构造措施以及一般环境、冻融环境、氯化物环境和化学腐蚀环境作用下的耐久性设计方法。

2010 年国家能源局颁布了《水工混凝土耐久性技术规范》（DL/T 5241—2010），该标准在总结国内外近 20 年水利水电工程混凝土耐久性方面研究成果和先进经验基础上，参考国内外相关标准，针对水利水电工程混凝土的特点编制而成，突出了水利水电工程混凝土材料的耐久性设计、施工工艺、质量评定及相关技术措施，主要内容包括冻融、环境水侵蚀、冲磨与空蚀、混凝土中钢筋的锈蚀、碱-骨料反应等；同年《水工混凝土建筑物缺陷检测和评估技术规程》（DL/T 5251—2010）颁布，对于做好水利水电工程混凝土建筑物维护管理工作，规范其缺陷检测、评估程序和方法，保证水利水电工程混凝土建筑物运行的安全和延长其使用寿命具有重要意义，标准还吸取了国内外相关标准中的检测与评估的有关内容，突出水利水电工程建筑物的特点，并与其他相关标准衔接。2014 年水利部颁布了《水利水电工程合理使用年限及耐久性设计规范》（SL 654—2014），该标准适用于新建的水利水电工程的合理使用年限确定和耐久性设计，但对于特别重要的工程或有特殊要求的工程，其合理使用年限和耐久性要求应进行专门论证，经主管部门批准确定；对已建水利水电工程进行改建、扩建，可参照执行。2015 年水利部颁布了《水工混凝土结构缺陷检测技术规程》（SL 713—2015），该标准适用于已建和在建水利水电工程混凝土结构质量和缺陷检测，技术内容包括混凝土外观缺陷调查、内部缺陷检测、裂缝深度检测、强度检测、结构厚度检测、钢筋分布及锈蚀检测、水下缺陷与渗漏检测等；同时，规范了水利水电工程混凝土结构缺陷检测方法和技术要求，保证了检测结果的可靠性和提高检测结果的可比性。

上述标准对改善我国混凝土结构耐久性状况将起到非常好的作用，也为混凝土结构的耐久性设计和延长工作寿命明确了方向。目前水利水电工程混凝土结构腐蚀检测与评估依据一方面可参照《水工混凝土耐久性技术规范》（DL/T 5241—2010）、《水工混凝土建筑物缺陷检测和评估技术规程》（DL/T 5251—2010）和《水工混凝土结构缺陷检测技术规程》（SL 713—2015），另一方面由于建筑物类型不同等原因，依据的具体标准也有所不同。例如水库大坝工程依据《水电站大坝运行安全评价导则》（DL/T 5313—2014）或《水库大坝安全评价导则》（SL 258—2000），水闸工程依据《水闸安全评价导则》（SL 214—2015），泵站工程依据《泵站安全鉴定规程》（SL 316—2015），水工钢闸门和启闭机安全依据《水工钢闸门和启闭机安全检测技术规程》（SL 101—2014），船闸工程等港口水工建筑物则依据《港口水工建筑物检测与技术评估规范》（JTJ 302—2006）。

水利水电工程混凝土结构形式多样，运行条件和环境与普通钢筋混凝土结构也有较大差别，大体积水利水电工程混凝土广泛应用，例如新型特种混凝土（如碾压混凝土、堆石混凝土）、发电洞混凝土结构等，因此腐蚀检测与评估依据标准应以现场水利水电工程混凝土结构相关的标准为主体，突出水利水电工程混凝土结构腐蚀环境和结构应力等因素，又需要结合其他建设行业标准，现行的主要标准有：

（1）《混凝土结构耐久性评定标准》（CECS 220:2007）；

（2）《水利水电工程合理使用年限及耐久性设计规范》（SL 654—2014）；

（3）《水工混凝土耐久性技术规范》（DL/T 5241—2010）；

（4）《水工混凝土结构缺陷检测技术规程》（SL 713—2015）；

（5）《水工混凝土建筑物缺陷检测和评估技术规程》（DL/T 5251—2010）；

（6）《混凝土重力坝设计规范》（NB/T 35026—2014）；

（7）《混凝土拱坝设计规范》（SL 282—2003 ）；

（8）《水闸设计规范》（SL 265—2001）；

（9）《泵站设计规范》（GB 50265—2010）；

（10）《水电站厂房设计规范》（NB/T 35011—2013）；

（11）《水利水电工程钢闸门设计规范》（SL 74—2013）；

（12）《水工混凝土结构设计规范》（SL 191—2008）；

（13）《混凝土结构工程施工质量验收规范》（GB 50204—2015）；

（14）《水利水电工程施工质量检验与评定规程》（SL 176—2007）；

（15）《水工混凝土试验规程》（SL 352—2006）；

（16）《混凝土结构耐久性修复与防护技术规程》（JGJ/T 259—2012）；

（17）《防洪标准》（GB 50201—2014）；

（18）《水利水电工程金属结构报废标准》（SL 226—98）；

（19）《钻芯法检测混凝土强度技术规程》（CECS 03:2007）；

（20）《回弹法检测混凝土抗压强度技术规程》（JGJ/T 23—2011）；

（21）《超声法检测混凝土缺陷技术规程》（CECS 21:2000）；

（22）《超声回弹综合法检测混凝土强度技术规程》（CECS 02:2005）；

（23）《水工混凝土砂石骨料试验规程》（DL/T 5151—2014 ）；

（24）《水工混凝土水质分析试验规程》（DL/T 5152—2001）；

（25）《水工钢闸门和启闭机安全检测试验规程》（SL 101—2014）；

（26）《水闸安全评价导则》（SL 214—2015）；

（27）《水电站大坝运行安全评价导则》（DL/T 5313—2014）；

（28）《水库大坝安全评价导则》（SL 258—2000）。

6.2.2　结构腐蚀检测的主要内容

根据《水工混凝土建筑物缺陷检测和评估技术规程》（DL/T 5251—2010），水工混凝土结构腐蚀检测可分为一般检查和专项检测两种，其中一般检查包括外观缺陷、裂缝分布、混凝土损伤状态、渗漏状态、伸缩缝的工作状态及变形情况、资料调查等，水下检测还包括建筑物外观的完整性、附着物和沉积埋没状态等，必要时应调查腐蚀的变化过程、基础和结构的变形情况等；专项检测项目包括混凝土裂缝性状、混凝土强度、冻融情况、碳化、钢筋锈蚀、侵蚀性、抗渗性、混凝土内部缺陷、钢筋保护层厚度和锈蚀程度、结构位移和变形等。

1．一般检查

水工混凝土结构外观缺陷是指可能对混凝土外观质量和结构使用功能造成影响的蜂窝、麻面、孔洞、露筋、裂缝、疏松脱落等外在形式的欠缺或不完整。外观缺陷调查方法通常采用普查方式，结合资料调查、描述、目测、简单量测、照片和录像记录等方法。

1）调查主要内容

根据《水工混凝土结构缺陷检测技术规程》（SL 713—2015），调查主要包括以下内容：

（1）外观缺陷：蜂窝、麻面、露石、孔洞、露筋、裂缝、疏松区等。

（2）裂缝情况：部位、数量、走向、长度、宽度，并了解裂缝的变化情况。

（3）混凝土损伤状态：压碎、冻融、剥蚀、脱落及冲蚀（空蚀和磨蚀）等情况；尤其是钢筋锈蚀引起的锈迹、裂缝、起鼓、剥落和露筋等的位置、数量、宽度、长度和面积。

（4）渗漏状态：点、线或面渗漏情况。

（5）伸缩缝的工作状态及变形情况。

（6）水工混凝土结构的形体尺寸、基础和整体位移和变形情况。

外观缺陷调查需要根据缺陷分布情况绘制缺陷分布图，蜂窝、麻面、孔洞等分布图。

2）渗漏调查

渗漏大致分为散渗、集中渗漏和坝基及坝肩渗漏等，其中造成水工混凝土散渗的原因为密集的细微裂缝、混凝土老化及混凝土密实度低、孔隙率大；形成混凝土集中渗漏的主要原因是裂缝、不均匀位移、接缝张开、扬压力过高、管道渗漏、排水孔堵塞、混凝土出现冲蚀或气蚀；造成坝基及坝肩渗漏的主要原因是基础的恶化，基础排水不畅，接缝或断层，或节理，或断裂带张开。

渗漏对水工混凝土结构的危害性很大。其一是渗漏会使混凝土产生溶蚀破坏。在正常情况下混凝土毛细孔中均存在饱和氢氧化钙溶液，而一旦产生渗漏，渗漏水就可能把混凝土中的氢氧化钙溶出带走，在混凝土外部形成白色碳酸钙结晶。这样就破坏了水泥其他水化产物稳定存在的平衡条件，从而引起水化产物的分解，导致混凝土性能的下降。当混凝土中总的氢氧化钙含量（以氧化钙量计算）

被溶出 25% 时，混凝土抗压强度要下降 50%；而当溶出量超过 33% 时，混凝土将完全失去强度而松散破坏。由此可见，渗漏对混凝土产生溶蚀将造成严重的后果。其二是渗漏会引起并加速其他病害的发生与发展。当环境水对混凝土有侵蚀作用时，由于渗漏会促使环境水侵蚀向混凝土内部发展，从而增加破坏的深度与广度；在寒冷地区，由于渗漏，会使混凝土的含水量增大，促进混凝土的冻融破坏；对水工钢筋混凝土结构物，渗漏还会加速钢筋锈蚀等等。其三，基础及坝肩渗漏会造成基础断层或节理内的颗粒流失，变形增大，从而影响水工混凝土结构的整体稳定性，还会造成北方地区的水工结构地基冻胀而影响水工结构整体稳定性[5]。

3）现场调查与分析

根据《水工混凝土结构缺陷检测技术规程》（SL 713—2015），渗漏调查应包括如下内容：

（1）渗漏的规模及其在混凝土结构中的空间分布，检查结构物表面渗漏点、渗漏裂缝和渗漏面，并进行相应编号，确定渗漏的位置，测量渗漏面的大小，测量每条渗漏裂缝的长度、宽度和倾角。按测量结果绘制渗漏分布图。

（2）调查渗水来源和渗漏水途径，可以通过色水试验或钻孔压水、超声波方法或其他探测手段，检测渗水出口之间的相互连通性和裂缝在混凝土内部的走向等。

（3）测定裂缝或蜂窝孔洞的渗漏水量、渗水压力和渗水流速；观测渗漏水量和水位、外界气温（或季节）变化的关系；收集水质资料，从离子、矿化度及 pH 值等判断渗水有无侵蚀性。

需要从混凝土原材料、工程设计与施工、运行管理和特殊运行工况等角度进行分析。

2. 现状调查

腐蚀现状调查一般包括三大内容。首先，应查看水工混凝土结构现场，并进行结构现状调查，了解工程所在场地特征和周围环境情况，检查工程施工过程中各项原始记录和验收记录，掌握施工初始状况，对工程有初步了解和把握；其次，应进一步查阅施工图纸资料，复核地质勘察报告与实际地基情况相符程度，检查结构布置和设计方案是否合理，设计计算是否正确，构造措施是否得当；再者，应调查水工混凝土结构使用情况，使用过程中有无超载现象，结构构件是否受到人为伤害，使用环境是否变化，水流是否存在不稳定等。

收集的技术资料，应真实、完整，力求满足腐蚀检测和评估需要。现状检查应在原有检查观测成果基础上进行，应特别注意检查水工混凝土结构的薄弱部位和隐蔽部位。对检查中发现的工程存在问题和缺陷，应初步分析其成因和对工程安全运行的影响[3]。

1）使用环境和条件调查

根据结构腐蚀评估需要，应对水工混凝土结构所处环境进行下列相应项目调查（DL/T 5251—2010）：

（1）年平均温度、最高温度、最低温度、最冷月平均温度及年低于 0℃的天数等；

（2）年平均相对湿度、日平均相对湿度等；

（3）工作环境的年平均温度、年平均湿度，温度、湿度变化以及干湿交替情况；

（4）工程水位变化情况，影响范围及程度；

（5）水质侵蚀性调查，水中 SO_4^{2-} 或 Cl^- 含量；

（6）冻融循环情况，重点检查水位变动区及以上区域；

（7）水流形态和对水工混凝土结构的冲刷、磨损情况；

（8）运行期实际作用（荷载）及其变化情况，尤其是超载使用情况；

（9）水工结构距海岸或盐湖的距离、海风风向及环境污染等。

2）技术资料收集

技术资料收集涵盖设计资料、施工资料和技术管理资料的收集等：

（1）设计资料，包括工程地质勘测和水工模型试验、可行性研究和初步设计资料。

（2）工程（包括新建、改建或加固）的施工设计文件和图纸。施工资料[3]包括混凝土的原材料调查、设计配合比和施工配合比，浇筑及养护情况（包括搅拌、运输、浇筑、养护和施工环境条件）；混凝土试验资料包括坍落度、含气量、抗压强度、抗拉强度、极限拉伸值、弹性模量、绝热温升，变形性能等；施工技术总结资料包括基础情况（包括基岩种类、岩性、变形模量、断层及基础处理等）、使用模板情况（包括模板种类、制作与安装、拆模时间等）；工程质量监督检测，包括施工单位自检记录、监理单位旁站检测资料和第三方检测抽查检测等涉及工程质量的技术资料；观测设施的考证资料及施工期观测资料；工程竣工图和验收交接文件；施工监理资料。

（3）技术管理资料，包括运行技术管理的规章制度、控制运用技术文件及运行记录、历年定期检查、特别检查资料、历次安全鉴定报告。

（4）观测资料成果，包括水工结构变形、渗流、应力、温度、水位等的变化。

（5）工程大修和重大工程事故处理措施等技术资料。

3）工程资料分析和比较

包括复核地质勘察报告与实际地基情况相符程度；检查结构布置和设计方案

是否合理；设计荷载和运行荷载的比较，分析计算参数是否正确，设计参数取值是否合理；水工混凝土结构构造措施是否得当，运行维护是否符合设计要求[3]。

值得注意的是，现状调查不力求大而全，应根据水工混凝土结构腐蚀实际情况或工程特点确定重点调查内容，拟订现场调查工作大纲，编制现状调查成果[3]。对于水工混凝土结构而言，在广泛收集工程设计图纸、施工资料、观测记录等运行管理资料基础上，首先需要检查结构整体外观变形、可见伸缩缝、沉降缝变形情况，从整体上把握水工混凝土变形规律和变化趋势；其次不同部位检查内容需要根据结构类型而定，如混凝土重力坝工程，在非溢流坝段，则应着重检查裂缝分布和外观缺陷等；而溢流坝段，则应在上述检查基础上，检查混凝土溢流面的磨损情况，尤其是高速水流运行条件下，混凝土表面磨损、气蚀或空蚀情况；对于混凝土消力池，重点检查混凝土磨损和剥落情况；对于碾压混凝土重力坝，在开展相应现场调查基础上，还需要注意检查水平施工缝及其渗漏情况。

3．专项检测

1）水工混凝土结构抗压强度的检测

水工混凝土结构抗压强度检测可采用回弹法（JGJ/T 23—2011）、超声法（CECS 21:20000）、超声回弹综合法（CECS 02:2005）或钻芯法（CECS 03:2007）等方法。建议优先采用无损的回弹法、超声法、超声回弹综合法等。当被检测混凝土表层质量不具有代表性，混凝土抗压强度、龄期或粗骨料最大粒径超过相关技术规程规定的范围，或者需要对混凝土强度进行复核验证时，可采用钻芯法进行。采用回弹法、超声法检测混凝土抗压强度应按 SL 352—2006 中的规定执行，被检测混凝土的表层质量应具有代表性，且混凝土抗压强度不应超过相应技术规程限定范围。超声回弹综合法是根据实测声速值和回弹值综合推定混凝土强度的方法，超声回弹综合法检测混凝土强度应按照《超声回弹综合法检测混凝土强度技术规程》（CECS 02:2005）的规定执行。

2）混凝土裂缝深度检测

用超声法测量混凝土中裂缝深度有平测法和对、斜测法（CECS 21:2000）。平测法只适用于裂缝深度不大于 50 cm 的裂缝，大于 50 cm 的裂缝只能采用对、斜测法，但对、斜测法只能适用于有条件两面对测或可钻孔对测的水工混凝土结构。对于仍在发展的裂缝应进行定期观测，并提供裂缝发展情况数据。

3）混凝土内部缺陷的检测

混凝土内部缺陷的检测可采用超声法、探地雷达、冲击回波法和弹性波 CT 法等非破损方法（DL/T 5251—2010 和 CECS 21:2000）。其中探地雷达[6]利用主频为数十兆赫至千兆赫波段的电磁波，以宽频带短脉冲形式，由混凝土表面通过天线发射器发送至混凝土内部，经内部目的体或地层的界面反射后返回表面，为雷达天线接收器接收。当电磁波在介质中传播时，其路径、电磁强度与波形将随所通过介质的电性和几何形态而变化。因此，根据接收到波的旅行时间（亦称双程走时）、幅度与波形等资料，可探测介质结构、构造与埋设物体，混凝土内部均质性的变化会在雷达图像上有不同的反映。当混凝土内部存在某种缺陷（如孔洞、松散物、异物等）时，雷达图像将呈现出异常变化。

冲击回波（impact echo，IE）法[7,8]是基于应力波的一种检测结构厚度、缺陷的无损检测方法。早在 20 世纪 80 年代，美国康奈尔大学的 Mary Sansalone 博士就对该方法进行了研究。IE 法原理是使用冲击产生的应力波（声波）迅速地在结构内部传递，然后在结构内部的缝隙和外表面反射回来。因此不仅能够快速确定混凝土、砌体结构中的孔洞、蜂窝、裂缝、剥离以及其他缺陷，而且能够确定结构构件的厚度以及缺陷的深度。IE 法的一个很重要的优点是：只需要一个测试面就可进行测试。因此适用于单面穿透测量且形成的反射应力波能够引起表面位移响应的混凝土结构或构件的缺陷检测。冲击回波技术发展非常迅速，目前已有扫描式冲击回波（IES）系统、带表面波的冲击回波系统、超薄冲击回波检测系统等多种类型。

弹性波层析成像（CT）技术[9]根据检测对象的弹性波速度与其物理力学参数有较好的相关性，在不损伤“检测对象”的情况下，利用检测剖面上的弹性波速，结合 CT 技术进行反演成像，以“图像”的方式完整地反映层析面上的内部结构特征，以实现混凝土内部缺陷检测的目的。目前弹性波 CT 技术的应用已拓展到科学和工程等诸多领域，特别是在工程地质勘探、混凝土构件和堤坝隐患探测、防渗墙质量检测、地基处理和加固的效果评价等方面得到广泛应用。在对弹性波 CT 图像进行反演成像过程中发现，对同一个试件四侧进行声波测试时，可实现试件剖面左右、上下方向的透射。当射线足够密时，CT 成像将生成较高分辨率的 CT 图像。

4）钢筋分布、保护层厚度和锈蚀检测

钢筋位置、保护层厚度、直径、数量等项目的检测可采用雷达法或电磁感应法进行，常用的仪器有探地雷达及钢筋定位仪[3]。对检测部位是否存在钢筋的锚固与搭接进行检测可采用电磁感应法。其检测原理是：在到达和离开钢筋锚固或连接部位时，由于感应电磁场的变化，测到的保护层厚度会急剧变化，在到达连接部位时，钢筋保护层厚度会急剧减小，在离开连接部位时，钢筋保护层厚度会急剧变大。依此确定钢筋连接或锚固部位的长度。

必要时可凿开混凝土进行钢筋直径或保护层厚度的验证。有相应检测要求时，可对钢筋的锚固与搭接、框架节点及柱加密区箍筋和框架柱与墙体的拉结筋进行检测。

混凝土结构中钢筋的锈蚀程度可采用半电池法进行检测。

5）混凝土冻融和剥蚀

混凝土产生冻融破坏，从宏观上看是混凝土在水和正负温度交替作用下而产生的疲劳破坏。在微观上破坏机理较有代表性和公认程度较高的是美国学者 T.C.Powers 的冻胀压和渗透压理论[5]。冻融破坏的发生与发展取决于混凝土的抗冻性、饱水程度、混凝土所处环境的最低气温、冻融速率、最大冻深和年冻融循环次数等因素。冻融破坏的程度一般通过现场检测确定，包括冻融剥蚀的范围、深度及钢筋是否暴露锈蚀等。如要具体地确定冻融破坏的原因，除进行现场情况调查外，还需对混凝土进行抗压强度、动弹性模量、抗冻等级、抗渗等级等的检测（DL/T 5251—2010）。

6）过流面磨损和空蚀检查

当溢洪道或泄水孔等抗冲磨区域的混凝土存在严重的磨损和空蚀，在高速水流作用下，会加速冲刷破坏，危及水工结构的安全运行。磨损破坏作为一种单纯的机械作用，它既有水流作用下固体材料间的相互摩擦，又有相互间的冲击碰撞[5]。不同粒径的固体介质，当它的硬度大于混凝土硬度时，在水流作用下就形成对混凝土表面的磨损与冲击，这种作用是连续和不规则的，最终对混凝土面造成破坏。空蚀破坏是在高速水流下由于水流形态的突然变化，在局部形成负压，从而使水气化而形成空穴（气泡），这些空穴随水流运动到高压区时又迅速破灭，此时对混凝土表面产生类似爆炸的剥蚀应力，从而形成混凝土表面空蚀破坏[10]。易遭受冲刷磨损与空蚀破坏的水工结构部位主要有闸门槽与底槛、溢流堰面、坡降突变部位、底板与边墙的交界部位、不同类型衬砌材料的连接部位、鼻坎、消力墩、消力池（塘）、护坦与基础连接部位等。

检查需要查明遭受磨损和空蚀破坏的状况，分析破坏类型与原因，判别磨损和空蚀的主要原因；检查判断消能工内残积物数量、分布范围及特征；检查判断水工结构与基岩连接部位的破坏状况，并做详细记录和描绘。当泄水建筑物经短期运行即发生较严重磨损和空蚀破坏，或长期运行发生周期性、重复性破坏时，要重新审查与评估结构布置与体形设计的合理性、溢流面体形和施工不平整度、护面材料的抗磨蚀性能以及不同护面材料间的接缝合理性。

7）结构位移和变形检测

结构的位移和变形检测可采用全站仪、激光测距仪、水准仪、激光定位仪和三轴定位仪等进行。水工混凝土结构的基础不均匀沉降，可以用水准仪检测。当需要确定基础沉降发展的情况时，应在混凝土结构上布置测点进行观测，沉降观测点可结合长期位移监测设施，并选择在能反映地基变形特征及结构特点的位置，测点数满足腐蚀评价工作需要为准，测点标志可用铆钉或圆钢锚固于墙、柱或墩台上，标志点的立尺部位可加工成半球形或有明显的突出点。观测周期和频次可根据水工混凝土结构腐蚀评价需要而定。

6.3　检　测　方　法

6.3.1　混凝土强度

在水工混凝土结构腐蚀检测与评定中，混凝土强度作为基本检测项，可采用钻芯法、回弹法、超声法、超声回弹综合法等[3]。开展结构或构件混凝土强度检测前，尽可能地收集结构或构件名称、外形尺寸、数量，混凝土类型、强度等级与施工配合比，水泥、砂石骨料、外加剂、掺和料等原材料品质，混凝土拌和、运输、浇筑、养护等施工记录。

1. 钻芯法

钻芯法是一种半破损的混凝土强度检测方法，它通过在结构物上钻取芯样并在压力试验机上试压得到被测结构的混凝土强度值。该方法结果准确、直观，但对结构有局部损坏，适用于混凝土构件强度大于 10 MPa，曾遭受过化学腐蚀、火灾、硬化期间遭受冻害或使用多年的老混凝土结构构件表面粗糙，难以用超声、雷达等方法进行检测时，需要检测某些结构或构件的厚度者，包括钢筋混凝土和素混凝土。钻芯法作为对其他无损检测方法的补充，是水工结构混凝土强度中的一项基本检测内容[3]。

芯样混凝土试件强度代表值取值分两种情况进行，若在同一构件上钻取的芯样，取芯样试件混凝土强度换算值中的最小值作为其代表值；若按照检验批进行混凝土抗压强度评定，则参照《水工混凝土结构缺陷检测技术规程》（SL 713—2015）5.5 节规定的方法进行评定。

2. 回弹法

回弹法因其方法成熟、操作简便、测试快速、对结构无损伤、检测费用低等优点，在结构混凝土强度无损检测中广泛使用。该法适用于抗压强度为 10～80 MPa 的混凝土，不适用于表层与内部质量有明显差异或内部存在缺陷的混凝土强度检测。进行回弹法检测混凝土抗压时，还需要开展不低于测区总数 30%的混凝土碳化深度检测（SL 352—2006）。

回弹法测试的主要设备包括：回弹仪、酚酞酒精溶液、游标卡尺以及电锤（或锤、凿）、吸耳球、砂轮等辅助工具（JGJ/T 23—2011）。另外回弹仪选择要根据混凝土或构件特征选取需要选取。测试数量根据单个构件或按批两种方式，按单个构件检测，当一批构件的配合比、运行环境等基本相同，也可按批进行抽检，抽检数量不少于构件总数的 30%且构件数量不得少于 10 件。抽检构件随机抽取并使所选构件具有代表性。

回弹法所测得的强度值是通过混凝土表面硬度与强度之间的关系换算得到。一方面，由于换算强度与实际抗压强度存在一定误差；另一方面，水工混凝土结构检测所涉及的结构或构件大多缺乏专用的测强曲线，且存在混凝土龄期长、材料品种复杂、结构表面状况等因素的影响，导致回弹法测强结果产生误差。因此，需要对回弹检测所得强度值进行修正。对于龄期已经超过 1 000 d，且由于结构构造等原因无法采用取芯法对回弹检测结果进行修正的水工混凝土结构，可根据《混凝土结构加固设计规范》（GB 50367—2013）附录 B 进行修正[11]。

3. 超声回弹综合法

超声回弹综合法是利用超声法与回弹法各自的优点，弥补单一方法中的不足，以提高检测精度。适用于强度为 10~70 MPa 的混凝土。该方法的仪器设备主要有超声仪和回弹仪。混凝土强度推定按照《超声回弹综合法检测混凝土强度技术规程》（CECS 02:2005）。

测区布置要求分为单个构件检测和同批构件检测两种情况。其中当按单个构件检测时，在构件上均匀布置测区，每个构件上的测区数不应少于 10 个；按同批构件按批抽样检测时，构件抽样数不少于同批构件的 30%，且不少于 10 件，每个构件测区数不应少于 10 个。作为按批检测的构件，其混凝土强度等级、原材料配合比、成型工艺、养护条件及龄期、构件种类、运行环境等需基本相同；对长度小于或等于 2 m 的构件，其测区数量可适当减少，但不少于 3 个；并且要求测试面应清洁、平整、干燥，不应有接缝、饰面层、浮浆和油垢，并避开蜂窝、麻面部位，必要时可用砂轮片清除杂物和磨平不平整处，并擦净残留粉尘。

4. 射钉法

射钉法是 20 世纪 90 年代初研究、发展起来的一种新的混凝土强度非破损检测方法。射钉法是通过射钉仪以规定能量的火药将一特制射钉射入混凝土。当射钉长度和直径一定时，射钉外露长度与混凝土强度有着良好的相关性，通过试验建立两者关系曲线，推算混凝土强度。射钉法由于受表面状况影响因素小、方便灵活、检测速度快、费用低等优点，在老建筑物及大体积混凝土的质量检测中得到较多的应用[3]。

被测构件的测区数量及布置按测试图的和构件情况而定，但测区数不得少于 3 个。每个测区布置 3 个测点，测点位置宜布置在边长为 200 mm 的等边三角形内。射钉之间距离不小于 140 mm，射钉点与混凝土边缘相距不得小于 100 mm。测点表面平整。

对于水工混凝土结构检测中的结构或构件，由于被测混凝土与建立测强曲线混凝土在粗骨料品种、粒径及混凝土干湿状态等存在差异，需采用在测点处钻取混凝土芯样进行强度试验的方法进行修正，钻芯数量不少于 3 个，钻芯位置处进行一组（3 个）射钉试验。

混凝土强度推定将满足极差规定的 3 个外露长度的平均值作为该测区的试验结果。按射钉法测强曲线换算出各测区的混凝土强度值。以钻芯对比试验的结果对射钉强度值进行修正。统计计算被测构件的平均强度，用以推定该构件混凝土现有强度。当测区数量较多时，可计算强度标准差和变异系数，以此评估结构强度均匀性。

5. 拔出法

拔出法是一种现场混凝土强度检测的新技术方法[3]。它通过在混凝土一定深度埋入一锚固件，由液压拔出仪向外拉拔锚固头，直至混凝土破坏后锚固件拔出。此时读出拔出仪上的拔出力，由混凝土抗拔力与强度之间的关系换算得到被检测结构的混凝土强度值。

当被测结构所用混凝土的材料与制定测强曲线所用材料有较大差异时，需在被测结构上钻取混凝土芯样，根据芯样强度对混凝土强度换算值进行修正，芯样数量不少于 3 个，在每个钻取芯样附近做 3 个测点的拔出试验。修正系数 K 的确定及修正方法与回弹法所介绍的类似，只要将公式中的回弹强度替换为拔出强度即可。

6.3.2　内部缺陷检测

水工混凝土结构内部缺陷是指结构或构件内部存在不密实区、低强度区、空洞、夹杂等。内部缺陷的检测有超声法、探地雷达法[6]、冲击回波法[7,8]，必要时可钻取少量芯样试件进行验证。鉴于表面耦合效果对检测结果影响较大，因此检测要求混凝土表面应清洁、平整，无饰面层，必要时可用砂轮磨平；同时现场要减少施工振动、机械撞击产生的环境噪声，或高压电器产生的电噪声对检测精度的影响（DL/T 5251—2010）。

对于影响较大，问题复杂或重要工程的水工混凝土结构内部缺陷检测，宜采用两种以上的检测方法，以便检测结果相互印证，以期获得较准确的检测结果。对于大批量或大面积的混凝土结构缺陷普查检测，可先进行缺陷定位，然后进行缺陷类型精确测定，因此可先采用探地雷达法粗略定位缺陷，然后结合冲击回波法或超声法在疑似缺陷位置进行精确定位和类型识别（DL/T 5251—2010）。

1. 超声法

超声法检测混凝土内部缺陷（CECS 21:2000）的原理如图 6-2 所示，超声仪产生的超声波通过发射探头射入被测混凝土，声波经混凝土介质传播后被接收探头接收。当声波传播路径中存在孔洞、蜂窝等缺陷时，声波因缺陷的反射、绕射而使得接收波信号的振幅（A）减小、传播时间（t）增大，根据所测得的混凝土声学参数值（声时 t、振幅 A）的变化可判断混凝土的内部质量情况。该方法适用于能够进行穿透测量以及经钻孔或预埋管可进行穿透测量的构筑物和构建。现行标准为《超声法检测混凝土缺陷技术规程》（CECS 21:2000）。

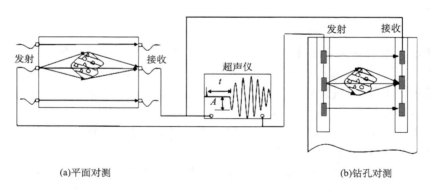

(a)平面对测　　　　　　　　　　　　　　　　　(b)钻孔对测

图 6-2　超声波探测缺陷原理

2. 冲击回波法

冲击回波法[7,8]是基于对瞬时应力（声）波的利用，测试原理见图 6-3，该方法以一个小钢球敲击混凝土表面，产生短暂的机械冲击，形成一个脉冲声波信号，声波信号在构件内传播，当信号遇到构件内部缺陷（如孔洞、剥离层、疏松层、裂缝等）表面或底部边界时发生反射，反过来又被检测面的表面反射回内部，从而再一次被构件内部缺陷表面或底部边界反射,多次来回反射产生瞬态共振条件，置于敲击面的传感器可以接收这些反射到检测面的信号，将这些信号进行记录、处理分析即可获取被检测构件厚度、内部缺陷特征。该检测结果受混凝土结构材组分和内部结构状况差异的影响小。

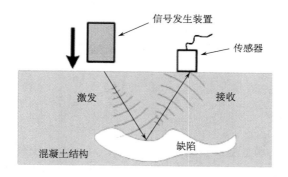

图 6-3　冲击回波原理示意图

在检测前，应先进行 P 波波速的测试，然后进行结构混凝土缺陷检测。首先将拟检测的结构混凝土完好部分作为测试 P 波波速的基准块，且要求混凝土质量均匀、密实、无裂缝和缺陷；测试表面应干燥，测点部位应去除污垢和碎片。若测试表面较粗糙，应进行打磨处理并去除打磨碎屑，使传感器与测试表面耦合良好。

为确保冲击点和接收点的位置处在一条直线上，可在测试表面画一条直线，并安装传感器、间隔装置、冲击器，检查测试系统是否正常；然后，将传感器定位在混凝土表面上，两个传感器固定间距 L 应保持在 300 mm 左右，冲击点与第一个传感器间距 d 为（150±10）mm，距离量测应精确到 1 mm。测试布置如图 6-4 所示（SL 713—2015）。

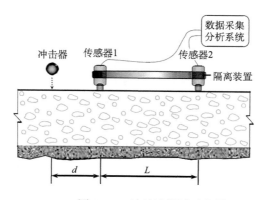

图 6-4　P 波波速测试示意图

具体测试过程参照《水工混凝土结构缺陷检测技术规程》(SL 713—2015)；检测结果要求接收的波形应全面完整，波幅大小应适宜，不得有削峰现象；记录所使用的采集参数，包括采样间隔、电压范围、电压解析度，在波形中点的数量，以及在振幅谱中的频率间隔；结构上每个测试点位置，测试表面条件的描述，是否需要打磨等。根据测试点确定的缺陷位置，勾绘缺陷平面尺寸的外部轮廓图形。

3. 探地雷达法

探地雷达[6]检测水工混凝土结构内部缺陷是利用混凝土和内部缺陷两种不同介质的电性差异来实现的。工程雷达系统将高频电磁波向水工混凝土发射，当电磁波穿透时，由于混凝土和内部缺陷存在着电性差异，电磁波将在电性不同的介质界面发生反射。探地雷达法开展水工混凝土结构内部空洞、不密实区、脱空区等缺陷检测原理如图 6-5 所示。

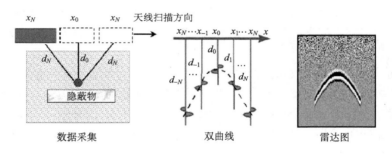

图 6-5　工程雷达检测内部缺陷原理图

测线布置和测试物体形状有关，若被测目标是一维体，如管线状缺陷，测线应彼此平行布置，并与目标体长轴正交；如果长轴方向未知，则应采用方格网布置。若被测目标是二维体，如圆形缺陷，测线应按方格网布置；根据被测目标体水平尺度及要求的水平分辨率确定测线间距，测线间距应小于或等于水平分辨率与 1/2 目标体尺度，以防目标漏测；可先用大尺度的网格初查以确定目标体的范围，再用小网格详查，小网格间距应小于或等于水平分辨率与 1/2 目标体的尺度；当检测的混凝土结构有钢筋时，测线布置方向应与钢筋方向垂直。

6.3.3　裂缝深度检测

1. 超声法检测

超声法是一种广泛用于工程质量无损检测的技术方法。它方法成熟、探测距离大、不破坏结构物,仪器轻便、操作方便。适用于检测表面平整的钢筋混凝土和素混凝土结构的裂缝深度。被测裂缝中有积水或泥浆,以及穿过裂缝的钢筋过密时不适用。现已将超声法编入的规程、规范有:《水工混凝土试验规程》(SL 352—2006)、《水工混凝土试验规程》(DL/T 5150—2001)、《水运工程混凝土结构实体检测技术规程》(JTS 239—2015)和《超声法检测混凝土缺陷技术规程》(CECS 21:2000),以及一些省、市和行业部门的检测测试规程。

2. 冲击回波法

冲击回波法适用于单面穿透测量且形成的反射应力波能够引起表面位移响应的混凝土结构或构件的裂缝深度检测;开口裂缝中充水情况下仍适用,但裂缝内存在固体介质填充时不适用。测点布置要求尽量避开混凝土表面蜂窝、接缝位置,测线要与纵向钢筋、横向钢筋成 45°角布设,且不光滑的测定面使用钢挫、打磨石等处理平滑。测定垂直裂缝时,在裂缝开口两侧布设测线,传感器和敲击点在一条直线上,并布置两只传感器,如图 6-6 所示。传感器 2 与裂缝的距离应在 3~5 cm,敲锤点与传感器 1 之间的距离应在 5~15 cm。

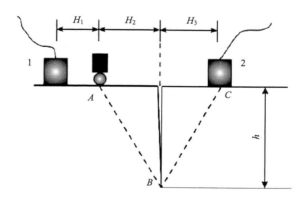

图 6-6　开口裂缝深度测定

3. 钻孔法

钻孔法适用于当其他无损检测设备无法准确测出混凝土裂缝深度，以及某些工程重要部位需精确测量裂缝深度或裂缝预估深度大于 50 cm，且该部位可进行钻孔试验的混凝土结构[3]。

试验设备主要包括取芯机、压水试验设备、锯切机和磨平机、钢直尺、钢筋定位仪，其中探测钢筋位置的定位仪，应适用于现场操作，最大探测深度不应小于 60 cm，探测位置偏差不宜大于 5 mm。钻孔应避开结构内部钢筋、管件等线路。

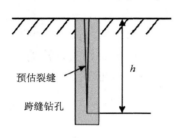

图 6-7　跨缝钻测试裂缝深度

钻孔直接测量法检测时，预估裂缝倾向应与混凝土表面相垂直，如图 6-7 所示；并尽量保证裂缝走向与钻孔口某条直径重合，钻孔深度应大于裂缝预估深度，并与混凝土表面垂直。预估裂缝深度不大于 50 cm 时，钻孔的深度应达到 50~60 cm；钢直尺测量时，应将钢直尺紧贴芯样棱边，并保持钢尺与芯样中轴线平行，读取裂缝深度值。钻芯后留下的空洞应及时进行修补。

钻孔压水测量法检测时，垂直取芯测量无法确定的裂缝深度或预估裂缝倾向与混凝土表面斜交时，可采用钻孔压水测量法，深度检测时在裂缝两侧同时钻孔，钻孔的布置在两个竖直平面上由浅至深，钻孔钻进倾角为 60°，钻孔侧面布置如图 6-8 和图 6-9 所示。钻孔结束后，测量钻孔距裂缝水平距离、钻孔倾角、孔长。

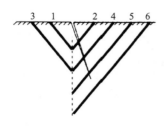

图 6-8　裂缝深度测量

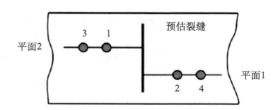

图 6-9　钻孔平面布置图

6.3.4　钢筋分布和腐蚀检测

钢筋混凝土中钢筋的检测主要包括钢筋分布和腐蚀程度检测[3]。

1. 钢筋分布检测

钢筋分布检测包括钢筋混凝土中钢筋的位置、方向和混凝土保护层厚度。检测钢筋位置和混凝土保护层厚度可用电磁法。电磁法的测量原理是将两个线圈的U形磁铁作探头，给一个线圈通交流电，然后用检流计测量另一线圈中的感应电流，若线圈与混凝土中的钢筋靠近时，感应电流将增大，反之，将减少。

2. 钢筋腐蚀检测

钢筋腐蚀检测包括两方面的内容。一是检测和判定钢筋是否腐蚀；二是检测钢筋腐蚀程度。确定钢筋腐蚀状态，即确定是否腐蚀，可根据混凝土的碳化程度、氯离子含量、钢筋的自然电位和钢筋的电阻率等来确定。若混凝土的碳化深度达钢筋表面，或钢筋位置处氯离子含量达钢筋腐蚀的临界值时，钢筋一般发生腐蚀。

混凝土中钢筋腐蚀[3]是一种电化学腐蚀过程，钢筋有腐蚀，必然会产生电流，影响钢筋的电位值。混凝土中钢筋半电池电位，是测点处钢筋表面微阳极和微阴极的混合电位。当构件中钢筋表面阴极极化性能变化不大时，钢筋半电池电位主要取决于阳极性状：阳极钝化，电位偏正；活化，电位偏负。钢筋半电池电位测定适用于现场无损检测钢筋混凝土建筑物中钢筋半电池电位，以确定钢筋腐蚀性状，但不适用于混凝土已饱和或接近饱和的构件。测量钢筋电位值的方法见图6-10。一般用铜/硫酸铜作为参比电极，使其与被测钢筋连接，中间串联一毫伏表。根据毫伏表的读数，参照相关标准判断钢筋腐蚀的状态。

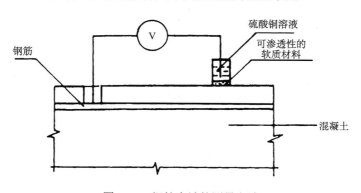

图 6-10　钢筋腐蚀的测量方法

一般在下述三种情况下应进行钢筋腐蚀检测，一是钢筋腐蚀检测施工上步工序完工且间隔一年以上才施工下步工序；二是水工混凝土结构中钢筋有可能发生锈蚀的迹象；三是对现有混凝土结构中钢筋锈蚀状况有怀疑或需评估。对于水工混凝土结构腐蚀检测而言，第三种情况是经常遇到的。根据约定抽样原则，样本容量和测区宜根据混凝土结构所处部位及其外观检查的结果确定，每种状况样本容量不宜少于 3 个，每个样本的测区数量不宜少于 3 个；对于凿取样法检测，每个测区应至少取两根钢筋，每根钢筋截取 1 根长度不宜小于 100 mm 的钢筋试件，并应在截取钢筋试件的部位及时补焊钢筋。

3. 钢筋腐蚀程度检测

1）综合法

综合法是用钢筋腐蚀电流确定钢筋腐蚀速度。钢筋腐蚀电流可以根据钢筋的自然电位、极化程度、混凝土的电阻率等参数，按照式（6-1）计算求出。

$$I = (E_A - E_C) / (R_{PA} + R_{PC} + R) \tag{6-1}$$

式中，E_A 为阳极电位；E_C 为阴极电位；R_{PA} 为阳极极化电阻；R_{PC} 为阴极极化电阻；R 为阴阳极之间混凝土电阻。

在大气环境下，氧的浓度足以供给阴极过程，腐蚀速度取决于阳极过程，也称阳极控制。因此，一般情况下，钢筋腐蚀电流可改写为式（6-2）：

$$I = (E_A - E_C) / (R_{PA} + R) \tag{6-2}$$

尽管无法直接测出腐蚀电流，但根据腐蚀电流的表达式，可以给混凝土中的钢筋加一电位 V，在电位 V 下，钢筋电流应为：

$$I = V / (R_{PA} + R) \tag{6-3}$$

比较式（6-2）和式（6-3），电流 I 与腐蚀速度必然成正比。研究表明钢筋截面损失率与电流 I 的关系：

$$\lambda = 2.3 \times 10^{-4} I \tag{6-4}$$

式中，λ 为钢筋截面损失率（mm/a）；I 为电流（μA）。

根据电流分析钢筋腐蚀速度的判别分类见表 6-1。

表 6-1　钢筋腐蚀速度的判别分类

电流 I（μA）	$I \leqslant 15$	$15 < I \leqslant 30$	$30 < I \leqslant 100$	$I \geqslant 100$
腐蚀速度（mm/a）	$\lambda < 0.003$	$0.003 \leqslant \lambda < 0.006$	$0.006 \leqslant \lambda < 0.02$	$\lambda \geqslant 0.02$
分类	慢速	中速	快速	特快

2）裂缝观察法

裂缝观察法是根据混凝土构件的裂缝形状、分布和裂缝宽度等来判别钢筋是否腐蚀及腐蚀程度。钢筋腐蚀后会产生体积膨胀，造成混凝土出现顺筋裂缝，因此，通过观察混凝土构件上有无顺筋裂缝隙和裂缝的开裂程度可判别钢筋腐蚀程度，见表 6-2。

表 6-2　钢筋混凝土构件裂缝与钢筋截面损失率

裂缝状态	钢筋截面损失率（%）	裂缝状态	钢筋截面损失率（%）
无顺筋裂缝	0~1	保护层局部剥落	5~20
有顺筋裂缝	0.5~10	保护层全部剥落	15~25

钢筋截面损失率与裂缝宽度、保护层厚度、钢筋直径和混凝土的强度等有关，它们之间的关系可表示为：

$$\lambda = 507\,e^{0.007a}\,f_{cu}^{-0.009}\,d^{-1.76}\quad(\,0 \leqslant \delta_t < 0.2\ \text{mm}\,)\tag{6-5}$$

$$\lambda = 232\,e^{0.008a}\,f_{cu}^{-0.567}\,d^{-1.108}\quad(\,0.2\ \text{mm} \leqslant \delta_t < 0.4\ \text{mm}\,)\tag{6-6}$$

式中，λ 为钢筋截面损失率（%）；a 为混凝土的保护层厚度（mm）；d 为钢筋直径（mm）；f_{cu} 为混凝土的立方强度（MPa）；δ_t 为腐蚀裂缝宽度（mm）。

3）取样检查法

取样检查法就是去掉混凝土保护层直接检查腐蚀情况，如剩余直径、腐蚀坑的长度、深度和截面损失率等。检测既可在钢筋上直接进行，也可以取钢筋试样在实验室进行分析。分析钢筋锈积率、钢筋截面损失率或钢筋质量损失率[3]。

钢筋锈积率按式（6-7）计算：

$$R = \frac{S_n}{S_0} \times 100\%\tag{6-7}$$

式中，R 为钢筋锈积率（%）；S_n 为钢筋锈蚀面积（mm²）；S_0 为钢筋表面积（mm²）；

钢筋截面损失率按式（6-8）计算：

$$\lambda = \frac{A_0 - A_n}{A_0} \times 100\%\tag{6-8}$$

式中，λ 为钢筋截面损失率（%）；A_n 为钢筋锈蚀后的截面面积（mm²）；A_0 为钢筋截面面积（mm²）；

钢筋质量损失率按式（6-9）计算：

$$M = \frac{W_0 - W - \dfrac{(W_{01} - W_1) + (W_{02} - W_2)}{2}}{W_0} \times 100\%\tag{6-9}$$

式中，M 为钢筋质量损失率（%）；W_{01}，W_{02} 分别为空白校正用的两根钢筋的初始重量（g）；W_1，W_2 分别为空白校正用的两根钢筋酸洗后相应的重量（g）；W_0

为试验钢筋初始重量（g）；W 为试验后钢筋重量（g）。

6.3.5 表面损伤厚度和结合面质量检测

混凝土表面损伤检测可采用非破损或局部破损的方法，也可采用非破损方法并用局部破损方法进行校准。当采用非破损方法检验时，所使用的检测仪器应经过计量检验，检测操作应符合相应规程的规定。根据现场实际情况，可采用超声法、冲击回波法、探地雷达法、钻孔法，本节仅介绍超声法。混凝土结构厚度检测测点位置应根据结构的重要程度选择在不同区域、不同结构具有代表性的部位选取，对梁类、板类构件，应各抽取构件数量的 2%且不少于 5 个构件进行检测；在计算分析过程中，当出现测试数据有矛盾或有异常情况时，应及时补充测试（SL 713—2015）。

1. 表面损伤厚度检测

测区布置根据结构或构件的损伤程度，结合表面质量状况，选取有代表性的部位布置测区，其数量不宜少于 3 个；测区内的测点不宜少于 6 个。当损伤层较厚时，应适当增加测点数。布置测点时要求符合以下规定（SL 713—2015）：

（1）测试面应平整并处于自然干燥状态，且无接缝和无饰面层；

（2）两个测点的连线，不应与主钢筋平行；

（3）此方法测试结果宜作局部破损验证；

（4）宜选用频率低的厚度振动式换能器。

测试时，T 换能器应耦合好，并保持不动，然后将 R 换能器依次耦合在间距为 30 mm 的测点 1，2，3，…位置上，如图 6-11 所示，读取相应的声时值 t_1，t_2，t_3，…，并测量每次 T、R 换能器内边缘之间距离 L_1，L_2，L_3，…。

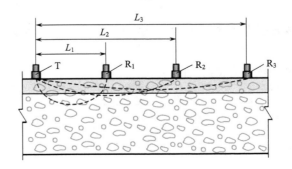

图 6-11 表面损伤层厚度测试示意图

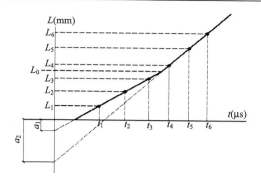

图 6-12　损伤层厚度检测"时间–距离"关系曲线图

当构件的损伤层厚度不均匀时，应适当增加测试区域。

表面损伤层厚度检测结果分析，首先将测试区域中各测点的声时值和相应测距值绘制"时间–距离"关系曲线图，如图 6-12 所示。可用线性回归分析方法分别求出损伤、未损伤混凝土距离 L 和声时 t 的线性回归直线方程，求得回归系数：

损伤混凝土，　　　　　　　　　$L_f = a_1 + b_1 t_f$　　　　　　　　　（6-10）

未损伤混凝土，　　　　　　　　$L_a = a_2 + b_2 t_a$　　　　　　　　（6-11）

式中，L_f 为拐点前各测点测距（mm），精确至 1 mm；L_a 为拐点后各测点测距（mm），精确至 1 mm；t_f 为拐点前各测点声时值（μs），精确至 0.1 μs；t_a 为拐点后各测点声时值（μs），精确至 0.1 μs；a_1，b_1 为回归系数，即图 6-12 的损伤层混凝土回归直线的截距和斜率；a_2，b_2 为回归系数，即图 6-12 的未损伤层混凝土回归直线的截距和斜率。

按式（6-12）和式（6-13）计算混凝土损伤层厚度：

$$L_0 = \frac{a_1 b_2 - a_2 b_1}{b_2 - b_1} \qquad (6-12)$$

$$h_f = \frac{L_0}{2} \sqrt{\frac{b_2 - b_1}{b_2 + b_1}} \qquad (6-13)$$

式中，L_0 为声速发生突变时测距（mm），精确至 1 mm；h_f 为损伤层厚度（mm），精确至 1 mm。

2. 结合面质量检测

应通过采用超声法对前后两次浇筑的混凝土之间接触面的结合面质量进行测定（SL 713—2015）。当结合面有一对平行测试面时，可采用对测法或斜测法，测距应平行，测点间的间距可根据结构或构件尺寸而定，宜控制在 100~250 mm；

当结合面仅具有单个测试面时，可采用钻孔法，在距结合面 50~100 mm 的位置上钻取一个测孔，深度为构件厚度的 2/3；测试时，径向换能器应固定在钻孔底部，并以 100~250 mm 等间距移动平面换能器，换能器移动时应与结合面保持平行；将径向换能器升高一定距离，重复上述步骤移动平面换能器进行检测。

最后对所测结果进行异常点判别，结合波幅等声学参数变化综合因素影响时，可判定混凝土结合面在该部位结合不良。采用对测和斜测法检测时，跨越结合面超声波声速值比不跨越结合面超声波声速值显著降低的测点可判为异常测点。

对结合面区被判为异常的部位，必要时应钻取芯样进行验证。

6.3.6　混凝土耐腐蚀性能检测

1. 抗渗透性能检测

抗渗透性能通过在混凝土结构上钻取芯样试件采用逐级加压法进行测定，抗渗透等级相同且同一配合比的水工混凝土结构可划为一个检测批（SL 352—2006）。钻取芯样的方向与混凝土结构承受水压的方向应一致，钻取芯样直径宜为 150 mm，且长度不宜少于 200 mm，并芯样宜锯切成直径和高度均为（150±2）mm 的圆柱体试件。

由于和标准芯样（上口直径 175 mm，下口直径 185 mm，高 150 mm 的截头圆锥体）有所不同，为确保试验尽可能接近《水工混凝土试验规程》(SL 352—2006)的试验条件，应将放入抗渗试模中的试件与抗渗试模同心，圆柱体试件与抗渗试模之间的缝隙可采用环氧树脂砂浆灌满捣实，并避免圆柱体端面上沾染环氧树脂砂浆；然后在环氧树脂砂浆硬化后脱模，脱模后环氧树脂砂浆与圆柱体试件共同形成抗渗试件。

每 6 个试件为一组，每批应至少制取一组芯样试件。试件应浸没于（20±2）℃水或饱和石灰水中养护至试验龄期。试验过程参照《水工混凝土试验规程》（SL 352—2006）。混凝土的抗渗等级，以每组六个试件中四个未出现渗水时的最大水压力表示。抗渗等级的判定按照式（6-14）计算：

$$W = 10H - 1 \tag{6-14}$$

式中，W 为混凝土抗渗等级；H 为六个试件中有三个渗水时的水压力（MPa）。

若压力加至规定数值，在 8 h 内，六个试件中表面渗水的试件少于三个，则试件的抗渗等级等于或大于规定值。同一检测批的每组试件抗渗试验结果均应参与评定，不得随意舍弃任一组数据，各组试件的抗渗等级均应达到设计抗渗等级。

2. 抗氯离子渗透性能检测

宜采用电通量法或扩散系数电迁移试验方法测定混凝土结构上钻取芯样试件的抗氯离子渗透性能。

钻取混凝土芯样检测时，相同混凝土配合比的芯样应为一组，每组芯样的取样数量不应小于 3 个；当结构部位已经出现钢筋锈蚀，顺筋裂缝等明显劣化现象时，每组芯样的取样数量应增加 1 倍，同一结构部位的芯样应为同一组。当验证性检验时，应至少随机钻取 3 个芯样；当批检验时，对每个样本应至少钻取一组芯样试件，3 个芯样试件为一组；当单个样本检验时，应至少钻取 3 组芯样试件；每个孔位钻取芯样直径宜为 100 mm，且长度不宜小于 70 mm，并宜加工成一个芯样试件；芯样试件应采用直径为（100±1）mm、高度为（50±2）mm 的圆柱体试件，试件端面应光滑平整；芯样试件骨料最大粒径不宜大于 25 mm。

切取试件时，应垂直于芯样轴线从芯样原始混凝土表面切除 10 mm，并将该切口面作为暴露于氯离子溶液的测试面，保留该表面，再垂直于芯样轴线将芯样切割成高度为（50±2）mm 的圆柱体试件，试件两端应采用水砂纸或细锉刀打磨光滑；试件应浸没于（20±2）℃水或饱和石灰水中养护至试验龄期。试验前后应分别对芯样进行外观检查、破型检查，芯样中不得含有钢筋、钢纤维等良导体材料，若含有缝隙、孔洞、蜂窝等缺陷，则该试件的检测数据无效。

1）电通量法

电通量法（也称快速氯离子渗透试验，RCPT）是当今国际上最有影响力，也是较早制定标准的氯离子电迁移试验方法。该法由美国硅酸盐水泥协会的 Whiting 于 1981 年首创，1983 年被美国国家公路与运输协会（AASHTO）批准为 T277 标准试验方法，1991 年被美国试验与材料协会定为 ASTM C1202 标准，并且 2005 年又进行了最新修订[11]。我国水运工程以及铁路工程一些相关标准也均已采纳此法（JTS 239—2015）。

电通量法是在扩散槽试验的基础上，利用外加电场来加速试件两端溶液离子的迁移速度；此时外加电场成为氯离子迁移的主要驱动力，以区别于扩散槽中浓度梯度导致的驱动力。在直流电压作用下，溶液中离子能够快速渗透，向正极方向移动，测定一定时间内通过的电量即可反映混凝土抵抗氯离子渗透的能力，如图 6-13 所示。该法适用于水灰比在 0.3~0.7 之间的混凝土，不适用于掺亚硝酸钙的混凝土，若遇到其他疑问时，应进行氯化物溶液的长期浸泡试验。

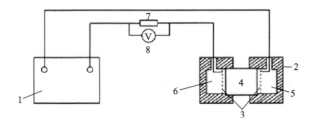

图 6-13　电通量法测试装置

1-直流稳压电源；2-试验槽；3-通网；4-混凝土试件；5-3.0%NaCl 溶液；

6-0.3 mol/L 的 NaOH 溶液；7-1Ω 标准电阻；8-直流数字式电压表

2）扩散系数电迁移试验方法

该法是华裔瑞典学者唐路平等于 1982 年首创，后被定为北欧标准 NTBuild492，德国的 ibac-test 采用的 RCM 法也是以此为依据，此外也被欧共体的 DuraCrete 项目所采纳[11]。我国最近的几个相关标准，如交通运输部《公路工程混凝土结构防腐蚀技术规范》（JTG/T B07-01—2006），以及《混凝土结构耐久性设计与施工指南》（CCES 01—2004）中也推荐使用 RCM 法。RCM 法试验装置如图 6-14。试件标准尺寸为直径（100±1）mm，高度 h=（50±2）mm。

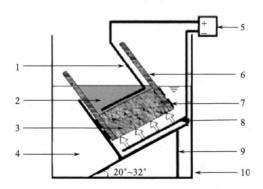

图 6-14　扩散系数电迁移试验测试装置

1-阳极；2-阳极溶液；3-试件；4-阴极溶液；5-直流稳压电源；

6-橡胶桶；7-环箍；8-阴极；9-支架；10-试验槽

试件从实验室制作或在实际混凝土结构中取芯，先切割成标准尺寸，再在标准养护水池中浸泡 4 d，然后才可以进行试验。在橡胶筒中注入约 300 mL 的 0.2 mol/L 的 KOH 溶液，使阳极板和试件表面均浸没于溶液中。在试验槽中注入含 5% NaCl 的 0.2 mol/L 的 KOH 溶液，直至与橡胶筒中的 KOH 溶液的液面齐平。打开电源，记录时间立即同步测定并联电压、串联电流和电解液初始温度（精确到 0.2 ℃)。试验需要的时间按测得的初始电流确定。通电完毕取出试件，将其劈成两半，利用 0.1 mol/L 的硝酸银滴定氯离子的扩散深度。

测定抗氯离子渗透性能的试验要求和步骤可参照《水运工程混凝土结构实体检测技术规程》(JTS 239—2015) 附录 H 的有关规定[11]。

3) 判定方法和分析

采用电通量法检测抗氯离子渗透性能的判定分批和单个样本、验证性检测两种方法[11]。

当批和单个样本检测时，电通量平均值应按式 (6-15-1) 进行计算，同时满足式 (6-15-2) 和式 (6-15-3) 时，可判为合格，反之，则判为不合格。

$$Q_m = \frac{\sum_{i=1}^n Q_i}{n} \qquad (6\text{-}15\text{-}1)$$

$$Q_m \leqslant Q_s \qquad (6\text{-}15\text{-}2)$$

$$Q_{max} \leqslant 1.15 Q_s \qquad (6\text{-}15\text{-}3)$$

式中，Q_m 为电通量平均值 (C)，精确至 1 C；Q_i 为第 i 组电通量代表值 (C)，精确至 1 C；Q_s 为电通量设计值 (C)；n 为试件组数；Q_{max} 为电通量代表值的最大值 (C)，精确至 1 C。

当验证性检测或芯样试件数量为 3～8 个时，电通量平均值应按式 (6-15-4) 进行计算，同时满足式 (6-15-5) 和式 (6-15-6) 时，可判为合格，反之，则判为不合格。

$$Q'_m = \frac{\sum_{j=1}^n Q_j}{n} \qquad (6\text{-}15\text{-}4)$$

$$Q'_m \leqslant Q_s \qquad (6\text{-}15\text{-}5)$$

$$Q'_{max} \leqslant 1.15 Q_s \qquad (6\text{-}15\text{-}6)$$

式中：Q'_m 为电通量平均值 (C)，精确至 1 C；Q_j 为第 i 组电通量代表值 (C)，精确至 1 C；Q_s 为电通量设计值 (C)；j 为试件组数；Q'_{max} 为电通量代表值的最大值 (C)，精确至 1 C。

采用扩散系数电迁移试验方法检测抗氯离子渗透性能的判定分批和单个样本、验证性检测两种方法。

当批和单个样本检测时，氯离子扩散系数平均值应按式 (6-16-1) 进行计算，同时满足式 (6-16-2) 和式 (6-16-3) 时，判为合格，反之，则判为不合格。

$$D_m = \frac{\sum_{i=1}^n D_i}{n} \qquad (6\text{-}16\text{-}1)$$

$$D_m \leqslant D_s \qquad (6\text{-}16\text{-}2)$$

$$D_{\max} \leqslant 1.15 D_s \qquad (6\text{-}16\text{-}3)$$

式中，D_m 为氯离子扩散系数平均值（$\times 10^{-12}\,\mathrm{m^2/s}$），精确至 $0.1 \times 10^{-12}\,\mathrm{m^2/s}$；$D_i$ 为第 i 组氯离子扩散系数代表值（$\times 10^{-12}\,\mathrm{m^2/s}$），精确至 $0.1 \times 10^{-12}\,\mathrm{m^2/s}$；$D_s$ 为氯离子扩散系数最大值（$10^{-12} \times \mathrm{m^2/s}$）；$n$ 为氯离子扩散系数试验组数；$D_{\max}$ 为氯离子扩散系数代表值的最大值（$10^{-12} \times \mathrm{m^2/s}$），精确至 $0.1 \times 10^{-12}\,\mathrm{m^2/s}$。

当验证性检测或芯样试件数量为 $3\sim 8$ 个时，氯离子扩散系数平均值应按式（6-16-4）计算，同时满足式（6-16-5）和式（6-16-6）时，判为合格，反之，则判为不合格。

$$D'_m = \frac{\sum_{j=1}^{n} D_j}{n} \qquad (6\text{-}16\text{-}4)$$

$$D'_m \leqslant D_s \qquad (6\text{-}16\text{-}5)$$

$$D'_{\max} \leqslant 1.15 D_s \qquad (6\text{-}16\text{-}6)$$

式中，D'_m 为氯离子扩散系数平均值（$10^{-12} \times \mathrm{m^2/s}$），精确至 $0.1 \times 10^{-12}\,\mathrm{m^2/s}$；$D_j$ 为第 j 个氯离子扩散系数测定值（$\times 10^{-12}\,\mathrm{m^2/s}$），精确至 $0.1 \times 10^{-12}\,\mathrm{m^2/s}$；$D_s$ 为设计氯离子扩散系数最大值（$10^{-12} \times \mathrm{m^2/s}$）；$n$ 为试件个数；$D'_{\max}$ 为氯离子扩散系数测定值的最大值（$10^{-12} \times \mathrm{m^2/s}$），精确至 $0.1 \times 10^{-12}\,\mathrm{m^2/s}$。

3. 混凝土中氯离子含量

钻取混凝土芯样检测时，相同混凝土配合比的芯样应为一组，每组芯样的取样数量不应小于 3 个；当结构部位已经出现钢筋锈蚀、顺筋裂缝等明显劣化现象时，每组芯样的取样数量应增加 1 倍，同一结构部位的芯样应为同一组。且取样深度不应小于保护层厚度。混凝土氯离子含量的检测应从同一组混凝土芯样中取样，且每个芯样内部各取不小于 200 g、等质量的混凝土试样；去除混凝土试件中的石子后，应将 3 个试件的砂浆砸碎后混合均匀，并研磨至全部通过筛孔公称直径为 0.16 mm 的筛；研磨后的砂浆粉末置于（105 ± 5）℃烘箱中烘 2 h，取出后放入干燥器冷却至室温备用[3,11]。

具体试验过程可参照《水运工程混凝土结构实体检测技术规程》（JTS 239—2015）。

氯离子总含量按式（6-17）计算：

$$P = \frac{0.03545\left(C_{\mathrm{AgNO_3}} V - C_{\mathrm{KSCN}} V_1\right)}{G \dfrac{V_2}{V_3}} \times 100\% \qquad (6\text{-}17)$$

式中：P 为混凝土试样中氯离子总含量（%）；$C_{\mathrm{AgNO_3}}$ 为硝酸银标准溶液的标准

浓度（mol/L）；V 为加入滤液试样中的硝酸银标准溶液体积（mL）；C_{KSCN} 为硫氰酸钾标准溶液的标准浓度（mol/L）；V_1 为滴定时消耗的硫氰酸钾标准溶液体积（mL）；V_2 为硝酸银标准溶液体积（mL）；V_3 为浸样品的水的体积（mL）；G 为混凝土试样重量（g）。

4. 抗冻性能检测

检测混凝土抗冻性能宜采用混凝土芯样试件冻融循环检测或硬化混凝土气泡间距系数检测，其检测结果可作为评定现有水工混凝土结构中混凝土抗冻等级或抗冻性能的依据（SL 352—2006）。

1）冻融循环试验

钻取混凝土芯样检测时，抗冻等级相同且同一混凝土配合比的芯样应为一组，每组芯样的取样数量不应小于 3 个；当结构部位已经出现冻融破坏等明显劣化现象时，每组芯样的取样数量应增加 1 倍，同一结构部位的芯样应为同一组（SL 713—2015）。在随机抽取的每个样本上应钻取至少 1 个直径为 100 mm 且长度不少于 400 mm 的芯样，芯样应锯切成 ϕ100 mm×400 mm 的抗冻试件，应制取至少 3 组试件，每组试件应包含 3 个试件。试件应浸没于（20±2）℃水或饱和石灰水中养护至试验龄期。进行冻融试验，并应以所经受的最大冻融循环次数评定混凝土抗冻等级。

抗冻试验应符合现行行业标准《水工混凝土试验规程》（SL 352—2006）的有关规定。抗冻等级的判定时，同一检测批的每组试件抗冻试验结果均参与评定，不能舍弃任一组数据；当试件组数为 3 组时，至少有两组达到设计抗冻等级；当试件组数大于 3 组时，达到设计等级的组数不低于总组数的 75%；当设计抗冻等级不大于 F250 时，最低 1 组的抗冻等级最多比设计抗冻等级低 50 次循环；当设计抗冻等级不小于 F300 时，最低 1 组的抗冻等级最多比设计抗冻等级低 100 次循环。

2）气泡间距系数检测

在随机抽取的每个样本上垂直于浇筑面应钻取至少 1 个直径不宜小于 100 mm 且长度不宜小于 60 mm 的芯样；芯样宜切取为 4 片，切片厚度宜为 10~15 mm，切口面应作为观测面，每组试件应至少包含 3 个切片。

气泡间距系数观测试验应符合现行行业标准《水工混凝土试验规程》（SL 352—2006）的有关规定。当气泡间距系数有设计要求时，气泡间距系数平均值按式（6-18-1）计算，同时满足式（6-18-2）和式（6-18-3）时，抗冻性能判定为合格，否则为不合格。

$$L_{\mathrm{m}} = \frac{\sum_{i=1}^{n} L_i}{n} \qquad\qquad (6\text{-}18\text{-}1)$$

$$L_{\mathrm{m}} \leqslant L_{\mathrm{s}} \qquad\qquad (6\text{-}18\text{-}2)$$

$$L_{\max} \leqslant L_{\mathrm{s}} + 50 \qquad\qquad (6\text{-}18\text{-}3)$$

当气泡间距系数没有设计要求时，能满足式（6-18-4）和式（6-18-5），抗冻性能判定为合格，否则为不合格。

$$L_{\mathrm{m}} \leqslant 300 \qquad\qquad (6\text{-}18\text{-}4)$$

$$L_{\max} \leqslant 350 \qquad\qquad (6\text{-}18\text{-}5)$$

式中，L_{m} 为气泡间距系数平均值（μm），精确至 0.1 μm；L_i 为第 i 组气泡间距系数代表值（μm），精确至 0.1 μm；L_{s} 为设计气泡间距系数最大值（μm）；n 为气泡间距系数试验组数；$L_{\max}$ 为气泡间距系数代表值的最大值（μm），精确至 0.1 μm。

5. 混凝土碳化深度

检测结构或构件混凝土的碳化通常和回弹法测定混凝土抗压强度相结合，一般情况下，碳化测点数量不小于回弹测区数量的 30%；也可按照单个或批量方式进行，其中单个检测适用于单独的结构或构件的检测；批量检测适用于在相同混凝土条件和生产工艺条件下的同类构件。按批检测的构件，抽检数量不得少于同批构件总数的 30%，且测区数量不少于 30 个。每一构件的测区对长度不少于 3 m 构件，其测区数不少于 2 个。每个测区中检测点不少于 2 个（JGJ/T 23—2011）。

可用电动冲击钻在回弹值的测区内，钻一个直径 20 mm、深 70 mm 的孔洞，将孔洞内的粉末清除干净，用 1.0%～2.0%酚酞乙醇溶液滴在孔洞内壁的边缘处，再用钢尺测量混凝土碳化深度 L（不变色区的深度），读数精度为 0.5 mm，并应测量三次，取三次测量的平均值作为碳化深度。测量的碳化深度小于 0.4 mm 时，按无碳化处理[3]。

6.4　腐蚀评估方法

我国水利水电工程水工混凝土结构传统上多以强度设计为主的模式，主要考虑荷载作用下结构承载力（强度）安全性与适用性的需要，较少考虑结构长期使用过程中由于环境作用引起结构材料性能劣化、腐蚀对结构安全性与适用性的影响。根据调查，我国不少水工结构耐久性不良，状况差，尤其在侵蚀性环境下的使用寿命更短。

水工混凝土结构腐蚀评估作为结构安全评估的重要组成部分，重点评估因腐蚀对水工结构耐久性影响，即结构构件的局部损伤（如裂缝、剥蚀等）不得影响水工混凝土结构规定的耐久性，构件、结构表面被侵蚀、磨损（如钢筋锈蚀、冻融损坏、冲磨等）对水工混凝土合理使用年限的影响，明确水工结构腐蚀后的剩余使用寿命；同时，建筑物总体及其构件的变形、建筑物地基不得产生影响正常使用的过大沉降或不均匀沉降、渗漏，严重水工混凝土结构安全，从而造成水工混凝土结构无法满足规划、设计时预定的各项预定功能[3]。

　　基于材料劣化模型的使用寿命预测，如混凝土碳化预测模型、氯离子侵蚀模型、耐久性综合评价模型等，大大促进了腐蚀剩余使用寿命等方面的研究进程，但由于环境作用和建筑物材料性能劣化机理的复杂性、不确定性与不确知性以及缺乏足够的经验和数据，简单的数学模型难以描述和涵盖实际劣化过程中所有的机理和作用因素，模型的参数又很难准确给定，目前尚难对建筑物的耐久性及其实际使用年限作出准确的预测。因此，为使得评估指标及其标准尽可能具有权威性及可比性，评估指标及标准的制定要尽量以水工混凝土结构现行标准为主要依据，同时参考其他行业标准。考虑到现行标准直接引用到腐蚀评估时，内容不够全面，标准也不完全合适，还应根据评估的要求，重新划定或调整指标的分级，使之具有可操作性[3]。

6.4.1　腐蚀评估指标及标准

　　参照《水工混凝土建筑物缺陷检测和评估技术规程》（DL/T 5251—2010），水工混凝土建筑物的腐蚀按其对结构的安全性和耐久性影响程度的大小可分为以下四类：

　　Ⅰ类腐蚀：属轻微腐蚀，对建筑物安全性和耐久性无影响；

　　Ⅱ类腐蚀：属一般腐蚀，对建筑物安全性和耐久性有轻微影响；

　　Ⅲ类腐蚀：属严重腐蚀，对建筑物安全性和耐久性有一定影响，但进一步发展危害严重；

　　Ⅳ类腐蚀：属特别严重的腐蚀，危及建筑物安全的重大缺陷。

　　水工混凝土结构腐蚀评估中，通常以检测参数为基础，以定量和定性分析为手段，结合行业标准、经验性专业知识判断进行腐蚀评估。其中检测内容包括混凝土外观缺陷，混凝土强度，碳化深度，保护层厚度、钢筋分布和锈蚀程度和裂缝分布为主，辅以混凝土密实度、内部缺陷探测等，在沿海和盐碱地区的水工混凝土结构还需要检测氯离子含量[3]。

1. 水工混凝土结构的合理使用年限

水工混凝土结构在设计、施工和运行过程中，难以避免出现混凝土开裂、外观缺陷、内部缺陷和环境腐蚀等因素作用，都会直接或间接影响水工混凝土结构的合理使用年限。《水利水电工程合理使用年限及耐久性设计规范》（SL 654—2014）给出的水利水电工程各类永久水工建筑物的合理使用年限，在水工混凝土结构腐蚀评估中可按照执行。

2. 水工混凝土结构所处的环境条件评估

不同行业标准对腐蚀环境条件评估有所差别。例如，《水工混凝土结构设计规范》（SL/T 191—2008）将水工混凝土结构所处的环境条件分为五类，《水力发电工程地质勘察规范》（GB 50287—2006）给出环境水对混凝土的腐蚀程度分级和环境水腐蚀判别标准，《水利水电工程合理使用年限及耐久性设计规范》（SL 654—2014）给出了水、土中硫酸盐和酸类物质侵蚀程度，干旱、高寒地区硫酸盐环境侵蚀程度，存在碱-骨料反应风险的水工混凝土结构的环境类别。值得注意的是，在铁路行业标准《铁路混凝土结构耐久性设计规范》（TB 10005—2010）中，将铁路混凝土结构所处的环境分为碳化环境、氯盐环境、化学侵蚀环境、冻融破坏环境和磨蚀环境五类，并按不同类别环境的作用等级环境条件特征进行划分；《水运工程结构耐久性设计标准》（JTS 153—2015）将环境类别分为海水环境、淡水环境、冻融环境和化学腐蚀环境，且化学腐蚀环境混凝土结构作用等级划分和水利行业标准略有不同。

3. 混凝土外观缺陷

1）混凝土裂缝

根据《水工混凝土结构设计规范》（SL 191—2008），混凝土及钢筋混凝土裂缝宽度根据不同环境条件类别有所不同，但最大裂缝宽度计算值不应超过标准所规定的最大裂缝宽度限值。对于允许开裂的预应力混凝土，水工混凝土结构的最大裂缝宽度计算值不应超过标准限值；根据《水工混凝土建筑物缺陷检测和评估技术规程》（DL/T 5251—2010），裂缝评估时，分析裂缝类型，如温度裂缝、干缩裂缝、钢筋锈蚀裂缝、荷载裂缝、沉陷裂缝、冻胀裂缝及碱-骨料反应裂缝等，同时要分析造成混凝土裂缝的原因主要有材料、施工、使用与环境、结构与荷载等，水工混凝土裂缝应根据缝宽和缝深按照该标准进行分类评估，当缝宽和缝深未同时符合表中指标时，应按照靠近、从严的原则进行归类。

2）外观缺陷

水工混凝土结构造成外观缺陷的原因部分来自工程施工质量，另一部分来自运行中难以避免的工程老化过程，参照《水利水电工程单元工程施工质量验收评定标准-混凝土工程》（SL 632—2012），表面平整度采用 2 m 靠尺或专用工具检查，要求符合设计要求；形体尺寸采用钢尺测量，符合设计要求或允许偏差±20 mm；构件重要部位不允许出现缺损，若出现缺损要求及时修复使其符合设计要求；麻面、蜂窝累计面积不超过 0.5%，孔洞单个面积不超过 0.01 m^2，且必须经过处理后符合设计要求。对于非过流面的平整度，对于水工混凝土结构因腐蚀造成的过流表面不平整，可参照《水工建筑物抗冲磨防空蚀混凝土技术规范》（DL/T 5207—2005）给出的表面不平整度处理标准予以评价。

3）混凝土渗漏

在分析混凝土渗漏成因的基础上，参照《水工混凝土建筑物缺陷检测和评估技术规程》（DL/T 5251—2010），渗漏分类评判标准为：

A 类渗漏：轻微渗漏，混凝土轻微的面渗或点渗，不影响设计使用年限，仅影响水工混凝土结构适用性，不影响结构安全性；

B 类渗漏：一般渗漏，局部集中渗漏、产生溶蚀，对设计使用年限有一定影响，严重影响水工混凝土结构的适用性，存在影响结构安全性的因素；

C 类渗漏：严重渗漏，存在射流或层间渗漏，严重影响设计使用年限、适用性和结构安全性。

4）混凝土冻融剥蚀

在分析混凝土冻融剥蚀成因基础上，评估参照《水工混凝土建筑物缺陷检测和评估技术规程》（DL/T 5251—2010），按其对建筑物危害程度的大小分类如下：

A 类冻融剥蚀：轻微冻融剥蚀，冻融剥蚀深度 $h \leqslant 1$ cm，不影响设计使用年限，仅影响水工混凝土结构适用性，不影响结构安全性；

B 类冻融剥蚀：一般冻融剥蚀，冻融剥蚀深度 1 mm$<h\leqslant 5$ cm，对设计使用年限有一定影响，严重影响水工混凝土结构的适用性，存在影响结构安全性的因素；

C 类冻融剥蚀：严重冻融剥蚀，冻融剥蚀深度 $h>5$ cm 或剥蚀造成钢筋暴露，严重影响设计使用年限、适用性和结构安全性。

5）磨损和空蚀

在分析混凝土磨损和空蚀的基础上，参照《水工混凝土建筑物缺陷检测和评估技术规程》（DL/T 5251—2010），磨损和空蚀的分类：

A 类：轻微磨损与空蚀，局部混凝土粗骨料外露，不影响设计使用年限，仅影响水工混凝土结构适用性，不影响结构安全性；

　　B 类：中度磨损与空蚀，混凝土磨损范围和程度较大，局部混凝土粗骨料脱落，形成不连续的磨损面（未露钢筋），对设计使用年限有一定影响，严重影响水工混凝土结构的适用性，存在影响结构安全性的因素；

　　C 类：严重磨损与空蚀，混凝土粗骨料外露，形成连续的磨损面，钢筋外露，严重影响设计使用年限、适用性和结构安全性。

4. 混凝土强度

　　混凝土强度既满足结构功能要求又在一定程度上耐久性要求。根据结构受力和所处的环境确定，混凝土最低强度等级不低于《水工混凝土结构设计规范》（SL 191—2008）规定；对于溢流面和消力池等具有抗冲磨要求的水工混凝土结构，且水流中冲磨介质以悬移质为主，混凝土强度评价可根据最大流速和多年平均含沙量进行强度合格性评价。

5. 混凝土保护层厚度、钢筋分布和锈蚀

　　1）允许偏差

　　混凝土保护层厚度为钢筋（包括箍筋、分布筋、受力筋、对拉钢筋等）外边缘到最近混凝土表面的距离，由于混凝土保护层厚度是影响混凝土结构耐久性的一个重要因素，允许偏差的控制是水工钢筋混凝土结构的重要控制指标。参照《水工混凝土钢筋施工规范》（DL/T 5169—2013）评定。

　　2）混凝土保护层厚度

　　纵向受力普通钢筋和预应力钢筋的混凝土保护层最小厚度参照《水工混凝土结构设计规范》（SL 191—2008）所列，并根据构件类型、环境条件和运行要求等作出了详细规定。

　　3）钢筋锈蚀率

　　混凝土内部钢筋锈蚀程度的评级，可根据外露钢筋状况并结合该部位混凝土表面开裂情况，定性结合定量进行评估。同时，根据有关研究成果，主筋直径不大于 10 mm，发生全面腐蚀则影响结构的安全；主筋直径大于 10 mm，钢筋锈蚀率小于或等于 5%时，应考虑对结构安全的影响，大于 10%则影响结构的安全。

6. 抗渗透性能评估

　　对于有抗渗性要求的水工混凝土结构，如混凝土面板、大坝上游防渗面板、溢流面等，均根据设计要求满足有关抗渗等级的规定，参照《水工混凝土结构设

计规范》（SL 191—2008），实体混凝土抗渗等级分为 W2、W4、W6、W8、W10 和 W12 六级，并根据所承受的水头、水力梯度以及下游排水条件、水质条件和渗透水的危害程度等因素综合评估。

7. 抗氯离子渗透性能评估

实体混凝土中最大氯离子含量和最大碱含量评估不超过《水工混凝土结构设计规范》（SL 191—2008）数值，在海洋环境中，重要水工结构或设计使用年限大于 50 年的水工结构，混凝土抗氯离子侵入性评估指标要求有所提高。我国各行业规程、规范对氯盐含量最高限的规定差异较大，其中，GB 50010—2002 考虑不同环境类别，对最大氯离子含量、最大水灰比等耐久性相关因素作出了相应规定。

英国结构协会已经确定将水泥质量的 0.4% 作为导致钢筋锈蚀的极限容许量，氯离子含量包括混凝土中可溶及不可溶的部分，BS 5400 以 95% 的可信度将 0.35% 作为容许含量。然而在氯离子已经通过混凝土到达钢筋表面，并且氧气充分的条件下，0.15% 的氯离子也将导致钢筋的腐蚀[3]。

8. 抗冻性能评估

参照《水工混凝土结构设计规范》（SL 191—2008），实体混凝土抗冻等级的试件采用快冻试验方法测定，分为 F400、F300、F250、F200、F150、F100 和 F50 七级。对有抗冻要求的水工混凝土结构抗冻评估标准，根据气候分区、冻融循环次数、表面局部小气候条件、水分饱和程度、结构重要性和检修条件等评定抗冻等级。

9. 混凝土碳化

参照《水工混凝土建筑物缺陷检测和评估技术规程》（DL/T 5251—2010），混凝土的碳化分为以下三类：

A 类碳化：轻微碳化，大体积混凝土的碳化；不影响水工混凝土结构设计使用年限，不影响适用性和结构安全性；

B 类碳化：一般碳化，钢筋混凝土碳化深度小于钢筋保护层的厚度；钢筋混凝土结构设计使用年限有一定影响，不影响适用性和安全性；

C 类碳化：严重碳化，钢筋混凝土碳化深度达到或超过钢筋保护层的厚度，造成混凝土顺筋锈胀，剥落和开裂，严重影响混凝土结构安全性。

6.4.2　剩余使用寿命评估方法

现有结构剩余使用寿命预测的方法基于混凝土现有状态的实际调查，可通过基于实际检测的时间外推方法，也可采用数学模型方法[1]。在建立现有结构寿命预测模型时，必借助实际工程的实测数据对寿命预测模型进行修正。因此，预测已有混凝土结构物的使用寿命，首先需要了解混凝土结构的现状、结构劣化速率以及过去和将来的载荷情况。实测工作可参照文献[1]，主要包括以下内容：

（1）检查水工混凝土结构符合原设计的程度——分析研究原有技术文件，现场调查并进行初步分析。

（2）检查劣化现象及劣化程度评估——开展水工混凝土结构的一般检测和专项检测，实际检测混凝土的表面缺陷状况，混凝土保护层、混凝土裂缝宽度、表面剥落或分层脱离、氯离子侵入深度、碳化深度测量、钢筋锈蚀状况测量、现场取样等；混凝土吸水性与渗透性，环境侵蚀性（水分、氯、硫酸盐）的评价。

（3）专项试验，包括混凝土抗渗性、抗冻性、气泡分布和间距、骨料的化学稳定性、开裂类型，化学分析、化学外加剂成分、浆体和骨料特征，混凝土与钢筋性能（强度、弹性模量等）。

（4）当前状态下的结构再分析——各种荷载作用下的分析。

1. 碳化剩余使用年限预测

1）碳化寿命准则

碳化寿命准则是以保护层混凝土碳化，从而失去对钢筋的保护作用，使钢筋开始产生锈蚀的时间作为混凝土结构的寿命。到目前为止，基本上是以混凝土碳化深度达到钢筋表面作为钢筋开始锈蚀的标志。采用碳化寿命准则的理由，主要是考虑到钢筋一旦开始锈蚀，不大的锈蚀量、不长的时间就足以使混凝土开裂，而开裂后锈蚀受到很多随机因素的影响，很难作出定量的估计。这一准则比较适合不允许钢筋锈蚀的钢筋混凝土构件（如预应力构件等），对大多数混凝土结构来说显然过于保守。

2）预测模型

碳化剩余使用年限推定可用于推定自检测时刻起至钢筋开始锈蚀的剩余年限或自检测时刻起至钢筋具备锈蚀条件的剩余年限，碳化剩余使用年限可采用已有碳化模型、校准碳化模型或实测碳化模型的方法进行推定。利用已有碳化模型和校准碳化模型的方法时，均应检测构件混凝土实际碳化深度并确定构件混凝土实际碳化时间。并应将混凝土实际碳化时间、混凝土参数及环境实际参数带入选定的碳化模型，计算碳化深度（JTJ 302—2006）。

实测碳化深度与计算碳化深度之差的绝对值应按式（6-19）计算：

$$\Delta D = |D_0 - D_{\text{cal}}| \tag{6-19}$$

式中，ΔD 为实测碳化深度与计算碳化深度之差的绝对值，精确至 0.1 mm；D_0 为实测碳化深度，精确至 0.1 mm；D_{cal} 为计算碳化深度，精确至 0.1 mm。

当满足 ΔD 不大于 2 mm 或 ΔD 不大于 $0.1 D_0$ 时，可利用该模型推定碳化剩余使用年限；当两个条件均不能满足时，应采取校准碳化模型的方法。

利用已有碳化模型推定碳化剩余使用年限时，将钢筋的实际保护层厚度带入选定的碳化模型，计算碳化达到钢筋表面所需的时间可按式（6-20）计算：

$$t_s = t_p - t_0 \tag{6-20}$$

式中，t_s 为碳化达到钢筋表面的剩余时间（a）；t_p 为碳化达到钢筋表面的时间（a）；t_0 为混凝土结构自建成至检测时已使用的时间（a）。

选定校准碳化模型时，将碳化模型的所有参数实测值或经验值带入选定碳化模型计算碳化深度；并将计算碳化深度与实测碳化深度进行比较，确定应调整的参数、参数的系数或参数在碳化模型的函数关系；采用调整后的模型计算 D_{cal}，直至满足要求。

利用校准碳化模型的碳化剩余年限应使用校正后的碳化模型按式（6-20）进行推定。确定实测碳化模型的不少于 20 个碳化深度数据，计算碳化深度均值推定区间；均值推定区间上限值与下限值的差值不大于其均值的 10% 时，以均值作为该批混凝土碳化深度的代表值；并按式（6-21）计算碳化系数：

$$k_C = D_m / \sqrt{t_0} \tag{6-21}$$

式中，k_C 为碳化系数；D_m 为该批混凝土碳化深度的代表值；t_0 为已经碳化的时间（a）。

实测碳化模型用式（6-22）表示：

$$D' = k_C / \sqrt{t'} \tag{6-22}$$

式中，D' 为碳化深度；k_C 为碳化系数；t' 为时间。

利用实测碳化模型进行碳化剩余年限的推定应符合式（6-22）。

2. 钢筋腐蚀结构使用年限评估

1）锈胀开裂寿命准则

锈胀开裂寿命准则是以混凝土表面出现沿筋的锈胀裂缝所需时间作为结构的使用寿命。这一准则认为，混凝土中的钢筋锈蚀使混凝土纵裂以后，钢筋锈蚀速度明显加快，将这一界限视为危及结构安全，需要维修加固的前兆。早在 20 世纪 80 年代初就提出的基于钢筋锈蚀的结构构件使用寿命两阶段预测模型，对于一般大气环境，结构构件使用寿命 $t = t_1 + t_2$。其中，t_1 为混凝土保护层完全碳化、钢筋脱钝开始锈蚀的时间；t_2 为因钢筋锈蚀发展导致结构构件达到耐久性极限状态的时间。Morninage 以氯离子引起钢筋锈蚀，导致混凝土出现顺筋裂缝为失效准则，由试验建立纵裂时的钢筋锈蚀量与钢筋锈蚀速度关系来预测构件寿命（JTJ 302—2006）。

2）普通钢筋混凝土的预测模型

钢筋混凝土结构使用年限预测按式（6-23）计算：

$$t_e = t_i + t_c + t_d \tag{6-23}$$

式中，t_e 为钢筋混凝土结构使用年限（a）；t_i 为从混凝土浇筑到钢筋开始锈蚀所经历的时间（a）；t_c 为自钢筋开始锈蚀至保护层开裂所经历的时间（a）；t_d 为自保护层开裂到钢筋截面面积减小至原截面 90% 所经历的时间（a）。

保护层锈胀开裂阶段所经历的时间 t_c 可按式（6-24）计算：

$$t_c = \frac{\delta_{cr}}{\lambda_1} \tag{6-24}$$

式中，t_c 为自钢筋开始锈蚀至保护层开裂所经历的时间（a）；δ_{cr} 为保护层开裂时钢筋临界锈蚀深度（mm）；λ_1 为保护层开裂前钢筋平均腐蚀速度（mm/a）。

保护层开裂时钢筋临界锈蚀深度按式（6-25）计算：

$$\delta_{cr} = 0.012c / d + 0.00084 f_{cuk} + 0.018 \tag{6-25}$$

式中，c 为混凝土保护层厚度（mm）；d 为钢筋原始直径（mm）；f_{cuk} 为混凝土立方体抗压强度标准值（MPa）。

保护层开裂前钢筋平均腐蚀速度按式（6-26）计算：

$$\lambda_1 = 0.0116i \tag{6-26}$$

式中，λ_1 为保护层开裂前钢筋平均腐蚀速度（mm/a）；i 为钢筋的腐蚀电流密度（$\mu A/cm^2$），按表 6-3 选取。

表 6-3　保护层开裂前钢筋的腐蚀电流密度（$\mu A/cm^2$）

混凝土品种	浪溅区	水位变动区	大气区
普通混凝土	1.0	0.5	0.5
高性能混凝土	0.5	0.25	0.25

功能明显退化阶段所经历的时间可按式（6-27）计算：

$$t_d = \left(1 - \frac{3}{\sqrt{10}}\right) \cdot \frac{d}{2\lambda_2} \tag{6-27}$$

式中，t_d 为自保护层开裂到钢筋截面面积减小至原截面 90% 所经历的时间（a）；d 为钢筋原始直径（mm）；λ_2 为保护层开裂后钢筋平均腐蚀速度（mm/a），按表 6-4 选取。

表 6-4　钢筋平均腐蚀速度（mm/a）

浪溅区	水位变动区	大气区
0.2	0.06	0.05

注：浪溅区的钢筋混凝土板钢筋平均腐蚀速度取 0.05 mm/a

3）预应力钢筋混凝土的预测模型

预应力筋为钢筋的预应力混凝土结构使用年限预测应按式（6-28）计算：

$$t_e = t_i + t_c \tag{6-28}$$

式中，t_e 为钢筋混凝土结构使用年限（a）；t_i 为从混凝土浇筑到钢筋开始锈蚀所经历的时间（a）；t_c 为自钢筋开始锈蚀至保护层开裂所经历的时间（a）。

预应力筋为高强钢丝、钢绞线的预应力混凝土结构使用年限预测应按式（6-29）计算：

$$t_e = t_i \tag{6-29}$$

式中，t_e 为钢筋混凝土结构使用年限（a）；t_i 为从混凝土浇筑到钢筋开始锈蚀所经历的时间（a）。

混凝土结构剩余使用年限可按式（6-30）计算：

$$t_{re} = t_e - t_0 \tag{6-30}$$

式中，t_{re} 为混凝土结构剩余使用年限（a）；t_e 为混凝土结构使用年限（a）；t_0 为混凝土结构自建成至检测时已使用的时间（a）。

3. 锈蚀水工钢筋混凝土构件承载力分析

水工混凝土结构如水闸、水电站厂房、溢洪道等结构，由于自然老化，不利环境影响，超载作用以及养护维修的欠缺，结构构件不可避免地产生各种损伤，必然导致构件承载能力和耐久性降低，运行状况不能满足规范要求。因此，如何对已损伤钢筋混凝土构件科学合理地开展承载力评估，以便及时修复加固，重新恢复构件承载力，或报废更新是十分必要的。水工钢筋混凝土结构不可避免地产生各种损伤，必然导致构件承载能力和耐久性降低，运行状况不能满足规范要求。

钢筋锈蚀对混凝土的黏结性能的影响见图 6-15。锈蚀钢筋的截面面积比未锈时减小，且其抗拉能力也随之降低。钢筋锈蚀产物的体积膨胀，混凝土保护层产生顺筋锈胀，甚至剥落，导致构件有效截面面积减小；保护层开裂使混凝土对钢筋的握裹力降低甚至丧失，使钢筋混凝土耐久性能加速降低[3]。

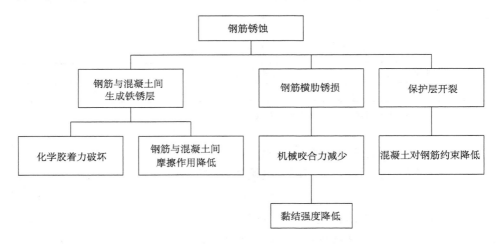

图 6-15　钢筋锈蚀对钢筋混凝土黏结性能的影响机理

　　由于钢筋锈蚀会引发上述问题，无疑会对混凝土构件的力学性能构成影响。定量分析钢筋锈蚀对混凝土构件力学性能影响，对于准确评估混凝土结构的安全性能和抗震能力是非常重要的，同时也为确定水工结构混凝土的加固与维护措施提供可靠的依据。

　　1）锈蚀钢筋的力学性能

　　A. 抗拉能力

锈蚀钢筋总抗拉能力比未锈蚀时降低，降低的比例与钢筋截面损失率基本成正比，但比例系数要视具体情况而定。当锈蚀沿钢筋长度方向相对比较均匀时，锈蚀钢筋总抗拉能力降低的比例与钢筋截面损失率的比例系数趋近于 1.0，即钢筋抗拉能力降低的比例基本上与钢筋截面损失率相当；当锈蚀沿钢筋长度方向是非均匀时，特别是出现明显的坑蚀时，这一比例系数通常小于 1.0。锈蚀的均匀性差，比例系数低；钢筋直径粗，比例系数低。此时，按钢筋截面损失率来估算钢筋抗拉能力的降低幅度，通常是偏于安全的。非均匀锈蚀钢筋抗拉能力的统计公式：

$$\varphi 12 \qquad N_{u,n} = N_u \times (1 - 0.695\lambda) \tag{6-31}$$

$$\varphi 16 \qquad N_{u,n} = N_u \times (1 - 0.111\lambda) \tag{6-32}$$

式中，$N_{u,n}$ 为锈蚀钢筋的极限抗拉能力；N_u 为未锈蚀钢筋的极限抗拉能力；λ 为钢筋最大锈蚀截面的截面损失率（%）。

B. 锈蚀钢筋的强度

锈蚀钢筋的屈服强度和极限强度计算涉及不同钢筋锈蚀率和截面面积的取值方法。目前国内外尚无可供借鉴的统一标准。在钢筋锈蚀率的定量计算方法上，可分别按照钢筋截面损失率和重量损失率计算。在钢筋强度计算时，可采用公称截面面积和实际钢筋截面面积。因此，试验和理论分析结论也因标准不同而有所差异。锈蚀后钢筋的抗拉强度分析有两种计算方法：一是采用钢筋公称面积，相应的强度称为名义强度；二是采用锈蚀后钢筋的截面积，相应的强度定义为蚀后强度，对应屈服荷载的强度称作蚀后屈服强度，对应极限荷载的强度称作蚀后抗拉强度。

锈蚀钢筋剩余截面材料的强度受影响较小，可不考虑锈蚀钢筋剩余截面材料强度的变化。根据锈蚀钢筋对其抗拉能力影响的试验现象，可用钢筋锈蚀剩余截面面积与未锈蚀钢筋的强度的乘积来估计钢筋锈蚀后的剩余抗拉能力。锈蚀钢筋强度的退化与锈蚀程度有关，当钢筋截面锈蚀损失率达到 50%时，钢筋蚀后屈服强度和抗拉强度的降低比例低。在水工混凝土结构分析中，考虑到钢筋剩余截面量测的误差、试验测试误差及材料强度的离散性等因素，可不考虑强度降低。当截面损失率大于 50%时，混凝土结构的破坏形态已经发生改变，从由预兆塑性破坏转变成脆性破坏。因此，钢筋失去承载作用，其强度为 0。

C. 延伸性能

锈蚀钢筋剩余截面材料的延伸性能有不同程度的降低。降低幅度与锈蚀率和锈蚀均匀性有关。当锈蚀沿钢筋长度方向相对比较均匀时，延伸性能的降低幅度小；当锈蚀沿长度方向不均匀时，特别是出现坑蚀时，延伸性能降低的幅度大，锈蚀量大则延伸性能降低的幅度大。

D. 疲劳强度

锈蚀钢筋剩余截面材料的疲劳强度可能要明显降低。关于这方面缺乏准确的试验研究资料。但有关钢结构材料试验研究表明，表面微小的瑕疵均可使钢材的抗疲劳性能明显降低。锈蚀钢筋的表面凹凸不平，即使是均匀锈蚀，钢筋的表面也形成一连串小的锈坑，这对钢筋的疲劳强度肯定会有影响，特别是对光圆钢筋的影响可能更为明显，而对变形钢筋可能影响较小。坑蚀则对这两种钢筋的疲劳强度均有明显的影响。

E. 冷弯性能

钢筋锈蚀后，Ⅰ级钢筋的冷弯性能高于Ⅱ级钢筋，当Ⅰ级钢筋（直径≤14 mm）均匀锈蚀且重量损失率小于 20%时，一般不会产生冷弯破坏；当Ⅱ级钢筋（直径≤18 mm）坑蚀深度大于 1 mm 时，冷弯时容易在坑蚀处局部开裂。

2）锈蚀钢筋与混凝土的黏结性能

钢筋和混凝土间的黏结力是二者能够协调工作、充分发挥各自物理力学特性的前提。黏结力来自三个方面：①钢筋与混凝土之间的胶着力；②由于钢筋与混凝土接触面的凹凸不平而产生的咬合力；③混凝土在凝固过程中，由于收缩将钢筋紧紧握固而产生的摩擦力。分析以上三个方面，除胶着力只与混凝土自身的特性关系极为密切之外，其他两个方面不但与混凝土有关而且与钢筋类别（光面、变形）、保护层厚度也有密切联系。因为钢筋表面越粗糙，与混凝土的摩擦也会越大，同时在一定范围内保护层越厚，握裹力也越大。

　　研究表明轻度锈蚀不会导致黏结性能的明显降低，甚至因锈蚀增加了表面粗糙度还有可能提高黏结力。在钢筋刚开始锈蚀时，黏结力会略有提高；腐蚀发展到一定程度后出现降低的趋势，钢筋腐蚀后的黏结力减低幅度可达 20%~30%，修正未腐蚀钢筋与混凝土黏结力公式，得出锈蚀钢筋与混凝土黏结力计算式：

$$\tau = \left(0.82 + 0.9\frac{d}{l_a}\right) \cdot \left(2.7 + 0.8\frac{c}{d} + 20\rho_{sv} - 7.3\lambda\right) f_t' \qquad (6\text{-}33)$$

式中，d 为钢筋直径（mm）；c 为混凝土保护层厚度（mm）；l_a 为钢筋与混凝土的锚固长度（mm）；λ 为钢筋锈蚀率（%）；ρ_{sv} 为腐蚀后钢筋混凝土构件配箍率（%）；f_t' 为腐蚀后钢筋混凝土抗拉强度（MPa）。

　　另也可根据锈胀裂缝宽度定性判断钢筋和混凝土黏结强度，锈胀裂缝宽度 $w < 0.1$ mm 左右时，黏结强度相当于无锈蚀钢筋的黏结力；裂缝宽度 0.1 mm $< w < 0.15$ mm 时，可采用黏结力降低系数 β_b 来反映锈胀裂缝对黏结力的影响，并提出了式（6-34）的 β_b 计算式：

$$\beta_b = e^{2.1w}\left(0.13 + 0.5\frac{c}{d}\right) \qquad (6\text{-}34)$$

　　当锈胀裂缝过宽 $w > 0.15$ mm 时，黏结强度基本丧失，已很难保证钢筋与周围混凝土的协同工作。

　　3）锈蚀钢筋混凝土构件的整体性能

　　对基本完好、钢筋锈蚀量小于 5%的构件，采用实际材料强度和现行规范的计算式能正确地估算出服役构件的承载力；对于损伤较重、钢筋锈蚀量较大的构件，提出了综合考虑锈蚀钢筋截面面积变化、材料力学性能的变化和钢筋与混凝土协同工作性能的变化[3]。

　　A. 基本假定

　　现行《水工混凝土结构设计规范》（SL 191—2008）是指导水工混凝土结构设计的标准，这一标准以概率理论为基础，采用极限状态的设计方法和近似概率法来研究结构的可靠性。它基于工程力学、结构试验和工程经验，且不断充实和完善。因此，利用设计规范的计算理论来分析既有受损水工混凝土构件的承载力，具有坚实的理论基础。

（1）基本假设。截面应变保持平面，大量的锈蚀钢筋混凝土受弯构件试验已证实了此点；不考虑混凝土抗拉强度；锈蚀钢筋应力应变为理想弹塑性关系，即钢筋屈服前应力和应变成正比；在钢筋屈服以后，钢筋应力保持不变；混凝土应力应变关系采用一条二次抛物线及水平线组成的曲线。

（2）分析计算式。借用设计规范进行构件承载力计算分析时，建议根据构件外观缺陷并在现状混凝土工程质量检测的基础上，综合考虑混凝土外观缺陷、强度、碳化深度、钢筋保护层厚度和钢筋锈蚀等对承载力的影响，对结构抗力和荷载效应进行必要的修正。因此，建议既有钢筋锈蚀后的构件承载力计算式为：

$$\gamma_0 \varphi S\left(\gamma_G G_k, \gamma_Q Q_k, \alpha_k\right) = \frac{1}{\gamma_d} R\left(f_c, \alpha_k\right) \tag{6-35}$$

式中，γ_0 为结构重要性系数，对结构安全级别为 Ⅰ、Ⅱ、Ⅲ级的结构及构件，可分别取 1.1，1.0，0.9；φ 为设计状况系数，对应于持久状况、短暂状况、偶然状况，可分别取 1.0，0.95，0.85；$S(x)$ 为作用（荷载）效应函数；$R(x)$ 为结构构件抗力函数；γ_d 为结构系数，按《水工混凝土结构设计规范》（SL 191—2008）取值；γ_G 为永久作用（荷载）分项系数，按《水工混凝土结构设计规范》（SL 191—2008）附录 B 取值；γ_Q 为可变作用（荷载）分项系数，按《水工混凝土结构设计规范》（SL 191—2008）附录 B 取值；G_k 为永久作用（荷载）标准值；Q_k 为可变作用（荷载）标准值；f_d 为强度保证率不低于 95%的混凝土强度；α_k 为结构构件几何参数的标准值。

目前国内外尚有未考虑多因素的承载力折减系数计算的经验公式。因此可按表 6-5 取值。

表 6-5　承载力折减系数 β 表

β	钢筋混凝土构件状况
1.0~1.1	构件混凝土质量好，碳化深度浅，混凝土保护层厚度满足规范要求，未产生病害，裂缝小于规范允许值
0.9~1.0	构件混凝土质量较好，碳化深度较深，混凝土保护层厚度基本满足规范要求，表面局部剥落等病害，少数裂缝大于规范允许值
0.8~0.9	构件混凝土质量差，碳化深度接近混凝土保护层厚度，钢筋局部锈蚀，表面有较严重剥落、蜂窝麻面等病害，裂缝大于规范允许值
<0.8	构件混凝土质量差，碳化深度达到或超过混凝土保护层厚度，钢筋严重锈蚀，表面严重剥落、有蜂窝麻面等病害，裂缝大于规范允许值

B. 轴心受拉构件

轴心受拉构件在达到承载能力极限状态时，构件所承受的拉力由钢筋来承担，混凝土已退出工作。钢筋锈蚀后，构件承载能力取决于钢筋截面的锈蚀损失。因此构件的抗拉能力可用式（6-36）计算：

$$N_u = \frac{1}{\gamma_d}\left(A_{s,n} \times f_y\right) \tag{6-36}$$

式中，N_u 为构件抗拉承载能力（N）；$A_{s,n}$ 为构件钢筋锈蚀最严重截面的钢筋剩余截面面积（mm²）；f_y 为钢筋屈服强度（N/mm²）。

C. 轴压构件

在轴压构件中，混凝土承受了总压力的大部分。混凝土的截面面积一般占到构件面积的 95%左右，混凝土抵抗的总压力可占到构件极限承载能力的80%~90%。当保护层混凝土出现顺筋裂缝时，构件混凝土截面的损失率不足 5%；如果仅考虑角部的钢筋出现顺筋裂缝时钢筋的截面损失率不足 5%，钢筋承载能力损失亦约为此值。两者相加，构件总的抗压承载能力降低不到 5%。特别是对于截面尺寸较大的构件，抗压承载能力损失比例降低还要低一些。

此时构件的抗压承载能力可按式（6-37）计算：

$$N_{u,N} = f_c \times A_{c,n} + A_{s,n} \times f_y \tag{6-37}$$

式中，$N_{u,N}$ 为抗压构件极限承载能力（N）；$A_{c,n}$ 为钢筋锈蚀后的混凝土面积（mm²）；$A_{s,n}$ 为钢筋锈蚀后的钢筋截面面积（mm²）。

D. 受弯构件

根据《水工混凝土结构设计规范》（SL 191—2008），受弯构件的抗弯承载能力由钢筋控制。但混凝土中钢筋锈蚀后，截面面积减小，构件的抗弯能力也随之减小。正截面抗弯承载可用钢筋剩余截面面积按式（6-38）计算：

$$M_u = A_{s,n} \times f_v \left(h_0 - x/2\right) \tag{6-38}$$

式中，M_u 为抗弯极限承载能力；$A_{s,n}$ 为锈蚀钢筋剩余截面面积；f_v 为钢筋名义屈服强度；h_0 为截面有效高度；x 为混凝土等效压区高度。

E. 偏心受压构件

偏心受压构件有压的特性，也有弯的特性，小偏压构件与轴压构件有相似之处，而大偏压构件与受弯构件有相似之处。在这里仅对小偏压界限时承载能力进行分析。当构件保护层混凝土出现顺筋裂缝时，构件的承载能力可用式（6-39）计算：

$$N = f_c b \varsigma_b h_0 + f_y' A_{s,n}$$
$$N_e = f_c b \xi_b \left(h_0 - \xi_b h_0/2\right) + f_y' \, A_{s,n}' \left(h_0 - a_s'\right) \tag{6-39}$$

式中，$A_{s,n}'$ 为截面受压区钢筋剩余截面面积（mm²）。

参 考 文 献

[1]　牛荻涛. 混凝土结构耐久性与寿命预测[M]. 北京: 科学出版社, 2003

[2]　吴佰建, 李兆霞, 汤可可. 大型土木结构多尺度模拟与损伤分析——从材料多尺度力学到结构多尺度力学[J]. 力学进展, 2007(3): 321-336

[3]　洪晓林, 柯敏勇, 金初阳. 水闸安全检测与评估分析[M]. 北京: 中国水利水电出版社, 2007

[4]　姚继涛. 建筑物检测鉴定和加固[M]. 北京: 科学出版社, 2011

[5]　乔生祥. 水工混凝土缺陷检测和处理[M]. 北京: 中国水利水电出版社, 1997

[6]　孙志恒, 鲍志强, 甄理. 探地雷达探测技术在水工混凝土结构中的应用[J]. 水利水电技术, 2002(10): 64-66

[7]　傅翔, 罗骐先, 宋人心, 等. 冲击回波法检测隧洞混凝土衬砌厚度[J]. 水力发电, 2006(1): 48-49

[8]　傅翔, 宋人心, 王五平, 等. 冲击回波法检测预应力预留孔灌浆质量[J]. 施工技术, 2003(11): 37-39

[9]　刘国华, 王振宇, 孙坚. 弹性波层析成像及其在土木工程中的应用[J]. 土木工程学报, 2003(5): 76-81, 91

[10]　黄微波, 胡晓, 徐菲. 水工混凝土抗冲耐磨防护技术研究进展[J]. 水利水电技术, 2014(2): 61-63, 67

[11]　吴建华, 张亚梅. 混凝土抗氯离子渗透性试验方法综述[J]. 混凝土, 2009(2): 38-41

第7章 水利水电工程混凝土结构腐蚀状况调查案例及分析

7.1 涡河大寺节制闸腐蚀状况调查案例及分析

7.1.1 基本情况

涡河大寺节制闸位于亳州市谯城区大寺镇的耿庄，距亳州市 13 km，控制流域面积 10 490 km²。原规划为大寺枢纽，由浅孔闸、深孔闸和船闸三项工程组成。由于种种原因，现仅建成浅孔闸，即涡河大寺节制闸。其主要作用是调节径流、拦蓄河水、灌溉农田，便于交通，是蓄水、泄洪、综合利用的一座十分重要的大型水利工程。控制亳州谯城区 80%以上的土地面积和 100 多万人民生命财产的安全，是全区经济发展、社会稳定的重要基础设施。

涡河大寺节制闸于 1959 年 2 月动工兴建，当时仅完成闸身底板、下游翼墙底板、下游消力池部位的反滤层等部分工程，三年困难时期由于财力、物力等限制，停工下马，1976 年复工，1978 年 5 月竣工并投入运行。

整个水闸工程主要工程数量：土方量约为 168.8 万 m³，砌石 10154 m³，混凝土 10970 m³。共投资总额为 757.9 万元人民币。

7.1.2 工程规模及主要结构形式

涡河大寺节制闸属大（2）型水工建筑物。按十年一遇设计流量 1 510 m³/s，校核流量 1 840 m³/s。但因深孔闸和船闸均因种种原因未建成，根据《涡河亳县枢纽续建工程初步设计书》，水闸设计流量应为 2 500 m³/s，校核流量 3 000 m³/s。设计排洪水位闸上 37.06 m，闸下 36.86 m；除涝水位闸上 34.28 m，闸下 34.17 m；正常蓄水位闸上 36.0 m，闸下 28.0 m；最高蓄水位闸上 36.5 m，闸下 29.5 m；恶劣放水位闸上 36.5 m，闸下 24.5 m。节制闸共 20 孔，其中中间 18 孔，每孔净宽 4.7 m，两个边孔每孔净宽 4.6 m，闸孔总净宽 93.8 m，连同闸墩共宽 112.8 m，闸身总长 184 m。

闸室为钢筋混凝土开敞式结构，长 18.5 m，底板为 140# 素混凝土，高程∇29.0 m，厚 1.8 m，共 9 块，两边两块宽 8 m，靠近边块的两块宽 11.4 m，中间 5 块每块宽 17.1 m，长均为 18.5 m。闸墩为钢筋混凝土结构，混凝土设计标号为 140#，厚 1.0 m。启闭机工作桥墩为钢筋混凝土排架，桥面为 Ⅱ 型梁式结构，宽 5.4 m，高程 ∇47.6 m。公路桥在闸身上游一侧，设计荷载汽-10 级，为钢筋混凝土 T 型梁式结构，桥面宽 7.0 m，高程∇39.23 m。人行桥桥面为 Ⅱ 型梁式结构，宽 2.4 m，高程 ∇38.8 m。闸门分为上、下两扇，由设在两墩中间的横隔板分隔，隔板厚 0.5 m，板面高程∇32.5 m，上扇门为钢丝网双曲扁壳（正向壳）门，宽 5.1 m，高 4.0 m；下闸门为钢筋混凝土梁板门，宽 5.1 m，高 3.0 m，门总高为 7.5 m。上、下闸门各设启闭机 10 台，共 20 台。均为一机两门联动启闭，手摇电动两用 Q-P-Q50 吨卷扬式。两侧岸墙为重力式浆砌石墙，上游翼墙为圆弧形，连拱空箱式，前墙、隔墙为浆砌块石，拱圈、底板为混凝土结构。下游导流墙为八字形，浆砌块石结构，底板为厚 0.6 m 的混凝土结构。上游铺盖长 40 m，为黏土层上砌筑 0.15 m 厚的 110#混凝土框格，用 140#混凝土护面 0.15 m。消力池总长 33.5 m，采用 80#水泥砂浆砌块石，厚 75 cm，200#混凝土护面，厚 25 cm。下游海漫长 47 m，采用钢筋混凝土拉锚梁，干砌块石厚 0.4 m，碎石铺底厚 0.1 m。引河沿轴线长 984 m，其中上游长 475 m，下游长 509 m，河底宽 113 m，河底高程上引河 27.0 m，下引河 26.5 m，边坡 1：3。水闸全貌见图 7-1。

图 7-1 大寺节制闸全貌

7.1.3　工程运行状况及存在问题

1. 水位情况

设计闸上游最高蓄水位 36.5 m，闸下游最低水位 28.0 m，实际运用中一般汛期水位控制在 33.0~34.0 m 之间，非汛期水位控制在 34.0~35.0 m 之间。

2. 闸门开启情况

闸门的启闭按照闸门启闭操作规程和控制运用办法，并根据当时上、下游水位及泄流量的要求决定闸门开启组合及程序。开闸时对称开启，一般先开中央 4 孔，然后再向两边对开启，关闭时先关边孔，再关中孔。闸门开启高度实行分段开启，第一次开启高度不得超过 0.5 m，随着下游水位升高逐步开启闸门，直至全开。

3. 存在的问题

大寺闸建设期间由于经费和物资的限制，总体施工质量较差。运行 26 年来，又缺乏必要的维修改造，构件、设备严重老化，影响结构使用安全。

根据运行记录等资料，目前该闸存在的主要问题有：

（1）水闸底板为素混凝土结构，曾出现渗漏，原因为埋石混凝土施工过程中埋石未按设计要求浇筑。后经 2 次灌浆，但仍出现多处裂纹，目前，底板结构安全性未知。

（2）闸门滚轮组装置由原设计时胶木轴套，换为无油润滑轴套，由于水质污染，腐蚀严重，每 4~5 年需更换一次，原是 M16 的滚轮组和止水橡皮预埋螺丝，经过几次拆卸，只能套 M12 的，个别预埋螺丝锈蚀无法拆卸，已经锈断，现无法再进行更换。

（3）滚轮已锈死，设计时的滚动变为现在的滑动，增大了启闭负荷。

（4）闸门面板由于污染水质的腐蚀，上闸门混凝土保护层剥落，露出钢筋网。

（5）启闭设备及机电设备：该闸使用的单吊点卷扬式手电两用启闭机，一台启闭机同时启闭两扇闸门，启闭不同步。经过二十多年的运行，现设备老化，内部零件磨损严重，已达折旧年限，启闭力大大下降。供电设备、变压器及高低压线路一直没有更换，老化落后、金属杆件锈蚀严重。

（6）启闭机工作桥排架柱混凝土老化、层裂、剥落，钢筋锈蚀严重，大梁有多条裂纹。

7.1.4 检测目的及依据

1. 检测目的

大寺闸工程经过 26 年的运行，老化病害较为严重。存在混凝土碳化，启闭机排架柱、闸墩混凝土层裂剥落、钢筋外露、锈蚀，启闭机梁开裂，闸门漏水严重，设施设备陈旧等诸多不安全问题，加之原设计、施工受当时技术和经济等多方面条件的限制，工程存在考虑不周和施工缺陷，存在着危及建筑物运行安全的隐患，需进行维修或除险加固。大寺节制闸旨在通过现场检测与评估，并据此作安全性分析与评估，提出建议和意见，为工程的安全运行和改造提供技术依据。

安徽省亳州市谯城区水务局委托对该闸进行现场全面调查、检测评估工作。

2. 水闸腐蚀缺陷检查和质量检测

（1）对水闸水上部分建筑物外观状况进行全面普查，包括水闸闸墩、闸门、启闭机工作桥、公路桥、人行桥、上下游翼墙及上下游护坡等部位的表面缺陷、异常变形和破损进行检查和描述，并对闸底板及消力池护坦进行了探摸。

（2）在全面普查的基础上，选择典型的闸孔进行以下项目的重点检测：① 裂缝检测，主要检测混凝土构件（水上部分）的裂缝分布、长度及宽度。② 用回弹法测量混凝土和浆砌块石内砌筑砂浆的抗压强度，检测构件主要有闸墩、启闭机工作桥排架、大梁，上下闸门、闸门隔板、公路桥梁、人行桥梁和翼墙等。③ 混凝土和砌缝砂浆的碳化深度检测。④ 钢筋混凝土构件中钢筋保护层厚度检测。⑤ 锈蚀严重部位的钢筋锈蚀截面损失率检测。

（3）启闭机运行检查。对水闸的启闭机运行情况进行检查，包括启闭机机械零部件检查和电气参数检测。

3. 检测评估的依据、标准和规程

检测评估有关的技术资料主要如下：

（1）《水闸安全鉴定规定》（SL 214—98）；

（2）《水闸技术管理规程》（SL 75—94）；

（3）《回弹法检测混凝土抗压强度技术规程》（JGJ/T 23—2001）；

（4）《砌体工程现场检测技术标准》（GB/T 50315—2000）；

（5）《水运工程混凝土试验规程》（JTJ 270—98）；

（6）《水闸设计规范》（SL 265—2001）；

（7）《水工建筑物荷载规范》（DL 5077—97）；

（8）《水工混凝土结构设计规范》（SL/T 191—96）；

（9）《公路桥涵设计通用规范》（JTJ 021—89）；

（10）《公路钢筋混凝土及预应力混凝土桥涵设计规范》（JTJ 023—85）；

（11）《水利水电工程等级划分及洪水标准》（SL 252—2000）；

（12）《水闸工程管理设计规范》（SL 170—96）；

（13）《水工建筑物抗震设计规范》（SL 203—97）；

（14）《水工钢闸门和启闭机安全检测技术规程》（SL 101—94）；

（15）《水利水电工程金属结构报废标准》（SL 226—98）；

（16）《起重机械安全规程》（GB 6067—85）；

（17）《工业建筑防腐蚀设计规范》（GB 50046—95）；

（18）《砌筑砂浆配合比设计规程》（JGJ 98—2000）；

（19）安徽省阜阳水利电力局《涡河亳县枢纽续建工程初步设计书》（1974年11月）；

（20）安徽省亳县涡河闸施工指挥部《涡河亳县闸施工详图》（1977年）；

（21）《涡河亳县枢纽工程浅孔闸验收纪要》（1979年1月17日）；

（22）亳县涡河闸施工指挥部《亳县涡河闸施工技术总结》（1978年11月30日）；

（23）亳县水利局《亳县涡河闸三查三定书》（1982年4月）；

（24）亳州市谯城区水务局《涡河大寺节制闸工程现状调查分析报告》（2003年10月）。

4. 水闸环境条件

根据标准可将水工混凝土结构所处的环境分为下列四个类别：

一类：室内正常环境；

二类：露天环境，长期处于地下或水下的环境；

三类：水位变动区或有侵蚀性地下水的地下环境；

四类：海水浪溅区及盐雾作用区，潮湿并有严重侵蚀性介质作用的环境。

大寺闸所属水域的水质污染较严重，根据上述水工混凝土结构所处环境分类方法，大寺闸混凝土结构的水上部分属二类环境条件，水位变动区和水下部分属三类环境条件。

7.1.5 建筑物现场检测与结果分析

1. 检测对象、内容与方法

1）对象

主要检查闸墩、闸门、翼墙、护坡的水上部位、隔梁、启闭机排架、启闭机房、公路桥及工作桥的缺陷和损伤，并对部分闸底板、消力池护坦及消力坎进行了探摸、检查。

2）内容与方法

按照外观检查的常规方法检测建筑物由于各种原因造成的外显性裂缝、混凝土剥落、露砂露石、钢筋锈蚀、施工缺陷及破坏缺损的分布、位置及程度；砌体的变形、倾斜、变形和位移，表面完整性，沉降、止水缝破损失效情况等。检查和测量方法按巡视检查法采用察看、尺量等，主要工具有测尺，裂缝对比卡、读数显微镜等，辅以照相作补充记录。

2. 闸墩外观腐蚀病害的检查

闸墩为 140# 钢筋混凝土结构。闸墩由于施工质量较差，混凝土不平整，表面布满不规则龟裂纹，露砂露石普遍，局部蜂窝麻面严重。混凝土保护层控制不严，偏筋严重，导致钢筋锈蚀，混凝土层裂剥落，露筋现象普遍，见图 7-2。部分闸墩闸后部位由于钢筋锈胀，混凝土大面积脱落，露出钢筋长度达 2 m 左右，见图 7-3，尤其是上游墩头部位及闸后（闸门下游）部分，钢筋锈蚀导致混凝土胀裂现象更为严重，有的几乎整个墩头的所有箍筋均已胀裂，使整个墩头混凝土处于酥松状态，见图 7-4；下闸门门槽两侧混凝土出现了严重的腐蚀破损，所有门槽边角及门槽内钢筋锈蚀胀裂混凝土剥落破损、露筋，见图 7-5 和图 7-6，部分门槽从上到下混凝土全部开裂剥落。由于模板制作的缺陷，在浇筑混凝土时模板变形，造成部分门槽鼓肚凹心。部分闸墩上有横向裂缝，见图 7-7。个别闸墩破损尤为严重，闸墩顶混凝土开裂大块脱落（图 7-8 和图 7-9），造成公路桥大梁支点受损，严重影响公路桥的安全运行。南边墩存在一条由不均匀沉降引起的从墩顶底的宽度大于 0.35 mm 的纵向裂缝，估计边墩已断裂。

具体描述如下：

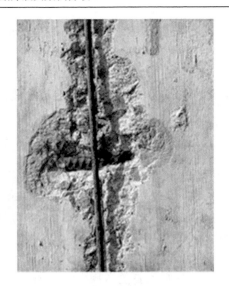

图 7-2 闸墩混凝土层裂剥落、露筋　　　　　图 7-3 闸墩混凝土剥落露筋

图 7-4 闸墩墩头混凝土破损情况　　　　　图 7-5 闸墩门槽处破损情况

图 7-6 门槽内混凝土破损情况　　　　　图 7-7 闸墩横向开裂

图 7-8　9#孔南闸墩顶部混凝土破损情况　　　图 7-9　9#孔南闸墩顶部混凝土脱落

南边墩：混凝土表面布满不规则龟裂纹，局部蜂窝麻面、露砂露石。在启闭机排架与公路桥交接处，从闸墩顶起有一条自上而下的竖向裂缝，宽度为 0.35~0.5 mm，裂缝处露出白色凝固物。分析可能是由水闸不均匀沉降引起的，估计边墩已开裂。

1#闸墩：上游墩头由于钢筋锈蚀导致混凝土胀裂露筋。在闸墩顶以下 3.5 m起向下约 1 m 范围内，共有 4 处混凝土层裂脱落，面积分别为 10 cm×13 cm、10 cm×6 cm、15 cm×14 cm 和 8 cm×5 cm；2#孔侧在公路桥下有一条宽度为 0.2 mm、长度为 50 cm 的横向裂缝。下闸门门槽混凝土竖向顺筋开裂，多处露筋，60 cm长混凝土脱落。

2#闸墩：上游墩头由于保护层薄，混凝土碳化引起钢筋锈蚀，混凝土胀裂十分严重，使整个墩头表面混凝土处于疏松状态，几乎所有箍筋都锈胀开裂外露，有的部位甚至露出主筋，闸墩顶以下 1 m 处露出主筋长 30 cm。在 3#孔侧，闸墩顶部公路桥 T 梁有 1 条宽度为 2.5 mm 的竖向裂缝及 1 条宽度为 0.3 mm 的横向裂缝，顶角有 1 处混凝土脱落，面积为 30 cm×30 cm，深度约为 10 cm，露出钢筋严重锈蚀。下闸门整个门槽顺筋开裂，2 m 长混凝土剥落，露筋。闸后（闸门下游）部位闸墩上有 3 处混凝土脱落，最长 1 处露筋 80 cm。

3#闸墩：上闸门门槽混凝土开裂脱落，露筋 30 cm；闸前（闸门上游）北侧钢筋锈蚀混凝土胀裂 1 处，面积为 30 cm×20 cm；下闸门整个门槽边角全部开裂剥落，露筋。闸后部位南北两侧混凝土开裂剥落现象严重，在南侧底板以上 3 m高程处有 1 m 长混凝土开裂剥落，箍筋严重锈蚀，北侧 6 处混凝土层裂剥落露筋，最长 1 处露筋 1.2 m。

4#闸墩：南侧混凝土脱落 1 处，面积为 15 cm×10 cm；两侧下闸门门槽边角从上到下全部开裂剥落露筋。

5#闸墩：5#孔下闸门门槽边角从上到下全部开裂剥落露筋。

6#闸墩：6#孔下闸门门槽边角从上到下全部开裂剥落露筋。

7#闸墩：闸前混凝土层裂，面积为 20 cm×20 cm；7#孔下闸门门槽边角从上到下全部开裂剥落露筋；闸后部位南侧混凝土开裂剥落 1 处，露筋 50 cm 长，北侧 30 cm×50 cm 混凝土层裂。

8#闸墩：墩头 2 处混凝土胀裂露筋；闸室上游的闸墩北面顶部（与公路桥梁连接处）混凝土破损严重，公路桥西起 1~4 根纵梁以下混凝土大块脱落，混凝土脱落体积分别为

西 1#纵梁下：1.1 m×0.4 m×0.2 m（水平方向×垂直方向×闸墩厚度方向）

西 2#纵梁下：混凝土酥松开裂，呈脱落状态

西 3#纵梁下：1.6 m×0.7 m×0.19 m（水平方向×垂直方向×闸墩厚度方向）

西 4#纵梁下：1.3 m×0.5 m×0.17 m（水平方向×垂直方向×闸墩厚度方向）

公路桥梁搁置在闸墩上的长度为 25 cm，现支点处闸墩 17~20 cm 深的混凝土脱落，造成了公路桥梁支点严重受损，已威胁到公路桥的运行安全；闸墩侧面有 6 处混凝土层裂剥落，露筋现象；闸门下游部位 2 处混凝土脱落，分别露出 20 cm 和 50 cm 长的锈蚀钢筋；下闸门门槽两侧混凝土全部脱落，露出主、箍筋。

9#闸墩：混凝土开裂剥落 1 处，露筋长 60 cm；下闸门门槽两侧混凝土顺筋开裂，多处混凝土脱落。

10#闸墩：混凝土层裂 3 处；下闸门门槽两侧混凝土顺筋开裂，多处混凝土脱落，露筋长 6.1 m。

11#闸墩：南侧面公路桥大梁以下 15 cm 范围内混凝土开裂；在南侧面上下两个门槽之间共有 9 处混凝土层裂，最大层裂面积约为 25 cm×40 cm。在闸后部位北侧有 1 处混凝土大面积的脱落，露出钢筋长度达 2 m 左右；下闸门门槽两侧混凝土顺筋开裂脱落，露筋长 6.5 m。

12#闸墩：闸后南侧面混凝土脱落 1 处，露出主、箍筋，露出的箍筋长度约有 3 m；13#孔下闸门门槽混凝土脱落露筋长度约 5 m。

13#闸墩：公路桥梁下闸墩顶端 15 cm 范围内混凝土存在横向裂缝；闸后南侧面混凝土脱落 1 处，露出 60 cm 长箍筋；13#孔下闸门门槽混凝土脱落露筋约 6 m。

14#闸墩：南侧面顶部公路桥大梁以下 15 cm 范围内混凝土开裂，闸前两侧面有 9 处混凝土层裂剥落；14#孔下闸门门槽混凝土脱落露筋长度约 4 m。

15#闸墩：14#孔下闸门门槽全部混凝土脱落露筋。

16#闸墩：上闸门门槽混凝土开裂脱落。

17#闸墩：墩头在闸底板以上 1.0~3.0 mm 范围内，四周混凝土层裂剥落，露出锈蚀主、箍筋；18#孔下闸门门槽混凝土开裂长度约 4 m。

18#闸墩：19#孔下闸门门槽混凝土顺筋开裂，混凝土脱落长度约 1.5 m。

19#闸墩：上游墩头混凝土胀裂剥落 1 处，面积 30 cm×20 cm；闸后南侧面层

裂 1 处,面积 50 cm×10 cm,箍筋已锈断;下闸门门槽混凝土开裂剥落长度约 2 m,露筋 4 根。

北边墩:闸前局部混凝土脱落露筋,并有 2 条横向裂缝,一条从门槽起向闸前方向长 2 m、宽度为 0.1~0.5 mm,另一条长为 0.8 m,宽为 0.15 mm。下闸门门槽混凝土开裂剥落长 4.5 m。闸后闸墩混凝土层裂剥落 2.5 m 长,露出主、箍筋,箍筋已几乎锈断。

从以上描述可以看出,闸墩的病害破损主要集中在上游墩头、门槽及闸后部位,其损坏主要是由于施工质量差,混凝土偏筋严重,在长期的运行过程中,混凝土碳化,钢筋锈蚀引起混凝土开裂、剥落、露筋等病害现象,闸门启闭过程中引起的门槽震动加剧了门槽处的损坏。两侧边墩的开裂主要是不均匀沉降引起的。病害最严重的是 9#孔南侧闸墩,其顶部的破损已影响公路桥的安全运行。

3.　闸门腐蚀病害检测

闸门分为上、下两扇,由设在两墩中间的横隔板分隔,上扇门由钢丝网双曲扁壳面板与钢筋混凝土框架组成;下闸门为钢筋混凝土梁板门,分上、下两层,用连接螺栓通过上、下横梁连接成整体,每层用纵梁分成三个格栅。

由于设计、施工及运行老化等原因,上下闸门的各类构件均有不同程度的缺陷及损坏,特别是上闸门各种问题更为严重,已不能保证正常安全运行。闸门腐蚀病害现象主要有:

(1)下闸门轻,水位高时闸门下落困难。

(2)闸门设计一个吊点,下闸门重心与吊头中心不在一直线上,闸门倾斜,造成闸门下不到底。

(3)一台启闭机启闭两扇闸门,运行控制困难。

(4)由于设计、施工缺陷,加上止水橡皮老化开裂破损,上闸门与隔板之间压条冲刷腐蚀变形等原因,闸门与门槽之间漏水严重,下闸门与隔板之间大量涌冒水,见图 7-10,几乎每一孔闸门均存在不同程度的漏水现象,漏水最严重的3#孔漏水在隔板面水柱高度达 1 m 多。水文站对闸门漏水流量测量显示,漏水量最高达 12.2 m³/s。

(5)闸门滚轮组装置由于原设计时的胶木轴套换为无油润滑轴套,腐蚀严重,每 4~5 年需更换一次。

(6)导轨板、滚轮及支座锈蚀严重,分别见图 7-11 和图 7-12。滚轮已几乎锈死,无法滚动而成为滑动升降,增大了启闭负荷。 对部分滚轮支座腐蚀严重处进行了蚀余厚度测量,结果见表 7-1 及表 7-2。9#孔闸门北侧下闸门上滚轮支座侧板厚度已从原始的 10 mm 锈蚀到只剩下 4.32~6.28 mm,平均蚀余厚度为 5.03 mm。

而腐蚀严重的 18# 孔闸门滚轮支座侧板最薄处现只剩下 1.0 mm，已影响到其正常使用，严重影响水闸安全运行。

表 7-1　9# 闸门北侧下闸门上滚轮支座侧板蚀余厚度

测点编号	1	2	3	4	5	6	7	8	9	10	平均
蚀余厚度（mm）	5.15	5.50	6.28	3.74	4.32	4.40	5.32	4.48	5.72	5.44	5.03

表 7-2　滚轮支座侧板蚀余厚度

测量位置	14# 孔下闸门北侧上滚轮支座侧板		18# 孔上闸门南侧下滚轮支座侧板		
蚀余厚度（mm）	3.0	2.5	2.0	1.5	1.0

图 7-10　闸门冒水情况图　　　　　　图 7-11　导轨板锈蚀情况

（7）滚轮组、滑块和止水橡皮的预埋螺丝腐蚀十分严重。原是 M16 的滚轮组和止水橡皮预埋螺丝，经过几次拆卸，部分现只能套 M12 的，已不能再更换。滑块固定螺丝断面减少到与基座持平，有的预埋螺丝锈断，无法拆卸。

（8）门槽水磨石磨损严重，在边缘 5 cm 的范围内，磨损深度大于 5 mm。

（9）吊头、吊耳、吊环锈蚀，吊头连接处钢丝绳锈蚀严重，个别有断丝现象，见图 7-13。

（10）上闸门钢丝网面板两面封闭涂层失光失色，面板上布满龟裂缝。下游面布满锈迹、锈斑，局部表层砂浆脱落，外层钢丝网有锈断，见图 7-14。混凝土圈梁混凝土破损普遍，两根边梁侧面与顶梁底面多处混凝土胀裂、露出锈蚀钢筋，破损严重的 11# 孔南边梁所有的箍筋都已外露锈蚀。

（11）下闸门横梁上的连接螺栓锈蚀严重，已无法拆装，有的截面损失显著，见图 7-15。纵、横梁边角混凝土局部破损。

（12）闸门止水橡皮钢压条腐蚀严重，在常处于水线以下的部位压条已锈断，见图 7-16。

图 7-12　滚轮锈蚀情况

图 7-13　钢丝绳腐蚀情况

图 7-14　上闸门面板腐蚀情况

图 7-15　下闸门连接螺栓腐蚀情况

图 7-16　闸门止水橡皮压条锈蚀严重

图 7-17　隔板冲刷磨损情况

4. 隔板冲刷腐蚀检测

所有隔板由于受到水流的冲刷，边缘磨损相当严重，受冲磨处露出钢筋严重锈蚀。边缘已冲刷出深浅不一的凹坑，每孔隔板在边缘约 30 cm 的范围内均有 1 cm 以上的冲刷磨损深度，见图 7-17，部分隔板冲刷磨损深度测量结果见表 7-3。

表 7-3　隔板冲刷磨损深度

孔号	冲刷磨损深度（cm）			
	测量值			平均值
3	3.2	3.5	2.8	3.2
9	2.2	2.5	1.8	2.2
15	1.5	1.8	2.6	2.0

5.闸底板腐蚀探摸

在下游水位较低时，对闸底板及消力坎近闸端平坦部分的护坦进行了水下探摸。

通过探摸发现，闸底板结构段之间，闸底板与护坦之间存在上下错位现象，闸底板之间分缝止水材料多处破损，第 6 条分缝材料全部冲毁。闸底板与护坦的分缝有冲毁，止水材料破损严重，有的部位止水材料已全部冲掉，成为一条深约 30 cm 的沟槽。闸底板与护坦连接处的闸底板有磨损现象。

闸底板错位具体情况如下：

在第 1 条（南侧起）分缝处，第 1 结构段比第 2 结构段低 1.5 cm，闸底板第 1 结构段比护坦低约 1 cm；

在第 2 条分缝与护坦交界处，由于止水材料的冲失，有一个约 25 cm 深的洞穴，第 3 结构段比护坦低 5 cm；

在第 3 条分缝处，第 3 结构段比第 4 结构段低 1.5~2.5 cm；

在第 4 条分缝处，第 5 结构段比第 4 结构段低约 1.0 cm、比护坦低 3.0 cm 左右；

在第 5 条分缝处，第 5 结构段比第 6 结构段低 1.5 cm 左右。

6. 消力池腐蚀病害检查

1）消力坎

（1）消力坎有冲磨现象，边角多处冲刷缺损，特别是在北岸起 20 m 范围内边角已全部冲损。

（2）消力坎上布满贯穿整个横断面的纵向裂缝，裂缝宽度为 0.1~0.2 mm。

（3）第 2、第 3、第 4 结构段（从南起）上下错位，在第 2 条分缝处，第 3 结构段比第 2 结构段低 1.5 cm，在第 3 条分缝处，第 4 结构段又比第 3 结构段低 1.5 cm，且分缝呈上宽下窄的形式。

2）护坦

护坦的南北两侧两边块也有一定程度的下降，南边块比中间下降约 1.5 cm，北边块比中间下降约 1.0 cm。

7. 启闭机工作桥腐蚀病害检查

启闭机工作桥墩为钢筋混凝土排架，桥面为 Π 型梁式结构。启闭机工作桥的病害主要有：工作桥排架由于偏筋，保护层太薄，混凝土碳化后导致钢筋锈蚀胀裂，混凝土普遍发生层裂脱落现象，部分排架存在裂缝，启闭机下纵梁出现多条应力裂缝。

1）启闭机房

启闭机房简陋破旧，屋顶普遍漏雨漏水，到处是雨水的痕迹。多处梁板连接发生错位，4#孔与 5#孔之间梁板上下错位 3 cm 左右。

2）工作桥排架

排架柱表面布满不规则裂纹，部分排架存在钢筋胀裂裂缝，立柱与联系横梁上钢筋锈蚀胀裂造成混凝土层裂现象严重，分别见图 7-18 和图 7-19。各排架的破损情况分述如下：

1#排架：整个排架柱混凝土表面布满不规则裂缝，钢筋锈蚀混凝土胀裂脱落严重。有一条宽达 0.75 mm、长度为 55 cm 的竖向顺筋裂缝，排架柱之间的联系横梁上混凝土开裂剥落 1 处，面积为 55 cm×6 cm，混凝土胀裂露筋 2 处，露筋长度约 60 cm；东第 1 根梁底角混凝土破损脱落，露出锈蚀主筋，见图 7-20。

3#排架：排架柱之间的联系横梁上有面积均约 10 cm×10 cm 的层裂 5 处，其中 3 处混凝土已脱落露筋，露筋长度约为 5 cm；西侧第 1 根立柱上层裂现象严重，四周侧面共有 15 处之多。

4#排架：有多条宽度为 0.1 mm 左右的横向微裂缝，长度 40~250 cm 不等；层裂 1 处。

5#排架：混凝土缺损 1 处，面积为 60 cm×25 cm，露筋长 10 cm；东第 1 立柱上由于横向钢筋锈蚀胀裂，造成混凝土保护层多处脱落；西侧第 1 根立柱上柱底 2 m 范围内 4 处混凝土层裂，1 处混凝土剥落露筋长 15 cm。

6#排架：西侧第 1 立柱从柱底起 4 处混凝土层裂剥落露筋，其中柱底以上

30 cm 露出主筋长度 28 cm。另 3 处露出箍筋，长度分别为 10 cm、12 cm 和 11 cm。

7#排架：立柱上多处混凝土层裂。

8#排架：东侧第 1 根立柱混凝土胀裂剥落露筋 2 处，混凝土层裂 5 处；西侧第 1 根立柱顶端向下 2.5 m 范围内普遍层裂。

10#排架：东侧第 1 根立柱有 1 条顶端起向下走向的长为 80 cm、宽度为 0.8 ~ 1 mm 的竖向裂缝；西侧第 1 根立柱普遍层裂有 10 余处。

11#排架：横梁部位有 1 条宽为 0.5 mm、长为 1 m 左右的横向裂缝；西侧第 1 根立柱钢筋锈胀混凝土层裂 4 处，其中 3 处混凝土胀裂脱落，暴露出钢筋。

12#排架：西侧第 1 根立柱钢筋锈胀混凝土层裂剥落，露筋 6 处。

15#排架：钢筋锈胀混凝土层裂 6 处。

16#排架：钢筋锈胀混凝土层裂 5 处。

18#排架：钢筋锈胀混凝土层裂 2 处，混凝土剥落露筋 15 cm 长。

21#排架：钢筋锈胀混凝土层裂 6 处。

3）启闭机工作桥Ⅱ型梁

启闭机工作桥Ⅱ型梁表面基本平整，无明显的层裂剥落现象。位于启闭机下的东边第 1 根纵梁上每孔均有 9~11 条宽度为 0.1~0.2 mm、贯穿整个梁底断面的裂缝，裂缝大多位于梁的中部及横梁两侧，可能是受力引起的应力裂缝，见图 7-21。

图 7-18　启闭机排架柱混凝土剥落　　　图 7-19　启闭机排架联系梁混凝土开裂

8. 公路桥腐蚀病害检查

公路桥 T 型梁施工质量较差，表面不平整，大片蜂窝麻面。混凝土保护层厚度控制不好，每块上均有多处混凝土破损、钢筋外露，严重的一孔局部露筋有 20 处之多，主要发生在翼缘处。公路桥钢筋混凝土护栏由于老化病害和常年失修，多处破损断裂。护栏坎普遍出现开裂、剥落、露筋等各种病害老化问题。

图 7-20   工作桥 1#排架立柱混凝土破损

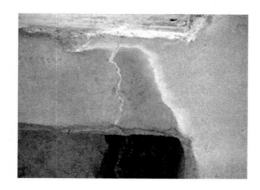

图 7-21   启闭机大梁应力裂缝

此外个别闸孔的 T 梁存在问题还有：

2#孔西侧第 1 根梁翼缘由于钢筋锈蚀胀裂，混凝土脱落长度为 1.1 m；

6#孔东边梁翼缘存在 1 条贯穿整个梁的顺筋裂缝；

10#孔西侧第 3 根梁翼缘混凝土脱落，面积约为 50 cm×40 cm，露出锈蚀钢筋；

11#孔东边梁翼缘东侧面混凝土脱落长约 2 m，露出锈蚀钢筋。

9. 人行桥腐蚀病害检查

人行桥面板面层龟裂严重，呈脱壳状态。多处脱落，露出锈蚀钢筋，见图 7-22。

人行桥栏杆简陋，由铁杆焊接而成。铁栏杆上布满锈点锈包，油漆老化鼓包。几乎所有栏杆底座锈蚀造成混凝土胀裂，部分栏杆底座已锈断，见图 7-23。混凝土护坎存在严重顺筋开裂裂缝，多处混凝土剥落、露筋。

10. 翼墙腐蚀病害检查

翼墙为 80#浆砌和 110#混凝土框格结构。浆砌混凝土块基本平整，约有 10% 的混凝土块上有宽约 0.1~0.2 mm 的裂缝，每条勾缝砂浆上均有数条宽度为 0.1~0.2 mm 的纵、横向的开裂裂缝，并有多处勾缝砂浆脱落。所有沉降缝的止水沥青均已老化破损、流失，有的分缝处还渗漏水，大多数伸缩缝有不同程度的水平及上下错位，翼墙有轻微的移位及不均匀沉降。

图 7-22　人行桥混凝土面层脱落，钢筋锈蚀　　　　　图 7-23　钢栏杆底座锈断

除此，两岸上下游翼墙还存在以下病害：

南岸下游翼墙 4 个结构段中，第 2（从闸端起）与第 3 结构段，第 3 与第 4 结构段之间存在错位现象。从第 2 伸缩缝处可看到，第 3 结构段比第 2 结构段前倾（往河道中间）1.5 cm，下沉 1.0 cm。从第 3 伸缩缝处可看到，第 3 结构段比第 4 结构段前倾（往河方向）1.5 cm，下沉 0.8 cm，第 3 结构段向河道中间倾斜，并有沉降。

北岸上游翼墙上有两条从顶起向下呈上宽下窄的竖向裂缝，一条裂缝长 1.9 m，最大宽度 0.9 mm，另一条裂缝长 0.6 m，最大宽度 1.2 mm；翼墙 3 条伸缩缝中近闸侧的两条有轻微的错位，第一条水平错位 0.5 cm，近闸结构段（第一结构段）略往前倾，第二条水平错位 0.3 cm，上下错位 0.4 cm，第三结构段略有前倾及沉降。

北岸下游翼墙第 1 结构段与第 2 结构段上下错位，第 1 结构段下沉 0.8 cm，第 3 结构段与第 4 结构段水平错位 1.2 cm，第 4 结构段前倾。

两岸下游翼墙多处明显的渗漏水。这是由于两岸翼墙后方回填土不够密实，砌缝砂浆之间有孔隙存在，导致上下游之间有绕渗现象。

11. 护坡腐蚀病害检查

砌体护坡有浆砌混凝土块和干砌块石两部分。

1）浆砌混凝土块

上、下游两岸护坡近闸端的浆砌混凝土均由于回填土沉降、流失，造成护坡不同程度凹陷变形，局部破损。大多数勾缝砂浆上有条数不等的微裂缝。

2）干砌块石

上游两岸干砌块石表面杂草丛生，杂木和灌木生长旺盛，树木根系和杂草腐烂造成护坡土质疏松，块石脱落，对护坡的防冲刷和长期稳定产生了不利影响。

北岸护坡由于水流的冲刷、灌木根系的挤压或人为破坏，块石缺损严重，最大一处缺损面积达 4.1 m×5.8 m（图 7-24），并造成整个护坡松动，不稳定，影响其抗冲刷能力。

下游两侧护坡由于受水流冲刷有少量破损现象，远闸端干砌块石约有 5%的块石被冲损、脱位，局部块石下的垫层已被掏空。

公路桥北岸上游面护坡与岸墙之间的伸缩缝严重错位分离，造成路端下沉 6 cm，向外位移 8 cm，见图 7-25；下游面护坡破损凹陷，地基土流失。与岸墙连接处发生严重错位，公路桥护坡向外倾斜达 5 cm。

图 7-24　护坡块石缺损

图 7-25　翼墙与岸墙之间沉降缝错位

7.1.6　混凝土和砌筑砂浆抗压强度

采用回弹法检测水闸主要构件的混凝土抗压强度和砌体中砌筑砂浆抗压强度，测试对象包括：闸墩、上下闸门、隔板、启闭机工作桥排架立柱、启闭机大梁、翼墙、公路桥梁和工作桥梁等。

混凝土和砌筑砂浆的抗压强度参照第 6 章中检测方法和规范进行。各混凝土结构和砌筑砂浆的强度检测结果见表 7-4 至表 7-11。

表 7-4　闸墩混凝土强度检测成果表（MPa）

编　　号	最大值	最小值	平均值	标准差	离差系数（%）	推定值	设计值	规范要求值
1#闸墩（南边墩）	42.3	17.2	28.6	9.1	31.8	17.2		
2#闸墩	50.0	22.7	37.9	10.9	28.7	22.7	140#	C20
9#闸墩	50.8	24.5	33.8	9.9	29.3	24.5		
13#闸墩	43.0	15.7	28.2	8.6	30.5	15.7		

表 7-5 上闸门强度检测成果表（MPa）

编　号		最大值	最小值	平均值	标准差	离差系数（%）	推定值	设计值	规范要求值
混凝土框架	1#孔	55.5	50.0	53.0	1.8	3.4	50.1	250#	C20
	9#孔	59.8	57.4	58.6	0.7	1.2	57.4		
	13#孔	59.9	53.5	58.4	1.8	3.1	55.5		
砂浆面板	1#孔	46.9	31.6	41.2	10.57	22.4	31.6	350#	C20
	9#孔	60.9	38.8	51.4			38.8		
	13#孔	66.3	32.6	48.8			32.6		

表 7-6 下闸门混凝土强度检测成果表（MPa）

编　号	最大值	最小值	平均值	标准差	离差系数（%）	推定值	设计值	规范要求值
2#孔	59.8	50.8	58.0	2.6	4.5	53.6	250#	C20
9#孔	59.9	57.8	58.9	0.5	0.9	58.0		
13#孔	59.5	57.8	58.8	0.6	1.0	57.8		

表 7-7 闸门混凝土隔板强度检测成果表（MPa）

编　号	最大值	最小值	平均值	标准差	离差系数（%）	推定值	规范要求值
1#孔	49.9	41.6	46.3	3.1	6.7	41.1	C20
2#孔	46.7	39.2	43.1	2.5	5.4	39.0	

表 7-8 启闭机工作桥混凝土强度检测成果表（MPa）

编　号		最大值	最小值	平均值	标准差	离差系数（%）	推定值	规范要求值
排架柱	1#排架	44.7	20.9	25.5	7.1	27.8	20.9	C15
	9#排架	33.6	21.8	28.2	3.8	13.5	22.0	
	13#排架	47.5	17.7	29.8	11.8	39.6	17.7	
西梁	1#孔	46.3	28.8	37.8	5.7	15.1	28.4	C15
	9#孔	59.0	43.9	50.1	5.2	10.4	41.6	
	13#孔	55.1	30.1	44.3	8.7	19.6	29.9	
东梁	1#孔	33.7	28.2	30.9	2.0	6.5	27.7	C15
	9#孔	46.4	31.2	38.0	5.8	15.3	28.5	
	13#孔	46.0	37.5	43.2	2.7	6.3	38.8	

表 7-9 公路桥混凝土梁强度检测成果表（MПα）

编 号	最大值	最小值	平均值	标准差	离差系数（%）	推定值	设计值	规范要求值
1#孔	50.6	38.0	43.3	4.4	10.2	36.2	200#	C15
9#孔	45.9	30.8	41.2	5.4	13.1	32.4		
13#孔	36.3	25.1	30.6	3.9	12.7	24.1		

表 7-10 人行桥混凝土梁强度检测成果表（MPa）

编 号	最大值	最小值	平均值	标准差	离差系数（%）	推定值	规范要求值
1#孔	39.0	27.3	33.1	3.2	9.7	27.8	C15
9#孔	36.1	25.8	29.5	3.5	11.9	23.7	
13#孔	33.2	26.0	28.0	2.2	7.9	24.4	

表 7-11 翼墙混凝土块及砌筑砂浆强度检测成果表（MPa）

编 号		最大值	最小值	平均值	标准差	离差系数（%）	推定值	设计值	规范要求值
混凝土板	上游	36.0	27.5	31.2	3.0	9.6	26.2	200#	C20
	下游	56.8	39.2	49.4	5.7	11.5	40.1		
砌筑砂浆	上游	29.8	4.1	16.6	7.8	36.3	4.1	75#	M7.5
	下游	22.7	11.5	16.5			11.5		

强度检测结果表明：

（1）上闸门面板大部分构件强度小于设计强度。

（2）《水工混凝土结构设计规范》（SL/T 191—96）规定，对于永久性建筑物，除需满足强度要求外，同时应满足结构的耐久性要求，处于露天的梁、柱结构，混凝土强度等级不宜低于 C15，处于水位变动区的混凝土强度等级不宜低于 C20。对照强度检测结果，大寺闸闸墩部分构件混凝土强度不符合现行规范的耐久性要求。

（3）强度测量值有一定程度离散，同一类结构不同构件之间及同一构件不同测区强度均有较大不同，但各类结构强度离散程度有所不同。

（4）闸墩、启闭机排架和启闭机大梁部分构件，离差系数大于 18%，特别是 13#排架及 13#闸墩的强度测量最大值与最小值相差达 2.7 倍，离差系数达 30%以上。可能是当时施工质量控制不严，也可能所受老化侵害程度不同，导致目前混凝土质量状况很不均匀。

（5）上游翼墙砌筑砂浆强度小于设计强度，且不符合 M7.5 的现行规范要求。

离差系数为 36.3%，标准差 7.8 MPa，根据《砌筑砂浆配合比设计规程》（JGJ 98—2000）混凝土质量工程评定标准，砌筑砂浆强度很不均匀。说明上游翼墙砌筑砂浆强度质量状况及施工水平差。

7.1.7　混凝土碳化深度

选择有代表性的 1#孔、9#孔、13#孔，参照第 6 章中检测方法和规范，检测闸墩、闸门、启闭机排架立柱、启闭机梁、公路桥梁、工作桥梁和翼墙等主要构件的混凝土碳化深度。

各构件混凝土碳化深度检测结果见表 7-12。

表 7-12　混凝土及砌筑砂浆碳化深度检测表（mm）

孔号　　　构件	1#孔		9#孔		13#孔	
	范围	平均值	范围	平均值	范围	平均值
公路桥梁	2.5～7.0	4.7	3.0～6.0	4.7	5.0～9.6	7.1
人行桥梁	6.1～10.5	8.5	4.5～8.8	6.5	14.0～24.2	18.7
启闭机西侧梁	4.9～8.0	6.3	2.0~5.1	3.9	3.0～7.9	4.7
启闭机东侧梁	4.8～10.5	7.0	3.2～9.1	5.5	8.0～15.0	10.1
启闭机排架柱	3.8~13.1	8.7	4.0~8.1	6.6	5.0～8.2	6.4
混凝土闸墩	2.2～9.0	5.4	2.5～6.9	4.8	17.0～18.5	18.0
上闸门边框	2.2~7.0	4.8	1.0~2.9	2.1	1.1~3.2	2.5
下闸门边框	0	0	0	0	0	0

对于无盐污染的内陆水工混凝土结构，空气中二氧化碳渗入导致混凝土碳化是造成其中钢筋腐蚀的主要原因，当混凝土碳化深度达到钢筋时，钢筋失去了电化学上的保护作用。因此构件碳化速率是评价已有建筑物耐久性的重要指标，碳化速率大，碳化深度达到钢筋所在部位所需的时间相对就短。建筑物中的钢筋一旦全面锈蚀，将大大降低建筑物的安全度。1985 年原水电部水工混凝土耐久性调查表明，因混凝土碳化导致钢筋锈蚀引起的构筑物破坏占 47.5%。对此类结构可采取有效保护措施，减缓碳化速率，延长其使用寿命和确保工程安全。

水工建筑物混凝土的碳化深度主要与混凝土密实性及湿度有关。混凝土越疏松，二氧化碳在混凝土中的渗透速度越快，一定时间内，碳化深度越大；就混凝土湿度而言，一般认为混凝土湿度约为 60%时，其碳化速度最快。

由表 7-11 碳化深度检测结果的统计分析来看：

（1）大寺闸混凝土有一定的碳化但不是十分严重。

（2）同一结构的不同构件，即使同一构件不同部位混凝土碳化深度均有很明显的差别。同一结构，不同构件之间最大相差达 3 倍，同一构件不同部位之间最大相差也达 3 倍。说明其混凝土密实性差别大、质量不均匀。

（3）高程低的下闸门尚未碳化。这是由于闸门处于水下部位或闸门严重漏水使混凝土饱水或湿度高，导致混凝土不易碳化。

7.1.8　混凝土保护层厚度

选择有代表性的 1#孔、9#孔、13#孔，参照第 6 章中检测方法和规范，检测闸墩、闸门、隔板、启闭机排架、启闭机大梁、公路桥及人行桥梁主要钢筋混凝土构件的混凝土保护层厚度是否满足设计及规范要求。

实测各构件保护层厚度统计见表 7-13 至表 7-16。

表 7-13　启闭机工作桥混凝土保护层厚度统计表（mm）

孔　号	构　件	测点数	最大值	最小值	平均值	设计值	规范要求值
1#孔	梁侧面	17	55	15	33	30	35
	梁底面	12	69	36	53.4		
	翼板	9	53	34	44.9		
9#孔	梁侧面	16	46	27	35.8		
	梁底面	11	74	52	62.9		
	翼板	17	72	34	52		
13#孔	梁侧面	17	50	30	41.1		
	梁底面	13	72	38	54.9		
	翼板	12	64	40	49.8		
1#孔	排架立柱	11	48	28	40.6	40	35
9#孔	排架立柱	7	29	22	25		
13#孔	排架立柱	6	37	22	29.5		

表 7-14　闸墩混凝土保护层厚度统计表（mm）

构　件	测点数	最大值	最小值	平均值	设计值	规范要求值
南边墩	6	59	36	43.8	50	45
1#闸墩	13	45	23	37.7		
9#闸墩	6	51	26	36.3		
13#闸墩	8	50	20	32.9		

表 7-15　公路桥混凝土保护层厚度统计表（mm）

孔号	构件	测点数	最大值	最小值	平均值	设计值	规范要求值
1#孔	梁侧面	9	37	27	32.8	30	35
	梁底面	7	50	26	43.3		
	翼板	6	44	30	37.2	40	
9#孔	梁侧面	10	34	26	31.3	30	
	梁底面	8	41	30	36.8		
	翼板	8	39	30	34.9	40	
13#孔	梁侧面	10	50	24	33.4	30	
	梁底面	7	51	41	39.6		
	翼板	7	54	47	49.4	40	

表 7-16　人行桥混凝土保护层厚度统计表（mm）

孔号	构件	测点数	最大值	最小值	平均值	规范要求值
1#孔	梁侧面	4	36	31	33.8	35
	梁底面	7	45	33	37.3	
	翼板	6	42	39	40.7	
9#孔	梁侧面	6	34	32	33.2	
	梁底面	6	47	44	45.3	
	翼板	7	44	32	37.9	
13#孔	梁侧面	6	41	33	37.5	
	梁底面	6	46	32	43.0	
	翼板	7	48	20	35.6	

保护层厚度是影响钢筋混凝土构件耐久性的主要因素之一，混凝土碳化是钢筋锈蚀的前提，保护层越厚，碳化达到钢筋表面的时间越长，构件的耐久性越好。水工建筑物的病害调查表明，有些闸坝，水电站厂房及渠系建筑物的钢筋混凝土构件，由于混凝土保护层偏薄，使用不到 10 年就出现了钢筋锈蚀，导致严重的顺筋开裂，影响结构的使用寿命。

从本次抽样检测结果看到：

（1）混凝土保护层测量在混凝土外观完好处进行。从外观普查来看，闸墩、上闸门框架、工作桥立柱及公路桥翼板偏筋混凝土开裂脱落情况普遍，最小保护层厚度只有十几毫米。

（2）处于水位变动区的闸墩保护层厚度小于设计值，并且不符合最小保护层厚度 45 mm 的规范要求。

（3）启闭机工作桥排架柱大部分构件保护层厚度不满足设计要求，也不符合应大于 35 mm 的规范要求。启闭机梁除个别测点外，满足设计及规范要求。

（4）公路桥和人行桥梁部分构件略小于 35 mm 的规范要求，所检测的 3 孔中有 2 孔翼板保护层厚度略小于设计值。

（5）大部分构件混凝土保护层厚度测量值超过《水工混凝土结构设计规范》（SL/T 191—96）规定的允许偏差（±1/4 净保护层厚度）范围，说明钢筋混凝土工程质量相对较差。

7.1.9　钢筋锈蚀截面损失率

测定钢筋锈蚀严重部位的锈蚀后钢筋截面积损失率，评定建筑物的老化程度和推定结构的实际强度，参照第 6 章中检测方法和规范，检测对象有锈蚀破坏较为严重的启闭机排架柱、闸墩、上闸门混凝土边梁和人行桥护栏等。

根据钢筋混凝土的锚固理论，钢筋与混凝土之间的锚固力主要来自两者的黏结及变形钢筋的横肋对混凝土的咬合作用。对于光面钢筋，则主要来自钢筋与混凝土之间的黏结。钢筋一旦锈蚀，将导致混凝土与钢筋黏结力显著降低，甚至丧失；若锈蚀严重使钢筋截面积减小，力学性能降低，势必危及结构安全。

有研究资料表明，对于表面只有浮锈的钢筋，对结构性能基本没有影响。对于截面损失率小于 5%且均匀腐蚀的钢筋，热轧钢筋的应力、应变曲线仍具有明显的屈服点，钢筋截面损失率为 1.2%、2.4%和 5%时，板的承载能力分别下降 8%、17%和 25%；钢筋截面损失率为 1.2%、2.4%时，最大荷载下吸收能力分别为 34%和 46%；钢筋延伸率基本上大于规范允许的最小值，钢筋的抗拉强度与屈服强度仍可考虑与母材相同，承载能力计算则需考虑截面的折减。对于截面损失率 5%～10%的钢筋，由于腐蚀的不均匀性，钢筋屈服强度、抗拉强度及延伸率均开始降低。对于截面损失率大于 10%但小于 60%的严重腐蚀的钢筋，钢筋屈服点已不明显，延伸率也小于规范规定的最小允许值，钢筋的各项力学性能严重下降。截面损失率达 60%的钢筋已使构件承载能力降低到与未配筋的构件相近。所以认为钢筋截面损失率已大于 10%的构件，宜更换或彻底加固并作耐久性处理。

各构件中钢筋锈蚀后截面损失率检测成果见表 7-17。

该闸构件的抽样检测结果表明，钢筋混凝土结构中钢筋均已出现不同程度的锈蚀，其中闸墩钢筋锈蚀最严重，10# 闸墩主筋最大截面损失率达 28.7%，平均截面损失率已达 20.0%；箍筋最大截面损失率达 63.4%，平均截面损失率已达 49.3%。北边墩箍筋已锈断。启闭机排架立柱箍筋最大截面损失率也已达 27.3%左右。所以必须对闸墩及启闭机工作桥等钢筋腐蚀严重的构件进行维修加固。

表 7-17　构件钢筋锈蚀率抽样检测结果统计表

部　位		钢筋类别	原直径（mm）	剩余直径（mm）						平均值	最大截面损失率（%）	平均截面损失率（%）
				测量值								
启闭机 1# 排架		箍筋	8	7.76	7.70	6.88	6.82	7.50	7.62	7.38	27.32	14.90
闸墩	7#	主筋	12	11.32	11.66	11.48	11.51	11.60	11.37	11.49	11.01	8.32
		箍筋	8	7.78	7.86	6.54	6.30	6.97	7.08	7.09	37.98	21.49
	10#	主筋	18	15.20	16.20	16.46	16.62	16.22	15.92	16.10	28.69	19.96
		箍筋	8	4.84	5.72	5.52	6.68	5.69	5.73	5.70	63.40	49.29
	11#	主筋	16	14.10	14.11	14.60	15.12	14.35	14.51	14.47	22.34	18.27
	北边墩	箍筋	8	0	1.18	1.10	2.16	3.14	3.54	1.85	100.00	94.63
上闸门边框	7#	箍筋	8	7.82	7.84	7.88	7.79	7.80	7.75	7.81	6.15	4.61
	11#	箍筋	8	7.64	7.66	7.78	7.46	7.51	7.58	7.61	13.04	9.63

7.2　黄河红旗闸腐蚀状况调查案例及分析

7.2.1　基本情况

红旗闸位于河南省封丘县境内黄河北岸大堤，该闸建于 1958 年，3 孔开敞式水闸。弧型钢闸门，孔口宽 10 m，高 5 m，2×15 t 双吊点卷扬式启闭机。由新乡地区水利局设计，河南省水利厅施工，封丘县黄河河务局管理、运用。设计流量 280 m³/s，加大流量可达 350 m³/s，设计灌溉面积 67.333 万公顷。

工程建设土方 52.617 万 m³，石方 1.507 万 m³，混凝土 0.765 万 m³。当时投资约 400 万元人民币。由于黄河河床淤积，洪水水位逐年增高，红旗闸的稳定性和挡水高度已不能满足防洪要求，遂于 1977 年进行改建，改造后引水流量 210 m³/s。

改建工程于 1979 年完成。工程土方 13.16 万 m³，混凝土 0.263 万 m³，石方 0.084 万 m³，拆除钢筋混凝土 0.023 万 m³，总投资 177.65 万元。在 1996 年清淤检查时发现钢闸门及支臂锈蚀严重，更换中孔闸门，对两侧闸门进行油漆防腐处理。

红旗闸建成后，长期使用过程中出现诸多问题，例如，闸墩不均匀沉降，启闭机房屋顶、墙面、地面开裂，闸室内淤积严重，混凝土碳化造成钢筋锈蚀，保护层剥落、开裂，结构承载力下降，钢闸门腐蚀穿孔等。加之原设计、施工受当时技术和经济等多方面条件的限制，工程存在考虑不周和施工缺陷等问题，急需处理或除险加固。

河南黄河勘察设计研究院委托对该闸进行现场全面调查、检测评估工作。检测评估根据有关的技术资料和国家行业规范进行。

7.2.2　建筑物现场检测与结果分析

1. 检测内容

调查检测具体内容包括：

（1）收集资料，包括工程图纸、竣工报告、地质资料、各种监测数据、施工和运行过程中各种特殊工况等以及相关的工程技术资料；

（2）水闸地基情况调查，观察水闸的沉降、位移；

（3）全面普查、描述混凝土外观缺陷（包括表面风化、冲蚀、蜂窝、麻面、裂缝、空鼓、剥落、露筋等）的状况；

（4）用回弹法和钻芯取样法测定混凝土强度；

（5）测定混凝土的碳化深度；

（6）测量混凝土保护层厚度；

（7）局部敲开混凝土，测量钢筋蚀后直径，计算钢筋断面腐蚀损失率；

（8）测量钢闸门的蚀余厚度；

（9）取水样进行水质分析。

重点检测水闸的主要构件有：闸底板、消力池、铺盖、闸墩、胸墙、上下游翼墙、工作桥以及钢闸门、启闭机等。

2. 技术路线

现场检测按收集资料→普查→重点调查→资料整理、分析→评定、评估的顺序进行。

3. 闸墩外观腐蚀病害的检查

西边墩：

（1）原胸墙下表层混凝土剥落，剥落范围达 2.15 m×2.15 m×2 cm；

（2）检修门槽约有 0.65 m×0.4 m×1.5 cm 的混凝土剥落；

（3）原牛腿及钢闸门支臂下钢筋头露出 6 处，表层混凝土脱落 1 处，尺寸约为 0.1 m×0.15 m×6 cm。

东边墩：

（1）原牛腿下混凝土露砂石两处，面积分别为 1 m×2 m 和 1 m×3 m，并有蜂窝麻面现象；

（2）原胸墙下混凝土露砂石面积为 2 m×2 m、有 1 条长度为 0.5 m 的竖向微裂缝。

中间墩：

（1）中墩的顶端检修门槽有劈裂裂缝，竖向长度约为 1.5 m，宽度为 0.5 mm；

（2）原胸墙下有一条 1.8 m 长、0.2 mm 宽的竖向裂缝；

（3）在原牛腿下部，共有 10 处小块混凝土剥落，面积约为 5～20 cm×5～20 cm；

（4）分水尖边缘，有 8 处小块混凝土剥落，面积均约为 0.1 m×0.1 m；露砂石范围 1.4 m×0.7 m；并存在宽约为 0.1～0.5 mm，长度为 0.2～0.6 m 的 5 条横向裂缝。

4. 胸墙外观腐蚀病害的检查

（1）西侧胸墙底面止水压板边缘混凝土局部剥落、层裂，中孔胸墙底面止水钢板边缘有面积为 10 m×0.2 m 的混凝土层裂剥落区，其深度达 5 mm；

（2）西侧胸墙上游面有面积为 10 m×1.5 m 露砂石区，而东侧胸墙上游面有面积为 1 m×10 m 的露砂石区；

（3）西侧胸墙表面混凝土层裂剥落 10 余处，露出锈蚀钢筋；

（4）中孔胸墙底向上 1 m 范围混凝土露砂石，面积为 3 m×10 m；

（5）东孔胸墙弧形面有 7 条长度约为 0.3 m，宽约为 0.2 mm 的纵向裂缝。

5. 闸底板腐蚀病害检查

检查前抽水、清淤，对闸底板进行检查。

（1）东西两孔的闸底板，改造后的浆砌块石结构周边与闸墩及底板交界处均存在裂缝，裂缝宽度达 1～2 mm；

（2）在加高的侧面中部有宽度达 20 mm 的贯通长裂缝；

（3）闸底板斜坡被冲刷形成大量小沟漕，最深有 15 mm。

为了防渗固基，防止地震闸基液化和延长渗径，在闸底板上下游分别打入

10 m 和 8 m 钢板桩，两侧打木桩；铺盖前沿和消力池末端亦各设置木板桩一道。

　　但由于铺盖、消力池裂缝冒水严重，又急于放水灌溉，未能完全清淤、清水。检测中未发现地基结构断裂、沉降、冲坑和塌陷。铺盖、消力池都有长度不一的横向裂缝，冒水严重，伸缩缝止水失效。消力池的减压孔共有 20～30 个，冒水减压的约有 11 个，其余均已堵塞。减压孔在冒水的同时有砂土冒出，东侧的一个减压孔在冒出的 6.1 kg 水中，含有 150 g 的细砂土，含砂量达 2.5%，滤层已遭到破坏，地基土有不同程度流失，底板下已形成空洞。

6.　消力池腐蚀病害检查

　　（1）消力池的减压孔共有 20～30 个，冒水减压的有 11 个，其余均已堵塞。减压孔在冒水的同时有砂土冒出，东侧的一个减压孔在冒出 6.1 kg 水中，含有 150 g 细砂土，含砂量达 2.5%。滤层已遭破坏，地基土有不同程度流失，底板下已形成空洞。

　　（2）消力池与闸底板的伸缩缝有冒水、冒砂现象，其长度约有 4 m，在冒水的地方有 10 余个孔洞，且冒气泡。

　　（3）伸缩缝止水材料破坏，面层砂浆开裂，裂缝最宽约有 2 mm，冒水冒砂长度达 5 m，其中有 20 余个冒水口。

　　（4）消力池前部有面积为 2 m×5 m，深度为 2～3 cm 的冲蚀坑。

　　（5）消力墩上部露砂、下部露石，33 个消力墩棱角被磨蚀，都有不同程度的破坏。

7.　工作桥腐蚀病害检查

　　原工作桥状况：

　　（1）西孔工作桥 1 号梁存在 7 条宽度为 0.2 mm 的与梁截面平行环形裂缝（非钢筋锈蚀所引起）、T 型梁板翼两端呈"八"字形剪切破坏；

　　（2）中孔工作桥 1 号梁有 2 条宽度为 0.2 mm 的与上述类似的环形裂缝、T 型梁板翼两端呈"八"字形剪切破坏，长度分别为 0.6 m 及 0.7 m，2 号梁侧面混凝土层裂剥落 5 处，1 处混凝土剥落露筋；

　　（3）东孔工作桥 1 号梁有 3 条环形裂缝、T 型梁板翼一端斜向断裂，中部翼板 0.1 m×0.6 m 区域存在施工缺陷、侧面 3 处混凝土剥落。

　　新工作桥状况：

　　（1）东孔工作桥的 2 根横梁底面密布有大量收缩裂缝；

　　（2）中孔新工作桥 2 根梁西端约 3 m 长的范围内布有大量收缩裂缝。

7.2.3　混凝土抗压强度

混凝土的抗压强度采用表面强度法（回弹法）与钻芯法相结合，并以回弹法为主，钻芯取样校正回弹法，参照第 6 章中检测方法和规范进行。芯样强度与回弹强度对比检测结果见表 7-18。

表 7-18　芯样强度与回弹强度对比

构　件		芯样强度（MPa）	回弹强度（MPa）	修正系数	平均修正系数
胸墙	1	34.1	23.2	1.47	1.42
	2	29.4	21.4	1.37	
	3	芯样尺寸不符合要求，删去			
闸墩	1	32.1	35.6	0.90	1.03
	2	34.8	30.5	1.14	
	3	31.8	30.2	1.05	
消力池	1	22.1	因消力池渗水无法抽干，故未用回弹法进行强度检测		
	2	25.2			
	3	30.6			

由检测结果可知，每类构件 3 个芯样强度对于回弹强度的修正系数较接近；而不同构件的修正系数有所差别，胸墙的修正系数为 1.42，闸墩的修正系数为 1.03。为此我们对每类构件回弹强度分别用不同的修正系数进行修正。横梁及翼墙采用闸墩的修正系数修正。检测及修正后的各类构件强度结果列于表 7-19，可得到以下结果：

（1）除中孔原横梁外，其余各类构件的强度平均值大于 25 MPa，但西孔原横梁、原闸墩、原胸墙及消力池四类构件上有部分测区强度小于 25 MPa。根据《水工混凝土结构设计规范》（SL/T 191—96）中结构耐久性设计要求，处于露天的梁、柱等钢筋混凝土结构，混凝土强度等级不宜低于 C25。因此除中孔原横梁外，其余构件目前的强度均满足要求，西孔原横梁、原闸墩、原胸墙及消力池四类构件上有局部区域不符合强度要求。

（2）不同构件、同一构件不同测区强度测量值离散性均较大，约有 65% 的被测构件的强度标准差大于 5.0，离差系数大于 15%。根据混凝土质量工程评定标准，该闸每类构件目前的强度很不均匀，质量状况差。这可能是当时施工质量水平较差，或是各构件不同部位在长达 40 多年的服役期间所受到的侵蚀程度不同所致。

表 7-19　混凝土强度测试结果（MPa）

构件名称			范　围	平均值	标准偏差	离散系数（%）	均匀性
横梁	后加	西　孔	43.7～50.2	47.7	3.49	7.3	好
		中　孔	33.3～50.3	45.7	4.88	10.7	好
	原	西　孔	18.2～36.3	25.2	5.84	23.1	差
		中　孔	16.2～24.4	20.8	2.59	12.4	好
胸　墙	后加	西　孔	39.6～47.9	43.2	2.23	5.2	好
		中　孔	29.8～45.7	39.9	7.58	19.0	差
	原	西　孔	23.7～46.2	33.9	6.40	18.9	差
		中　孔	28.1～41.9	36.0	4.48	12.4	好
		东　孔	16.8～37.6	26.4	6.02	22.8	差
闸　墩	后加	西边墩	26.2～37.7	29.6	3.66	12.4	好
		西 1 中墩	34.8～45.2	41.5	2.95	7.1	好
		西 2 中墩	30.6～50.3	40.6	6.27	15.4	差
	原	西边墩	19.7～46.1	31.1	8.12	26.1	差
		西 1 中墩	22.3～49.3	36.7	10.30	28.1	差
		西 2 中墩	19.7～35.3	26.1	5.15	19.7	差
		东边墩	24.2～49.0	35.7	10.70	30.0	差
上游翼墙		东　侧	26.5～40.3	32.8	4.63	14.1	一般
		西　侧	25.4～42.7	32.8	4.92	15.0	一般
消力池（钻芯法）			22.1～30.6	26.0	4.30	16.6	差

7.2.4　保护层厚度检测

混凝土保护层厚度检测结果如表 7-20 所示。

表 7-20　混凝土保护层厚度检测结果（mm）

构件名称		钢筋类别		测量值
老工作桥横梁	西　孔	横向筋	顶面	41.0
			侧面	28.0
		竖向筋	顶面	30.5
			侧面	12.5
	中　孔	横向筋	顶面	42.0
			侧面	18.0
		竖向筋	顶面	26.0
			侧面	11.0

构件名称				钢筋类别		测量值
后建工作桥横梁		西孔	横向筋		底面	33.0
					侧面	39.0
			竖向筋		底面	27.0
					侧面	32.0
		中孔	横向筋		底面	20.0
					侧面	31.0
			竖向筋		底面	17.0
					侧面	32.0
胸墙		后加胸墙		横向筋		58.0
				竖向筋		>60.0
		原胸墙		横向筋		33.0
				竖向筋		46.0
闸墩		后加闸墩		横向筋		72.0
				竖向筋		84.0
		原闸墩		横向筋		>60.0
				竖向筋		>60.0
上游翼墙		西侧		横向筋		55.0
				竖向筋		57.0
		东侧		横向筋		45.0
				竖向筋		37.0

混凝土保护层厚度是影响钢筋混凝土结构耐久性的重要参数,当混凝土密实度及所处的外界条件一定时,其碳化速度就一定,混凝土保护层越厚,碳化到达钢筋的时间就越长,钢筋开始锈蚀的时间也越晚,构件的耐久性越好。对水工建筑物的病害调查表明,有些闸坝、水电站厂房及渠系建筑物的钢筋混凝土构件,由于混凝土保护层偏薄,往往使用10年左右就出现钢筋锈蚀,导致严重的顺筋开裂,严重影响结构的耐久性。

检测结果表明工作桥的横梁保护层明显偏薄,原胸墙的横向筋及东侧翼墙的竖向筋的保护层小于40 mm,不符合《水工混凝土结构设计规范》(SL/T 191—96)的要求。其余构件钢筋保护层大于40 mm,满足设计和规范要求。

7.2.5　混凝土碳化深度检测

　　混凝土碳化深度检测结果见表 7-21，可得出以下结果：

　　（1）同一构件的混凝土碳化深度离散性很大，说明混凝土密实性、质量不均匀；

　　（2）处于不同高程的不同构件的碳化深度有显著的差别，即使同一构件，如老闸墩，不同高程部位也具有不同的碳化深度，越往上混凝土构件碳化深度越大，长期浸没于水中的混凝土碳化深度很浅，接近为零。这是处于不同高程的混凝土湿度不同所致，饱水及湿度高的混凝土不易碳化。同一类构件，使用期较短的后加构件并不比原有的老构件混凝土碳化深度小，这可能是所处的部位高，混凝土湿度较低，也可能是后建构件混凝土密实性差的原因。

　　（3）对照结果可以看出，原工作桥横梁的碳化深度局部已达到或超过其保护层厚度，其中钢筋已经锈蚀。后建工作桥横梁及原胸墙最大碳化深度已接近钢筋，将很快导致其中钢筋的锈蚀。

表 7-21　混凝土碳化深度测量表（mm）

构件	孔号		西孔		中孔		东孔	
			范围	平均	范围	平均	范围	平均
横梁	后加横梁		13.2～17.6	15.3	9.0～19.1	14.4	—	
	原横梁		19.1～26.2	22.8	8.4～24.6	18.7		
胸墙	后加胸墙		10.1～38.8	28.7	28.0～36.1	31.2	—	
	原胸墙		10.8～28.2	20.3	15.7～31.0	23.4	19.2～29.7	24.2
闸墩	后加闸墩		27.7～42.7	36.1	26.4～42.8	31.6	—	
	原闸墩	上部	24.7～38.2	31.7	21.4～36.0	28.4	14.1～26.0	18.3
		中部	10.4～3.6	12.2	12.5～27.0	22.1	12.5～17.4	14.6
		下部	4.7～6.6	5.6	0～6.9	2.8	—	0
上游翼墙		上部	6.9～10.1	9.1			10.9～12.5	11.3
		下部	4.2～7.7	5.9	—	—	4.4～8.8	6.9

7.2.6　钢筋锈蚀率检测

　　构件的钢筋锈蚀截面损失率抽样检测结果见表 7-22 所示。

表 7-22　钢筋锈蚀损失率检测结果

构件名称		钢筋类别	原直径（mm）	现直径（mm）	截面损失率（%）
原工作桥横梁	西孔	横向筋	12	已锈	—
		竖向筋	12	7.6	59.9
	中孔	横向筋	12	已锈	—
		竖向筋	12	7.0	66.0
原胸墙		横向筋	12	未锈	0
		竖向筋	9	未锈	0
原闸墩		横向筋	12	未锈	0

从对该闸构件的抽样检测结果看到，由于原工作桥横梁保护层较薄，横筋、竖筋均已出现不同程度的锈蚀，严重部位竖筋截面积损失率已达 60%；胸墙与闸墩由于碳化深度尚未达到钢筋，其中钢筋目前尚未锈蚀。

7.2.7　钢闸门检测

根据《水工钢闸门和启闭机安全检测技术规程》（SL 101－94）规定，闸门安全检测应包括外观检测、材料检测和无损探伤三项内容，其中外观检测为必须检测项目。外观检测主要包括外观形态检测和腐蚀状况检测两部分内容。对三孔钢闸门外观形态检测结果表明，腐蚀是闸门的主要问题，未发现焊缝和热影响区表面裂纹等危险缺陷及异常变化。因此，外观检测是检测工作的重点。

1．外观形态检测方法

外观形态检测主要通过目测辅以少量实测，按照表 7-23 所示的四个腐蚀等级，对钢闸门进行总体描述，对闸门的每根杆件进行腐蚀等级评定。

闸门面板、主横梁的弦杆、纵梁、支臂为闸门的承重构件，其余为非承重构件。

表 7-23　腐蚀等级划分

等级划分		构件腐蚀状况
1	不腐蚀	构件表面涂层完好，构件没有明显腐蚀，可以正常使用
2	一般腐蚀	构件表面涂层基本剥落，有明显的锈斑锈坑，但深度较浅，或有零星较深的锈坑，需做防腐处理后继续使用
3	严重腐蚀	构件表面蚀坑密布，构件断面严重削弱，需要更换
4	腐蚀损坏	构件严重损坏或局部穿孔，需要更换

2. 腐蚀等级评定

表 7-24 是钢闸门的总体描述，表 7-25 是闸门每根杆件腐蚀等级评定结果。

表 7-24　各孔闸门外观形态检测结果

名　称	闸孔号		
	西　孔	中　孔	东　孔
门　叶	未发现闸门明显变形。大横梁、下支臂和纵梁腹板严重腐蚀。大横梁（下）有三根撑杆腐蚀穿孔。面板有两个吊装孔，已修补	未发现闸门明显变形。上游面面板、所有节点板和下游面第 3 条小横梁以下部位构件，涂层大面积剥落，构件表面有浅而密的锈斑和锈坑，腐蚀较轻。其余部位涂层完好，基本没有腐蚀	未发现闸门明显变形。大横梁、下支臂和纵梁腹板腐蚀严重。面板有两个吊装孔，已修补
门　轨	严重腐蚀	严重腐蚀	严重腐蚀
铰　座	腐　蚀	腐　蚀	腐　蚀
钢丝绳	完　好	完　好	完　好
止水压板	严重腐蚀	严重腐蚀	严重腐蚀
侧导板	啃轨，深度为东侧 1.5 cm，西侧 1.2 cm	严重腐蚀	东侧啃轨，深度为 1.4 cm
滚　轮	锈死，东侧上滚轮缺损约 15%，下滚轮缺损约 20%，西侧滚轮与侧导板之间的距离约为 4 cm	转动不灵活，与侧导板之间的间隙较大	锈死，东侧上滚轮缺损约 10%，西侧滚轮与侧导板之间的距离约为 3 cm
止水橡皮	严重损坏，闸门关闭时漏水严重	部分损坏，闸门关闭时漏水	严重损坏，闸门关闭时漏水严重

表 7-25　钢闸门构件腐蚀等级评定结果

构件名称		西　孔		中　孔		东　孔	
		杆件数（根）	等级	杆件数（根）	等级	杆件数（根）	等级
大横梁（上）	上弦杆	4	3	4	1	4	3
	下弦杆	4	3	4	1	4	3
	撑　杆	28	2	28	1	26	2
		12	3			14	3
大横梁（下）	上弦杆	4	3	4	2	4	3
	下弦杆	4	3	4	2	4	3
	撑　杆	37	3	28	2	40	3
		3	4				

构件名称		西 孔		中 孔		东 孔	
		杆件数（根）	等级	杆件数（根）	等级	杆件数（根）	等级
纵梁	肋板	7	2	11	1～2	7	2
	腹板	7	3	11	1～2	7	3
小横梁		5	3	2	1	5	3
		3	2	6	2	3	2
支 臂	左上	4	2	4	2	4	2
	左下	4	3	4	2	4	2
	右上	4	2	4	2	4	2
	右下	4	3	4	2	4	3
	撑杆	20	3	20	2	20	3
背拉架		43	3	32	2	43	3
拉 杆		14	2	20	2	14	2
面 板	上游	3		2		3	
	下游	3		1～2		3	

由表 7-24 和表 7-25 可以看出：

（1）西孔闸门严重腐蚀，有 3 根杆件腐蚀穿孔，3、4 级杆件总数为 152 根，其中承重杆件为 32 根，非承重杆件为 120 根。

（2）东孔闸门严重腐蚀，3 级杆件总数为 154 根，其中承重杆件为 32 根，非承重杆件为 122 根。

（3）西孔和东孔铰座、门轨、严重腐蚀，止水橡皮严重损坏。滚轮锈死，共有 3 个滚轮缺损，最大缺损约为滚轮的 20%。啃轨严重，最大啃轨深度为 1.5 cm。

（4）中孔闸门部分构件轻微腐蚀，属于一般腐蚀。

3. 腐蚀状况检测

对三孔钢闸门进行腐蚀状况检测。外观形态检测结果表明西孔和东孔闸门腐蚀严重。中孔闸门上游面板和下游第 3 条小横梁以下部位构件表面涂层剥落，腐蚀轻微，下游第 3 条小横梁以上部位构件部位涂层基本完好，无腐蚀。因此，主要检测内容和方法如下：

1）详细测量西孔和东孔构件的蚀余厚度

选取杆件腐蚀最严重的两个截面作为测量截面，每个截面测两点。根据测量结果计算每根杆件的平均蚀余厚度和最小蚀余厚度（因缺少钢闸门结构图，无法计算腐蚀速率）。

2）测量中孔闸门构件表面剩余涂层的涂层厚度，计算涂层的平均厚度

测量蚀余厚度时，用铲刀和电动钢丝刷除去杆件表面的腐蚀产物，测量仪器为特制游标卡尺、日本产超声波测厚仪。用德国产笔式涂层测厚仪测量涂层厚度。

表 7-26 和表 7-27 分别是西孔和东孔闸门蚀余厚度测量结果，表 7-28 是中孔闸门表面剩余涂层的涂层厚度测量结果。

表 7-26　西孔闸门蚀余厚度测量结果

构件名称			蚀余厚度（mm）		构件名称			蚀余厚度（mm）	
			平均值	最小值				平均值	最小值
大横梁（上）	上弦杆	上	6.6	6.2	拉杆	5 上		6.6	6.4
		下	6.4	6.1		5 下		6.4	6.1
	撑杆	10 上	7.3	7.1	支臂	右上	上	8.9	8.7
		11 上	6.9	6.7			下	9.7	9.3
		12 上	11.0	10.7		右下	上左	5.2	4.5
	节点板		5.1	4.6			上右	5.7	4.2
大横梁（下）	上弦杆	上	4.6	3.9			下左	7.3	6.8
		下	3.5	3.3			下右	6.8	5.0
大横梁（下）	下弦杆	上	5.0	4.4	支臂	左下	上左	4.5	3.9
	撑杆	2	0	0			上右	4.4	3.2
		7 下	3.1	2.6			下左	7.5	6.7
		8 下	2.5	1.7			下右	6.9	5.6
		10 下	3.3	2.2		撑杆		4.6	3.4
		10 下	4.3	3.7				4.9	3.7
		11 下	0	0				5.6	5.0
	节点板		9.8	9.3				4.7	3.6
纵梁	1	肋板	11.0	10.8	背拉架	前拉架		5.2	5.0
		腹板	7.5	6.8				4.8	4.6
	2	肋板	11.2	10.8				4.6	4.2
		腹板	8.0	7.9				4.8	4.5
	8	肋板	11.3	11.2		后拉架		6.2	6.1
		腹板	7.3	7.2				6.2	5.9
	9	肋板	11.4	11.2	十字撑			5.0	4.2
		腹板	8.0	7.8				4.7	3.8
小横梁	4		7.7	7.2				5.7	5.3
	5		4.1	3.9				5.4	5.2
	6		8.2	7.8	面板			9.5	9.3

检测结果表明，西孔闸门构件腐蚀严重。大横梁（上）的上弦杆、大横梁（下）的上下弦杆和撑杆、纵梁的腹板以及下支臂腐蚀最为严重。大横梁（上）上弦杆的最小蚀余厚度为 6.1 mm；大横梁（下）上、下弦杆的最小蚀余厚度为 3.3 mm，撑杆已有穿孔，最小蚀余厚度为 0；纵梁腹板的最小蚀余厚度为 6.8 mm；下支臂的最小蚀余厚度为 3.2 mm，支臂撑杆的最小蚀余厚度为 3.4 mm。

表 7-27　东孔钢闸门蚀余厚度测量结果

构件名称			蚀余厚度（mm）		构件名称			蚀余厚度（mm）	
			平均值	最小值				平均值	最小值
大横梁（上）	上弦杆	上	7.3	7.1	拉杆	5 上		5.6	5.4
		下	7.3	6.9		5 下		6.2	6.0
	撑杆	2 上	6.9	6.7	支臂	右上	上	10.8	10.3
		3 上	7.4	7.3			下	10.6	10.2
	节点板		5.1	4.6			上左	7.2	6.8
大横梁（下）	上弦杆	上	4.4	4.2		右下	上右	7.4	7.2
		下	3.8	3.3			下左	7.9	7.6
大横梁（下）	下弦杆	上	6.9	6.4		右下	下右	6.9	6.1
	撑杆	2 下	3.5	2.2	支臂	左下	上左	7.5	7.0
		10 下	3.5	3.0			上右	7.7	7.0
		10 下	4.1	3.5			下左	7.9	6.5
		11 下	1.6	1.1			下右	9.7	8.1
	节点板		10.3	10.2		撑杆		5.1	4.5
纵梁	1	肋板	10.6	10.5				3.2	2.7
		腹板	7.1	6.7	背拉架	前拉架		6.6	6.2
	4	肋板	8.1	8.0				6.2	4.9
		腹板	6.9	6.8				4.1	3.8
	6	肋板	10.2	10.0				4.9	3.9
		腹板	6.6	6.3		后拉架		6.8	6.7
小横梁	3		5.8	5.3				5.4	5.1
	4		6.5	5.2		十字撑		6.1	5.0
	5		5.7	4.6				6.6	5.5
面板			9.3	9.1					

检测结果表明，东孔闸门构件腐蚀严重。大横梁（上）的上弦杆、大横梁（下）的上下弦杆和撑杆、纵梁的腹板以及下支臂腐蚀最为严重。大横梁（上）上弦杆

的最小蚀余厚度为 6.7 mm；大横梁（下）上、下弦杆的最小蚀余厚度为 3.3 mm，撑杆的最小蚀余厚度为 1.1 mm；纵梁腹板的最小蚀余厚度为 6.3 mm；下支臂的最小蚀余厚度为 6.1 mm，撑杆的最小蚀余厚度为 2.7 mm。

表 7-28　中孔钢闸门上部剩余涂层的涂层厚度测量结果

构件名称			涂层厚度（μm）
大横梁（上）	上弦杆	上	463
		下	427
	下弦杆	上	420
		下	537
小横梁（顶）			353
面　板	上游		483
	下游		320

检测结果表明，中孔闸门上部剩余涂层的涂层厚度在 320～537 μm 之间，涂层厚度不均匀。

4. 检测结果分析

水利部标准《水利水电工程钢闸门设计规范》（SL 74－95）规定闸门承重构件的厚度不得小于 6 mm。《水工钢闸门和启闭机安全检测技术规程》（SL 101－94）规定：经过检测可以安全使用的设备，在未来 10 年内，不应出现非人为重大事故。

根据上述标准的规定以及外观形态检测结果和腐蚀状况检测结果，并考虑到10 年的腐蚀裕量（因无法计算腐蚀速率，此处以最大年腐蚀速率 0.169 mm/a 考虑），确定西孔和东孔闸门需要更换的杆件名称和数量如表 7-29 所示。

表 7-29　西孔和东孔闸门更换杆件名称和数量

项　目	西　孔		东　孔	
	名　称	数量（根）	名　称	数量（根）
承重构件	大横梁（上）弦杆	8	大横梁（下）弦杆	8
	大横梁（下）弦杆	8	大横梁（下）弦杆	8
	纵梁（腹板）	7	纵　梁（腹板）	7
	下支臂	8	下支臂	8
	面　板	1	面　板	1
	小　计	32	小　计	32

续表

项　目	西　孔		东　孔	
	名　称	数量（根）	名　称	数量（根）
非承重构件	大横梁（上）撑杆	12	大横梁（下）撑杆	14
	大横梁（下）撑杆	40	大横梁（下）撑杆	40
	背拉架	43	背拉架	43
	支臂撑杆	20	支臂撑杆	20
	小横梁	5	小横梁	5
	小　计	120	小　计	122
闸门杆件数量（根）	承重构件	47	承重构件	47
	非承重构件	165	非承重构件	165
	总　数	212	总　数	212
更换杆件百分比（%）	承重构件更换杆件数占承重构件杆件数	68	承重构件更换杆件数占承重构件杆件数	68
	更换杆件总数占闸门杆件总数的百分比	57	更换杆件总数占闸门杆件总数的百分比	58

　　由表 7-29 可以看出，西孔闸门需要更换的承重构件杆件数占承重构件杆件总数的 68%，所有需要更换的杆件占闸门总杆件数的 57%。东孔闸门需要更换的承重构件杆件数占承重构件杆件总数的 68%，所有需要更换的杆件占闸门总杆件数的 58%。

　　水利部《水利水电工程金属结构报废标准》（SL 226—98）规定：整扇闸门因腐蚀条件需要更换的构件数达到 30% 以上时，该闸门应予报废。

　　西孔和东孔闸门均为 1958 年制造，已大大超过其使用折旧年限。根据检测结果和上述标准的规定，应予以报废。

　　中孔为 1997 年更换，闸门下部表面涂层剥落，腐蚀轻微，闸门上部涂层厚度不均匀，重新涂装后可继续使用。

7.2.8　水质情况及取样分析

　　在闸门上游的渠道中取水样进行水质分析，结果如表 7-30 所示。

　　水样中 Cl^-、SO_4^{2-} 含量明显偏高，表明水质有污染迹象。钢闸门严重腐蚀与水质受到污染有很大关系，尚未发现污染水对混凝土产生危害。

表 7-30　水样分析结果

阳离子	含量（mg/L）	阴离子	含量（mg/L）	项目	含量（mg/L）
K^+	3.98	HCO_3^-	201.8	矿化度	603.3
Na^+	82.50	Cl^-	89.40	总硬度	254.7
Ca^{2+}	56.50	SO_4^{2-}	127.8	暂时硬度	165.6
Mg^{2+}	27.66	NO_3^-	13.49	永久硬度	89.09
Fe	0.14	总计	432.5	总碱度	165.6
总计	170.8			pH	8.0

7.2.9　可靠性评估

1. 评估方法

可靠性评估划分为子项目、项目和评定单元三个层次。

水闸可分为：

（1）闸室单元，包括闸底板、闸墩、胸墙、上下游工作桥、公路桥、钢闸门等项目；

（2）上游铺盖单元，包括铺盖、翼墙项目；

（3）上游护底单元，包括护底、护坡；

（4）下游消力池单元，包括护坦、下游翼墙。

在项目中划分多个子项目，如工作桥，分为横梁和面板，钢闸门分为止水、支座、上横梁、支杆等若干子项目。

子项目、项目、单元评定按照下列标准进行：

1）子项目

a 级：符合国家现行标准规范要求，不必采取措施；

b 级：略低于国家现行标准规范要求，基本安全适用，可不采取措施；

c 级：不符合国家现行标准规范要求，影响安全或影响正常使用，应采取措施；

d 级：严重不符合国家现行标准规范要求，危及安全或不能正常使用，必须立即采取措施。

根据混凝土碳化耐久性研究成果，可以混凝土碳化到主筋表面作为 b、c 级的分界线。如果主筋直径小于 10 mm，发生全面锈蚀则评为 d 级；钢筋直径大于 10 mm，锈蚀截面损失率小于或等于 5%时，可按 c 级考虑，大于 10%则评为 d 级。

2）项目

根据子项目在可靠性评定中的影响程度不同。将子项目分为主要子项目和次要子项目。

A 级：主要子项目符合国家现行标准规范要求，次要子项目略低于国家现行标准规范要求，可以正常使用，不必采取措施；

B 级：主要子项目符合或略低于国家现行规范要求，个别次要子项不符合国家现行标准规范要求，尚可正常使用，应采取适当措施。

C 级：主要子项目略低于或不符合国家现行规范要求，个别次要子项目严重不符合国家现行标准规范要求，应采取措施。

D 级：主要子项目严重不符合国家现行标准规范要求，必须采取措施。

3）评定单元

评定单元是可靠性评估的第三层次，划分为四级：

一级：可靠性符合国家现行标准规范要求，可正常使用，极个别项宜采取适当措施；

二级：可靠性略低于国家现行规范要求，不影响正常使用，个别项目宜采取适当措施；

三级：可靠性不符合国家现行规范要求，影响正常使用，有些项目应采取措施，个别项目必须立即采取措施；

四级：可靠性严重不符合国家现行标准规范要求，已不能正常使用，必须立即采取措施。

2. 评估结果

根据调查与检测结果，红旗闸可靠性评估等级如表 7-31 所示。

表 7-31　红旗闸可靠性评估表

单元名称	项目名称	项目评估结果	单元评估结果
闸 室	闸 底 板	后加浆砌块石无法评估	三级
	闸　墩	C	
	胸　墙	B	
	工 作 桥	B	
	公 路 桥	B	
	钢 闸 门	D	
铺 盖	铺　盖	后加浆砌块石无法评估	二级
	铺盖翼墙	B	
上 游 护 底	护　底	淤泥堆积，未见	二级
	护　坡	B	
消力池	消力池	C	三级
	翼　墙	B	

第三篇　水利水电工程金属结构

第8章　水利水电工程金属结构腐蚀及检测

水利水电工程金属结构泛指应用于水利水电工程中的各种永久性的钢结构和机械设备，在这些钢结构和机械设备当中最基本和应用最广泛的是各类闸门、压力钢管、拦污栅及清污机械、阀门及相应的启闭机械。除此以外，水利水电工程中的金属结构设备还包括通航建筑物闸门、升船机、活动钢桥和防撞装置等。

水利水电工程金属结构是水利水电枢纽中不可缺少的重要设施，在枢纽的水域中泄水、引水发电和通航等各种建筑物的闸堰、孔口、流道、隧洞及船闸闸首和输水廊道等水流通道上一般均需设置不同功能和型式的金属结构设备，并通过对这些设备的设计调度运用对枢纽的来水进行拦蓄、引用和宣泄来控制水流，以保证水利水电枢纽防洪、发电、通航和灌溉等综合效益的充分发挥。

水利水电工程金属结构在制作、运输、安装、运行过程中由于各种各样的原因会导致结构本身存在一定的质量缺陷、应力集中、涂层缺陷，在自然环境的长期作用下，水工金属结构不可避免地出现腐蚀问题，引起结构强度下降，缩短金属结构使用寿命，严重者导致安全事故的发生。因此，对大中型水利水电工程而言，各种水工建筑物上金属结构设备合理的布置，正确的防腐蚀设计、优良的制造安装质量以及科学的调度管理，对于保证工程正常和安全运行是十分重要的。

本章通过金属的腐蚀原理及腐蚀类型的介绍，结合水利水电工程金属结构的腐蚀环境，分析金属结构的腐蚀特点及影响因素，介绍腐蚀检测与评估方法，通过第9章总结的金属结构及常用防腐蚀措施，以及第10章水利水电工程钢结构实际腐蚀状况案例，阐述防腐蚀措施对于水利水电工程金属结构的重要性及必要性。

8.1　腐　蚀　原　理[1-3]

金属材料表面和环境介质发生化学和电化学作用，引起材料的退化与破坏叫做腐蚀。多数情况下，金属腐蚀后失去其金属特性，往往变成某种更稳定的化合物。例如，日常生活中常见的水管生锈，金属加热过程中的氧化等。

从腐蚀的定义及分类，我们知道腐蚀主要是化学过程，可以把腐蚀过程分为两种可能的主要机理——化学机理和电化学机理。化学腐蚀是根据化学的多相反应机理，金属表面的原子直接与反应物（如氧、水、酸）的分子相互作用。金属的氧化和氧化剂的还原是同时发生的，电子从金属原子直接转移到接受体，而不是在时间或空间上分开独立进行的共轭电化学反应。

　　金属和不导电的液体（非电解质）或干燥气体相互作用是化学腐蚀的实例。最主要的化学腐蚀形式是气体腐蚀，也就是金属的氧化过程（与氧气的化学反应），或者是金属与活性气态介质（如二氧化硫、硫化氢、卤素、蒸汽和二氧化碳等）在高温下的化学作用。

　　电化学腐蚀是最常见的腐蚀，金属腐蚀中的绝大部分均属于电化学腐蚀，例如在自然条件下（如海水、土壤、地下水、潮湿大气、酸雨等）对金属的腐蚀通常是电化学腐蚀。金属材料与电解质溶液相互接触时，在界面上将发生有自由电子参加的广义氧化和还原反应，导致接触面处的金属变为离子、络离子而溶解，或者生成氢氧化物、氧化物等稳定化合物，从而破坏了金属材料的特性，这个过程称为电化学腐蚀，是以金属为阳极的腐蚀原电池过程。

　　按照热力学的观点，腐蚀是一种自发过程，这种自发的变化过程破坏了材料的性能，使金属材料向着离子化或化合物状态变化，是自由能降低的过程。可通过原电池过程中分子、离子、电子的活动规律及相关的腐蚀热力学，简单易懂地讨论腐蚀发生的原理。

8.1.1　原电池

　　最简单的原电池就是我们日常生活中所用的干电池。它是由中心碳棒（正电极）、外包锌皮（负电极）及两极间的电解质溶液所组成，如图 8-1 所示。当外电路接通时，灯泡即通电发光。

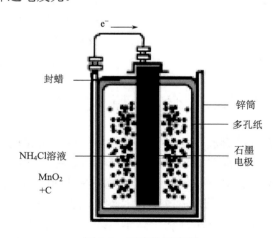

图 8-1　干电池示意图

电极过程如下：

阳极（锌皮）上发生氧化反应，使锌原子离子化，即：

$$Zn \longrightarrow Zn^{2+} + 2\ e^-$$

阴极（碳棒）上发生消耗电子还原反应：

$$2H^+ + 2\ e^- \longrightarrow H_2$$

随着反应的不断进行，锌不断地被离子化，释放电子，在外电路中形成电流。锌离子化的结果，是使锌被腐蚀。

在进一步解释原电池反应之前，先说明一下电极系统的概念。

我们把能够导电的物体称为导体。但从导体中形成电流的荷电粒子来看，一般将导体分为两类。一类是，在电场作用下沿一定方向运动的荷电粒子是电子或电子空穴，这类导体叫做电子导体，它包括金属导体和半导体；另外还有一类导体，在电场的作用下沿一定方向运动的荷电粒子是离子，这类导体叫做离子导体，例如电解质溶液就属于这类导体。

如果系统由两个相组成，一个是电子导体，叫做电子导体相，另一个是离子导体，叫做离子导体相，且当有电荷通过它们互相接触的界面时，有电荷在两个相间转移，我们把这个系统就叫做电极系统。

这种电极系统的主要特征是：伴随着电荷在两相之间的转移，不可避免地同时会在两相的界面上发生物质的变化，即由一种物质变为另一种物质，即化学变化。

如果相接触的两个相都是电子导体相，则在两相之间有电荷转移时，只不过是电子从一个相穿越界面进入另一个相，在界面上并不发生化学变化。但是如果相接触的是两种不同类的导体时，则在电荷从一个相穿越界面转移到另一个相中时，这一过程必然要依靠两种不同的荷电粒子（电子和离子）之间互相转移电荷来实现。这个过程也就是物质得到或释放外层电子的过程，而这正是电化学变化的基本特征。

因此，电极反应可定义为：在电极系统中，伴随着两个非同类导体相之间的电荷转移，两相界面上所发生的电化学反应。

例如，将一块金属铜浸入无氧的 $CuSO_4$ 的水溶液中，此时，电子导体相是铜，离子导体相是 $CuSO_4$ 的水溶液，构成了一个电极系统。当两相之间发生电荷转移过程时，在两相界面上，即在与溶液接触的铜表面上，同时发生如下的物质变化：

$$Cu_{(M)} \rightleftharpoons Cu^{2+}_{(sol)} + 2e^-_{(M)}$$

伴随着正电荷从电子导体相（金属相）转移到离子导体相（溶液相），在铜的表面上 Cu 原子失去两个电子变成 Cu^{2+} 进入溶液，式（8 -1）向着正反应方向进行；随着正电荷从离子导体相转移到电子导体相，相应地发生还原反应，即式（8-1）朝着逆反应方向进行。该反应过程，就是一个电极反应。

因此，电极系统与电极反应的区别是明显的，但对电极含意还不清楚。实际上，电极具有两个不同的含意：

（1）在多数情况下，电极仅指组成电极系统的电子导体相或电子导体材料，如铝电极、汞电极、石墨电极等。

（2）在少数场合当谈到电极时，指的是电极反应或整个电极系统，而不是仅指电极材料。例如"氢电极"表示在某种金属（例如铂）表面上进行的氢与氢离子互相转化的电极反应。又如常说的"参比电极"，是某一物质的电极系统及相应的电极反应，而不是仅指电子导体材料。

原电池的电化学过程是由阳极的氧化过程、阴极的还原过程以及电子和离子的输运过程组成。电子和离子的运动就构成了电回路。

8.1.2　腐蚀原电池

腐蚀原电池实质上是一个短路原电池，即电子回路短接，电流不对外做功（如发光等），而自耗于腐蚀电池内阴极的还原反应中。如图 8-2 所示，将锌与铜接触并置于 HCl 的水溶液中，就构成了锌为阳极、铜为阴极的原电池。阳极锌失去的电子流向与锌接触的阴极铜，并与阴极铜表面上的氢离子结合，形成氢原子并聚合成氢气逸出。腐蚀介质中氢离子（H^+）的不断消耗，是借助于阳极（锌）离子化提供的电子。这种短路电池就是腐蚀原电池。

图 8-2　腐蚀原电池示意图

将一块金属置于电解质溶液中，也会发生同样的氧化、还原反应，组成腐蚀原电池，只不过这种电池的阳极、阴极很难用肉眼分开而已。

8.1.3　腐蚀原电池的电化学反应及理论

不论是何种类型的腐蚀电池，它必须包括阳极、阴极、电解质溶液和电路四个不可分割的组成部分，缺一不可。这四个组成部分就构成了腐蚀原电池工作的基本过程：

（1）阳极过程：金属溶解，以离子形式进入溶液，并把等量电子留在金属上；

（2）电子转移过程：电子通过电路从阳极转移到阴极；

（3）阴极过程：溶液中的氧化剂接受从阳极流过来的电子后本身被还原。

由此可见，一个遭受腐蚀的金属的表面上至少要同时进行两个电极反应。其中一个是金属阳极溶解的氧化反应，另一个是氧化剂的还原反应。

如果将锌片放入盐酸溶液中，立即就会发现有气体逸出，锌溶解并形成氯化锌，化学反应方程式为：

$$Zn + 2HCl \longrightarrow ZnCl_2 + H_2$$

即锌被氧化成锌离子（Zn^{2+}），而氢离子被还原成氢气。

也可以将此反应写成两个局部反应：

氧化（阳极）反应：　　$Zn \longrightarrow Zn^{2+} + 2e^-$

还原（阴极）反应：　　$2H^+ + 2e^- \longrightarrow H_2$

两个反应在金属锌表面上同时发生，且速度相同，保持着电荷守恒。凡能分成两个或更多个氧化、还原分反应的腐蚀过程，都可叫作电化学反应。钢铁、铝等在酸中的腐蚀反应均属于电化学反应，如腐蚀电池的阳极反应可写成通式：

$$M \longrightarrow M^{n+} + ne^-$$

每个反应中单个原子产生的电子数（n）等于元素的价数。腐蚀原电池的阴极反应可写成通式：

$$D + ne^- \longrightarrow [D \cdot ne^-]$$

其中，D 为能吸收电子的物质。除 H^+ 外，能吸收电子的阴极反应还有：

$$O_2 + 4H^+ + 4e^- \longrightarrow 2H_2O（在含氧酸性溶液中）$$

$$O_2 + 2H_2O + 4e^- \longrightarrow 4OH^-（在碱性或中性溶液中）$$

$$M^{3+} + e^- \longrightarrow M^{2+}（金属离子的还原反应）$$

$$M^+ + e^- \longrightarrow M（金属沉淀反应）$$

总之，阴极反应是消耗电子的还原反应。

在金属和合金的实际腐蚀中，是可以发生一个以上的氧化反应。例如当合金中有几个组元时，它们的离子可分别进入溶液中。当腐蚀发生时，也可产生一个以上的还原反应。

8.1.4　宏观电池与微观电池

金属的腐蚀是由氧化和还原反应组成的电极反应过程实现的。可根据氧化（阳极）与还原（阴极）电极的尺寸以及肉眼的可分辨性，将原电池分为宏观电池与微观电池两种。

1. 宏观电池

这种腐蚀电池通常是由肉眼可分辨的宏观电极构成的电池。常见的有以下两种：

1）两种不同金属构成的电偶电池

当两种具有不同电极电位的金属或合金相互接触（或用导线连接起来），并处于电解质溶液中时，电位较负的金属遭受腐蚀，而电位较正的金属却得到了保护，这种腐蚀电池称为电偶电池。例如锌-铜相连浸入稀硫酸中、船舶中的钢壳与其铜合金推进器、水利水电工程中表面包覆不锈钢的导轨板和门槛等均构成这类腐蚀电池。

形成电偶腐蚀的主要原因是异类金属的电位差。这两种金属的电极电位相差愈大，电偶腐蚀愈严重。除此之外，电池中阴极、阳极的面积比和电解质的导电性及温度等对腐蚀均有一定的影响。

2）浓差电池和温差电池

同类金属浸于同一种电解质溶液中，由于溶液的浓度、温度或介质与电极表面的相对速度不同，可构成浓差或温差电池。

A. 盐浓差电池

例如将一长铜棒的一端与稀的硫酸铜溶液接触，另一端与浓的硫酸铜溶液接触，那么与较稀溶液接触的一端因其电极电位较负，作为电池的阳极将遭到腐蚀。而在较浓溶液的另一端，由于其电极电位较正，作为电池的阴极，Cu^{2+}将在这一端的铜表面上析出。

B. 氧浓差电池

金属与含氧量不同的溶液相接触会形成氧浓差电池。位于高氧浓度区域的金属为阴极，位于低氧浓度区域的金属为阳极，阳极金属将被溶液腐蚀。例如工程部件多用铆、焊、螺纹等方法连接，连接处理不当，就会产生缝隙，由于在缝隙深处氧气补充较困难，形成浓差电池，导致了缝隙处的严重腐蚀。埋在不同密度或深度的土壤中的金属管道及设备也因为土壤中氧的充气不均匀而形成氧浓差电池腐蚀。水利水电工程中，挡水钢闸门的水线腐蚀也属于氧浓差电池腐蚀。

C. 温差电池

这类电池往往是在浸入电解质溶液的金属处于不同温度的情况下形成的。它常常发生在换热器、蒸煮器、浸入式加热器及其他类似的设备中。组成温差电池后，低温端的阳极端溶解，高温端得到保护。

2. 微观电池

微观电池是用肉眼难以分辨出电极的极性，但确实存在着氧化和还原反应过程的原电池。微观电池是由金属表面电化学的不均匀性引起的，不均匀性的原因是多方面的，主要有以下几种：

1）化学成分不均匀性形成的微观电池

众所周知，工业上使用的金属常含有各种各样的杂质，当金属与电解质溶液接触时，这些杂质则以微电极的形式与基体金属构成了许多短路微电池。倘若杂质作为微阴极，它将加速基体金属的腐蚀；反之，若杂质是微阳极的话，则基体金属就会受到保护而减缓其腐蚀。

钢和铸铁是制造工业设备最常用的材料，由于其成分不均匀性，存在着第二相碳化物和石墨，在它们与电解质溶液接触时，这些第二相的电位比铁正，成为无数个微阴极，从而加速了基体金属铁的腐蚀。

2）组织结构不均匀性形成的微观电池

金属和合金的晶粒与晶界的电位不完全相同，往往以晶粒为阴极，晶界是缺陷、杂质、合金元素富集的地方，导致它比晶粒更为活泼，具有更负的电极电位值，成为阳极，构成微观电池，发生沿晶腐蚀。单相固溶体结晶时，由于成分偏析，形成贵金属富集区和贱金属富集区，则贵金属富集区成为阴极，贱金属富集区成为阳极，构成微观电池加剧腐蚀。除此以外，合金存在第二相时，多数情况下第二相充当阴极加速了基体腐蚀。

3）物理状态不均匀性形成的微观电池

金属在加工或使用过程中往往产生部分变形或受力不均匀性，以及在热加工冷却过程中引起的热应力和相变产生的组织应力等，都会形成微观电池。一般情况下，应力大的部位成为阳极，如在铁板弯曲处和铆接处容易发生腐蚀就是这个原因。另外，温差、光照的不均匀性也会引起微观电池的形成。

　　4）金属表面膜不完整形成的微观电池

　　金属的表面一般都存在一层初生膜。如果这种膜不完整、有孔隙或破损，则孔隙或破损处的金属相对于表面膜来说，电极电位较负，成为微电池的阳极，故腐蚀将从这里开始。这是导致小孔腐蚀和应力腐蚀的主要原因。

　　在生产实践中，要想使整个金属的物理和化学性质、金属各部位所接触的介质的物理和化学性质完全相同，使金属表面各点的电极电位完全相同是不可能的。由于种种因素使得金属表面的物理和化学性能存在着差异，使金属表面上各部位的电位不相等，我们把这些情况统称为化学不均匀性，它是形成腐蚀电池的基本原因。

　　综上所述，腐蚀原电池的原理与一般原电池的原理一样，它只不过是将外电路短路的电池。腐蚀原电池工作时也产生电流，只是其电能不能被利用，而是以热的形式散失掉了，其工作的直接结果只是加速了金属的腐蚀。

8.1.5　化学腐蚀与电化学腐蚀的比较

　　化学腐蚀与电化学腐蚀一样，都会引起金属失效。在化学腐蚀中，电子传递是在金属与氧化剂之间直接进行，没有电流产生。而在电化学腐蚀中，电子传递是在金属和溶液之间进行，对外显示电流。这两种腐蚀过程的区别归纳在表 8-1 中。

表 8-1　化学腐蚀与电化学腐蚀的比较

比较项目	腐蚀类型	
	化学腐蚀	电化学腐蚀
介质	干燥气体或非电解质溶液	电解质溶液
反应式	$\sum n \cdot M_i = 0$ （n-系数；M_i-反应物质）	$\sum n \cdot M_i \pm ne = 0$ （n-离子价数；e-电子； n-系数；M_i-反应物质）
腐蚀过程动力学	化学位不同	电位不同的导体间的电位差
腐蚀过程规律	化学反应动力学	电极过程动力学
能量转换	化学能与机械能和热能	化学能和电能
电子传递	反应物直接传递，测不出电流	电子在导体阴、阳极上流动，可测出电流
反应区	碰撞点上，瞬时完成	在相互独立的阴、阳极区域独立完成
产物	在碰撞点上直接生成产物	一次产物在电极表面，二次产物在一次产物相遇处
温度	高温条件下为主	低温条件下为主

8.2　腐　蚀　类　型[4,5]

调查资料表明，在水利水电工程中，金属结构腐蚀破坏形态可分为均匀腐蚀和局部腐蚀两大类，其中局部腐蚀又包括电偶腐蚀、缝隙腐蚀、点蚀、磨损腐蚀、冲击腐蚀、空泡腐蚀、应力腐蚀、疲劳腐蚀、细菌腐蚀等，这些腐蚀类型往往与结构设计或冶金因素有关。

8.2.1　均匀腐蚀

所谓均匀腐蚀是指腐蚀分布在整个金属结构的表面上，它可以是均匀的，也可以是不均匀的，腐蚀的结果是构件的厚度减薄。均匀腐蚀的危险性相对较小，可以根据金属腐蚀速度和结构所要求的使用寿命，在设计时增加一定的腐蚀裕量。

大气环境中水利水电工程结构和设备主要发生均匀腐蚀，腐蚀的严重程度与所处的气候带的温度及环境中相对湿度有关。热带地区潮湿部位的比干燥部位的腐蚀速度要大得多。但总的来说，由于水利水电工程所处环境的大气腐蚀性较弱，再加上目前金属结构或设备上均有涂料或喷涂金属保护，金属结构和设备的腐蚀很小。

8.2.2　局部腐蚀

水利水电工程中金属结构，除发生均匀腐蚀外，还会发生多种形态的局部腐蚀，水中结构件局部腐蚀尤为严重。局部腐蚀是指腐蚀主要集中于金属表面的某一区域，局部腐蚀有很多类型。

1. 电偶腐蚀

不同金属在同一种介质中接触，由于腐蚀电位不相等，有电偶电流产生，电位较低的金属溶解速度加大，造成接触处的局部腐蚀，电位较高的金属，溶解速度反而减小，这种腐蚀称为电偶腐蚀，亦叫接触腐蚀或双金属腐蚀。水利水电工程有些结构上不同构件常由两种不同金属组成，在其连接处有时会存在电偶腐蚀，导致其中电位较负构件严重腐蚀，如水库检修门滑块表面的腐蚀坑（图 8-3）。焊缝周围也常常会由于焊条与本体金属材料不同而产生电偶腐蚀，如闸门的局部电偶腐蚀（图 8-4）。

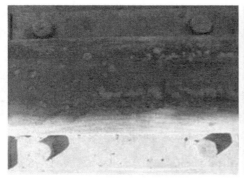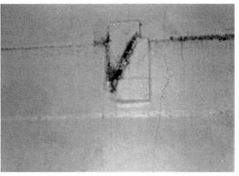

图 8-3　检修门滑块表面电偶腐蚀造成的腐蚀坑　　　图 8-4　闸门上焊缝处电偶腐蚀

2. 缝隙腐蚀

金属构件在介质中，由于金属与金属或金属与非金属之间形成特别小的缝隙，使缝隙内介质处于滞流状态，引起缝内金属的加速腐蚀，这种局部腐蚀称为缝隙腐蚀。当金属表面存在缝隙时，缝内介质处于滞流状态，参加腐蚀反应的物质难以向内补充，缝内的腐蚀产物又难以扩散出去。随着腐蚀不断进行，缝内介质的成分、浓度、pH 值等和整体介质的差异越来越大，结果便导致缝内金属表面的加速腐蚀，缝外的金属表面则腐蚀减轻，从而在缝内呈现深浅不一的蚀坑或深孔。许多金属构件，由于设计上的不合理或由于加工过程等原因都会造成缝隙，如法兰连接面、螺母压紧面、焊缝气孔、锈层等等，它们与金属的接触面上形成了缝隙。泥沙、积垢、杂屑、生物等沉积在金属表面上，也无形中形成了缝隙，所以缝隙腐蚀是造成水利水电工程金属构件蚀坑的原因之一。

3. 点蚀

在金属表面局部区域出现向纵深发展的腐蚀小孔，其余地区不腐蚀或腐蚀轻微，这种腐蚀形态叫点蚀，又叫孔蚀，是局部腐蚀的一种。蚀孔一旦形成，具有"深挖"的动力，即向深处自动加速进行的作用，因此，点蚀具有极大的隐患和破坏性。

点蚀容易发生在表面生成钝化膜或表面镀有阴极性镀层的金属上，因此具有自钝化特性的金属或合金，对点蚀的敏感性较高，钝化能力越强则敏感性越高。点蚀的发生和介质中含有活性阴离子或氧化性阳离子有很大关系。大多数的点蚀都是在含氯离子或氯化物的介质中发生的。实验表明，在阳极极化条件下，介质中只要含有氯离子便可使金属发生点蚀。所以，氯离子又可称为点蚀的"激发剂"。而且随着介质中氯离子浓度的增加，点蚀电位下降，使点蚀容易发生。

点蚀的发展是一个在闭塞区内的自催化过程。在有一定闭塞性的蚀孔内，溶解的金属离子浓度大大增加，为保持电荷平衡，氯离子不断迁入蚀孔，导致氯离子富集。高浓度的金属氯化物水解，产生氢离子，由此造成蚀孔内的强酸性环境，又会进一步加速蚀孔内金属的溶解和溶液氯离子浓度的增高和酸化。蚀孔内壁处于活化状态（构成腐蚀原电池的阳极），而蚀孔外的金属表面仍呈钝态（构成阴极），由此形成了小阳极/大阴极的活化-钝化电池体系，使点蚀急速发展。

在碱性介质中，随 pH 值升高，金属点蚀电位显著变正，减缓点蚀的发生。介质温度升高，金属的点蚀电位显著降低，使点蚀加速。介质流动会减慢点蚀的发生。介质的流速增大，一方面有利于溶解氧向金属表面输送，使钝化膜容易形成；另一方面流速增大使金属表面点蚀附近的金属离子不易积累，可以减少沉积物在金属表面沉积的机会，从而减少点蚀发生的机会。例如，一台不锈钢泵，经常运转则很少发生点蚀，长期不使用则很快出现点蚀就是这个原因。

暴露在海洋大气中的金属上的点蚀，可能是由分散的盐粒或大气污染物引起的。表面状态或冶金因素，如夹杂物、保护膜的破裂、偏析和表面缺陷，也能引起点蚀。例如在海水环境中使用的不锈钢表面、长期泡在淡水环境中闸门面板、埋件等结构表面均会发生明显的点蚀。

4. 磨损腐蚀

由于介质的运动速度大或介质与金属构件相对运动速度大，导致构件局部表面遭受严重的腐蚀损坏，这类腐蚀称为磨损腐蚀，它是电化学因素与流体力学因素间的协同效应的结果。磨损腐蚀是高速流体对金属表面已经生成的腐蚀产物的机械冲刷作用和对新裸露金属表面的腐蚀作用的综合。

造成腐蚀破坏的流动介质可以是气体、液体或含有固体颗粒、气泡的气体等，机械力和电化学的共同作用可造成湍流腐蚀、冲击腐蚀、空泡腐蚀等。

在设备和部件的某些特定部位，介质流速急剧增大形成湍流，由湍流导致的磨蚀称为湍流腐蚀。冲击腐蚀基本上属于湍流腐蚀范畴，它是高速流体的机械破坏与电化学腐蚀这两种作用对金属共同破坏的结果。空泡腐蚀的产生是由于流体与金属表面相对运动的同时在局部区域产生涡流，流体中的气泡在金属表面不断地迅速生成和溃灭，气泡溃灭时的锤击压强足以使韧性金属发生塑性变形或使脆性金属开裂，由此在金属表面产生类似点腐蚀和表面粗化的破坏特征。空泡腐蚀是电化学腐蚀和气泡破灭的冲击波对金属联合作用所产生的。

水利水电工程中金属结构大多在流动水中运行，拦污栅的水流速度一般为

1～2 m/s；引水压力钢管的内壁附近流速大多为 5～6 m/s；深孔门的流速达 20～25 m/s；船闸反向弧门的流速每个船闸不一样，一般都是高流速，葛洲坝船闸为 13 m/s；泄洪的流速各个水电站也不同，每次泄洪也不同；水轮机的引水室和叶片均是高速水流。这些动水工况中的构件均遭受严重的磨损腐蚀，但在不同的流速范围内，腐蚀表现形式有所不同。

流速对腐蚀行为影响的模拟试验表明：当水的流速较低，随着流速的增加，氧气的供应量增加，加速了钢腐蚀过程中阴极去极化反应的进行，导致电化学腐蚀速度提高，与此同时，流体力学因素开始起作用，导致总的腐蚀加速；流速进一步增加，流体力学因素增强，其所造成的腐蚀略有提高，但氧的供应充分到一定程度，使钢铁表现出钝化的倾向，电化学腐蚀速率降低，结果总腐蚀反而有所减缓。

当水流速度再增大，流体力学因素更为明显，对金属表面施加明显的切应力，这个高切应力能够把已经形成的腐蚀产物剥离并让流体带走，引起对构件表面的冲刷腐蚀，而且各水利水电工程中，水中均含有不同量的沙，这些固体颗粒的存在，会使切应力的力矩得到增强，导致表面严重磨损腐蚀。水电站的深孔门、泄洪门底部、船闸反向弧门等构件均遭受严重的冲刷腐蚀。遭受这种冲刷腐蚀的构件，呈现出按水流方向切入的深谷或马蹄形的凹槽，也有为沟、波纹、圆孔等腐蚀特征。

5. 应力腐蚀

金属或合金材料在特定的腐蚀介质中和在静拉伸应力（包括外加荷载、热应力、冷加工、热加工、焊接应等所引起的残余应力，以及裂缝锈蚀产物楔入应力等）下，所出现的低于强度极限的脆性开裂现象，称为应力腐蚀。

应力腐蚀的特征是形成腐蚀-机械裂纹，这种裂纹不仅可以沿着晶间发展，而且也可以穿过晶粒。由于裂纹向金属内部发展，使金属或合金结构的强度大大降低，严重时能使金属设备突然损坏。如果该设备是在高压条件下工作，将引起严重的爆炸事故。微裂纹一旦形成，其扩展速度很快，且在破坏前没有明显的预兆，所以应力腐蚀是所有腐蚀类型中破坏性和危害性较大的一种。

研究金属发生应力腐蚀时发现，当向腐蚀体系施加阳极电流时，裂纹加速扩展；施加阴极电流时，裂纹扩展受到抑制甚至停止扩展。这种现象表明，引起应力腐蚀的原因与电化学过程密切相关。因此，可以把应力腐蚀破裂看作电化学腐蚀和应力的机械破坏互相促进的结果。

6. 疲劳腐蚀

金属在腐蚀循环应力或脉动应力和腐蚀介质的联合作用下，所引起的腐蚀称为疲劳腐蚀。金属的疲劳是指金属材料在周期性（循环）或非周期性（随机）交变应力作用下发生破坏的现象。而金属疲劳腐蚀还有腐蚀介质对金属的作用，也就是说它是金属在交变应力和腐蚀介质共同作用下的一种破坏形式。它的本质是电化学腐蚀过程和力学过程的相互作用，这种相互作用远远超过交变应力和腐蚀介质单独作用的数学加和。因此，这是一种更为严重的破坏形式，它造成金属破裂多为龟裂发展形式。

7. 细菌腐蚀

存在于水中的各类细菌在其生命活动中能通过以下四种方式影响金属的腐蚀过程：①产生具有腐蚀性的代谢产物，如硫酸、有机酸和硫化物等，恶化金属腐蚀环境；②生命活动影响电极反应的动力学过程；③改变金属所处环境的状况，如氧浓度、盐浓度、pH 值等，使金属表面形成局部腐蚀电池；④破坏金属表面的涂层。

对水电站和水利枢纽拦污栅附近不同部位不同深度所取水样细菌检测结果（表 8-2）表明，在水利水电工程所处的中性水中，常见的腐蚀性细菌有喜氧铁细菌和厌氧的硫酸盐还原菌，浅水中含有铁细菌，深水中含有硫酸盐还原菌。对水下金属结构进行的微生物腐蚀调查也表明，随着水的深度增加，铁细菌数量稍有降低，而硫酸盐还原菌数量明显增高。并且 8 月高温季节，这两种细菌数量均较高，1~5 月数量较低。

表 8-2　水样微生物检测结果

细菌种类	某水电站水样				某水利枢纽拦污栅附近水样			无菌水
	表层水	门库水	深水	尾水	上节	中节	下节	
铁细菌	＋	＋	－	＋	＋	＋	＋	－
硫酸盐还原菌	－	－	＋	－	－	＋	＋	－
好氧异养菌	＋	＋	－	＋	＋	＋	＋	－

注："＋"代表有菌，"－"代表无菌

在深水等缺氧的环境中，氧含量较低，氧去极化的阴极反应速度较慢，钢铁的均匀腐蚀速度相应较低，但由于存在硫酸盐还原菌，它在活动过程中或者把硫酸盐还原成硫化物，由硫化铁的作用加速了细菌附近钢铁的腐蚀，或通过消耗氢使金属表面的阴极部位去极化，加速金属的电化学腐蚀过程，从而造成深水中钢结构严重的局部蚀坑。而在供氧充分的浅水中，往往是硫酸盐还原菌与铁细菌联合作用。生存在水中的铁细菌，把结构上腐蚀溶解下来的 Fe^{2+} 氧化成 Fe^{3+}，并形成 $Fe(OH)_3$ 沉淀。沉淀物附着在构件表面，生成硬壳状的锈瘤，使锈瘤下的金属表面成为贫氧的阳极区，锈瘤外金属其余部位为富氧的阴极区。这种局部氧浓差作用使瘤下金属加速腐蚀，并且瘤下的缺氧环境又为厌氧的硫酸盐还原菌提供生长、繁殖的场所。通过硫酸盐还原菌的生物化学作用，瘤下金属受到加速腐蚀。两种细菌的联合作用，使金属结构表面布满大小不一的锈瘤，如图 8-5 所示。大的直径可达 $\Phi 20\ mm$，锈瘤表层一般为黄棕色硬壳，厚度约 $0.3 \sim 0.4\ mm$，硬壳下为暗棕色，最内层为黑色松软物质，凿除锈瘤，底下为深浅不一的蚀坑。对锈蚀产物取样分析结果表明（表 8-3）腐蚀产物主要是 Fe_3O_4 和 $Fe(OH)_3$，有少量 FeS（即黑色松软物）。在深孔部位锈包的腐蚀产物中含硫酸盐还原菌高达 9.5×10^5 个/g，而同高度水库水为 1×10 个/g，两者内铁细菌含量差异不大。金属结构上有生物附着的部位，也是硫酸盐还原菌生存、繁殖的理想场所，所以有生物附着的构件也普遍出现硫酸盐还原菌腐蚀而产生的锈包和腐蚀坑。

图 8-5　　闸门布满锈瘤

　　综上所述，细菌腐蚀是水利水电工程中金属腐蚀的又一腐蚀形态，它造成金属严重的局部腐蚀坑。在深水与死水中及生物附着的钢结构上一般由硫酸盐还原菌起作用，而在浅水中一般为铁细菌和硫酸盐还原菌联合作用的结果，其腐蚀产物主要是 Fe_3O_4、$Fe(OH)_3$ 及少量 FeS 的混合物。

表 8-3　某水电站锈样分析结果

编号	试样描述	分析方法	EDX 元素成分或 XRD 矿物成分分析
1	拦污栅边柱	EDX	主要为 Fe，微量的 Cl、K、Ca、S、Si、Al
2	拦污栅栅条	EDX	主要为 Fe，微量的 Cl、Si、S、K、Ca
3	拦污栅连接板	EDX	主要为 Fe，少量 Si、Ca，微量的 S、Cl、K
		XRD	主要为 Fe_3O_4 和 $Fe(OH)_3$，少量 FeS，$\alpha\text{-}SiO_2$（石英），$CaCO_3$（方解石）
4	拦污栅锈蚀产物	EDX	主要为 Fe，少量 Si，微量的 K、S、Ca
5	仓库拦污栅	EDX	主要为 Fe，微量的 Si、S、K、Cl、Ca
6	闸门顶梁下面板腐蚀产物	EDX	主要为 Fe，微量的 Ca、Ti、Si、Cl、S、K
		XRD	主要为 Fe_3O_4 和 $Fe(OH)_3$，少量 FeS

注：EDX-能量色散 X 射线分析；XRD：X 射线衍射分析

8.3　水利水电工程金属结构腐蚀环境及性质[6-8]

水利水电工程金属结构主要处于大气环境和水环境中。大气环境因素通常可分为气候因素及大气中的腐蚀性因素两大类；水环境因素有水的化学成分、pH 值、溶解氧含量、水温、流速、水生生物和微生物种类及含量等。

8.3.1　大气环境

地球表面上自然状态的空气称为大气。大气是组成复杂的混合物，从全球范围看，它的主要成分几乎是不变的，如表 8-4 所示。

表 8-4　大气的基本组成（%）

氮（N_2）	氧（O_2）	氩（Ar）	水汽（H_2O）	二氧化碳（CO_2）	空气
75	23	1.26	0.70	0.01	100%

大气是均匀的腐蚀介质，虽然其主要成分基本是不变的，但大气中的腐蚀性因素是随着地域、季节、时间等条件而变化的。不同的环境中其腐蚀性成分及含量不同，从而使其具有不同的腐蚀性。主要的腐蚀性成分有硫氧化物、氮氧化物、氨气、雨水酸度、降尘量等。

根据污染物的性质及程度，大气环境的类型大致可分为农村大气、城市大气、工业大气、海洋大气及海洋工业大气等。我国水利水电工程分布范围很广，但大多位于农村大气条件，大气中杂质的典型浓度如表 8-5 所示。与其他几种大气相比，农村大气中化学污染物质、有机物和无机物尘埃含量相对较低，腐蚀性较弱，所以金属结构和设备的腐蚀较轻。

表 8-5　农村大气杂质的典型浓度

杂质	SO_2	SO_3	H_2S	NH_3	尘粒
浓度 （$\mu m^3/m^3$）	冬季：100 夏季：40	约为 SO_2 浓度的 1%	0.15~0.45	2.1	冬季：60 夏季：15

8.3.2　水环境

1. 淡水的性质

淡水是指含盐较少的天然水，一般呈中性。淡水分江河水、湖沼水和地下水三类。水利水电工程水下钢结构一般处于江河水中。

江河水主要来自降雨和融雪，也有来自天然泉水，一般含盐量较低。江河水的成分及含盐量取决于江河流域的土壤环境。因此，不同地区河流水的组成差异较大，就是同一条河流的不同区段也会有差异。江河入海口处含盐量可能增加至接近海水含盐量。

表 8-6 和表 8-7 分别是我国部分水域的水质成分以及电导率、溶解氧、pH 值数据。

2. 海水的性质

海水与钢结构腐蚀有关的物理化学性质主要有盐度、氯度、电导率、pH 值、溶解氧、温度、流速及海生物等。

盐度是海水的一项重要指标，海水的许多物理化学性质如密度、电导率、氯度、溶解氧、海生物生长都与盐度有关。海水与淡水的区别首先在于海水的含盐量相当大而且组成复杂。大洋中表层海水含盐量一般在 3.2%~3.75% 之间，随水深增加，含盐量略有增加。海水是一种多组元的电解质溶液，各主要元素（或离子）之间存在一定的恒比关系，世界各大洋海水的组成也是基本相同的。海水中溶有大量以氯化物为主的盐类，氯化钠含量最高，为 27.2‰，占总盐度的 77.8%，其次是氯化镁，为 3.8‰，占总盐度的 10.9%。海水的组成中，氯离子含量最高，氯度为 19‰，占离子总含量的 55%。

表 8-6　我国部分水域水质成分 (mg/L)

水域地点	离子含量												总硬度 (mg/L)	总碱度 (mg/L)	矿化度 (mg/L)	耗氧量 (mg/L)	pH 值
	阳离子						阴离子										
	K^+	Na^+	Ca^{2+}	Mg^{2+}	Fe^{2+}	总计	HCO_3^-	CO_3^{2-}	Cl^-	SO_4^{2-}	NO_3^-	总计					
东江水电站	0.98	1.39	14.68	1.86	<0.004	18.91	55.90	<1.0	0.70		1.34	57.94	44.04	46.04	76.85	—	7.9
葛洲坝水电站	1.78	12.11	47.24	13.84	0.018	74.99	146.6	7.13	10.24	40.22	6.62	210.8	175.2	132.1	285.8	1.75	8.5
西津水电站	3.55	7.18	43.68	5.31	0.013	59.73	159.3	0	7.13	14.26	1.54	182.2	131.1	130.6	242.0	4.78	7.9
丹江口水电站	1.53	5.25	38.82	7.91	0.02	53.53	141.7	—	2.75	25.04	4.42	173.9	129.6	116.1	—	—	8.2
乌溪江水电站	$K^+ + Na^+$ 0.118		0.049	0.049	—	—	0.149	—	0.044	0.023	—	—	0.098	—	—	—	6.9
裕溪口船闸	1.2	4.6	24.2	4.7	—	—	92.1	—	7.1	13.9	1.92	—	—	—	—	1.7	7.1
南京长江水	2.31	5.93	31.52	6.24	—	—	95.24	5.75	4.32	21.25	3.84	—	104.1	—	—	1.5	8.5

表 8-7　我国部分水域水的电导率、溶解氧、pH 值

水域地点	电导率 (S/cm)	溶解氧 (mg/L)	pH 值	氧化还原电位 (mV)	含砂量 (kg/m³)		备注
					平均	最大	
东江水电站	1.22×10^{-4}	8.7	7.9	342.5	0.21	4.7	流速 (m/s)：栏污栅：1~2　引水钢管：6　放空洞：20
西津水电站	3.8×10^{-4}	9.6	7.9	—	0.29	—	河床底层：<2
葛洲坝水电站	—	8.0~9.1	6.8~9.1	42	1.19	10.5	反向弧门：13　流域上游有污染
青铜峡水电站	—	9.01	7.7~8.4	—	6.5	400	—
丹江口水电站	1.64×10^{-4}	7.7~8.1	8.2	—	2.92	3.84	引水钢管：6　深孔：25　深孔 溶解氧：1~2 mg/L

由于海水含盐度高，所以海水具有很高的电导率，平均值为 $4×10^{-2}$ S/cm，比江河水高出两个数量级。

海水 pH 值一般在 7.5~8.6 之间，呈弱碱性。表层和近表层海水的 pH 值略高，为 8.1~8.3。大洋海水的 pH 值相差不大。

海水温度因地理位置、海洋深度、季节、昼夜的不同在 0~35℃ 之间变化。深海海底水温接近 0℃，且变化不大。表层水温随季节周期变化，两极和赤道的水温变化幅度较小，约 10℃ 左右。温带海域水温变化范围较大，在 20℃ 以上。

从腐蚀角度看，海水含氧量是海水的一项重要物理性质。在不同环境条件下，海水含氧量会在较大范围内波动（0~8.5 mL/L），它主要受温度、盐度、植物光合作用及海水运动的影响。

海水中有多种动物、植物和微生物生长，与腐蚀关系最大的是栖居在金属表面的微生物。常见的附着污损生物有硬壳生物和无硬壳生物两大类。与腐蚀有关的微生物是细菌的，主要是硫酸盐还原菌。

8.4　腐蚀特点及影响因素[5,8,9]

8.4.1　大气腐蚀特点

由于大气腐蚀是一种在水膜下进行的电化学反应，空气中水分在金属表面凝聚生成水膜，以及空气中氧气通过水膜到达金属表面是发生大气腐蚀的基本条件。因此，相对湿度、气温、表面润湿时间、降雨量、风向与风速和降尘情况等因素均会对大气腐蚀产生影响，其中空气中的相对湿度和气温是大气腐蚀的主要影响因素。

空气中的氧溶于金属表面的电解液薄层中作为阴极去极化剂，而金属表面的电解液层水膜的形成与大气中的相对湿度有关。水汽在大气中的含量常用相对湿度表示。相对湿度达到 100% 时，大气中的水汽就会直接凝结成水滴，降落或凝聚在金属表面就形成了肉眼可见的水膜。即使相对湿度小于 100%，由于毛细管凝聚作用、吸附凝聚或化学凝聚作用，当空气中的相对湿度达到某一临界值时，水汽也可以在金属表面凝成很薄的肉眼不可见的水膜。当金属表面粗糙、存在裂缝、小孔时，临界相对湿度较低，若金属表面上沾有易于吸潮的盐类或灰尘等，临界值也因而降低。水分在金属表面形成水膜，从而促进了电化学过程的发展，表现出腐蚀速度迅速增加。

气温及其变化是影响金属结构腐蚀的又一重要因素。因为它能影响金属表面水蒸气凝聚、水膜中各种腐蚀气体和盐类的溶解度、水膜电阻以及腐蚀电池中阴、阳极过程的反应速度。温度的影响还应与大气的相对湿度综合起来考虑，一般认为，当相对湿度低于金属临界相对湿度时，温度对大气腐蚀的影响很小。但当相对湿度达到金属的临界相对湿度时，温度的影响十分明显。按一般化学反应，温度每升高 10℃，反应速度约提高 2 倍。所以位于湿热带地区的金属结构，腐蚀要更严重。

由于电解质液膜层的存在，具备了进行电化学腐蚀的条件，使金属发生大气腐蚀。液膜层的厚度影响着大气腐蚀进行的速度，因此，可以按照金属表面的潮湿程度不同，也就是按照电解液膜层的存在和状态不同，把大气腐蚀分成三类：

（1）干大气腐蚀：在空气非常干燥的条件下，金属表面不存在液膜层时的腐蚀称为干大气腐蚀。其特点是在金属表面形成极薄的氧化膜。

（2）潮大气腐蚀：当相对湿度足够高，金属表面存在着肉眼看不见的液膜层时，所发生的腐蚀称为潮大气腐蚀。例如铁在没有雨雪淋到时的生锈即属于此。

（3）湿大气腐蚀：当空气湿度接近 100%，以及当水分以雨雪、泡沫等形式直接落在金属表面上时，金属表面便存在着用肉眼可见的凝结水膜层，此时所发生的腐蚀称为湿大气腐蚀。

应当指出，在实际大气腐蚀情况下，由于环境条件的变化，各种腐蚀形式可以相互转换。例如，最初处于干大气腐蚀类型的金属，当周围大气湿度增大或生成了具有吸水性腐蚀产物时，就会开始按照潮大气腐蚀形式进行腐蚀，若雨水直接降落在金属表面上，潮大气腐蚀又转变为湿大气腐蚀。当雨后金属表面上可见水膜蒸发干燥了，就又会按照潮大气的腐蚀形式进行腐蚀。而通常所说的大气腐蚀，就是指在常温下潮湿空气中的腐蚀，也就是主要考虑潮大气腐蚀和湿大气腐蚀这两种腐蚀形式。

大气腐蚀的性质和速率取决于表面形成的电解质的性质，尤其取决于大气中悬浮污染物类型和含量，以及它们在金属表面作用的时间。根据 GB/T 19292.1—2003 的分类，大气腐蚀性分为 5 个等级，见表 8-8。

表 8-8　大气腐蚀性分类

级别	C1	C2	C3	C4	C5
腐蚀性	很低	低	中等	高	很高

根据水利水电工程所处自然地理位置不同，金属结构腐蚀性等级主要有以下几种：

（1）海边的钢结构大气腐蚀环境较为苛刻，腐蚀性等级一般为 C5；

（2）内陆的钢结构在城市环境相对腐蚀性略高，腐蚀性等级一般为 C2～C3；

（3）其余偏远地区的钢结构腐蚀环境较轻，腐蚀性等级一般为 C1。

8.4.2　淡水腐蚀特点

淡水中钢的腐蚀是氧去极化的电化学腐蚀，通常受阴极过程控制。其阴极过程是氧的还原过程，发生吸氧腐蚀，或称氧去极化腐蚀。因此，水中氧的存在是导致金属腐蚀的根本原因。腐蚀过程主要受氧向金属表面扩散过程所控制。

淡水与海水的最大区别是淡水含盐量低、导电性差。江河水的电导率约为 2×10^{-4} S/cm，雨水为 1×10^{-5} S/cm，而海水的电导率平均为 4×10^{-2} S/cm，电导率相差两个数量级以上。所以淡水中电化学腐蚀的电阻性阻滞比海水中大，这是淡水腐蚀性比海水小的主要原因之一。由于淡水的电阻大，淡水的腐蚀主要以微电池腐蚀为主，宏电池的活性较小。同海水相比，淡水中异种金属接触时产生电偶腐蚀的作用较小。

淡水中氯离子含量远比海水中低。同海水相比，金属在淡水中的钝化倾向增强，即使在海水中不发生钝化的钢铁，在淡水中供养充分时也会产生一定程度的钝化，不均匀充气的腐蚀电池起着相对重要的作用。充气较好的区域钝化能力强，呈阴极性，充气较差的区域钝化能力差，呈阳极性，腐蚀将发生在充气较差的区域，因此，淡水局部腐蚀倾向比海水中大。

淡水中腐蚀速度主要受氧到达金属表面的速度所控制。因此，在铁中添加的少量的合金组分以及低合金钢种的合金元素对腐蚀速度的影响较小。

江河水中常含有较多的泥沙，会对材料产生磨蚀。例如水电站水轮机部件等与水的相对运动速度很高，叶片的磨蚀非常严重。

湖沼水中由于水生生物生长、腐败，产生 CO_2、SO_2、H_2S 等气体，会导致酸腐蚀，使腐蚀速度增加。

8.4.3　淡水腐蚀的影响因素

1. pH 值

图 8-6 是钢的腐蚀速度与淡水 pH 值的关系。可见，pH 值在 4~9 范围内，钢的腐蚀速度与水的 pH 值无关。这是因为在钢表面覆盖一层氢氧化物膜，氧要通过膜才能起到去极化作用。pH 值小于 4 时，膜被溶解，发生放氢反应，腐蚀加剧。pH 值大于 9 时，有利于氢氧化物膜生成。随着 pH 值增加，腐蚀速度降低。当碱度很高，pH 值大于 13 时，钝化膜重新破坏，铁生成可溶性的 $NaFeO_2$，因而腐蚀速度又上升。

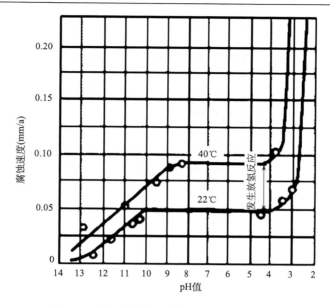

图 8-6　软钢的腐蚀速度与淡水 pH 值的关系

2. 溶解氧

钢在淡水中发生氧去极化腐蚀,所以水中的溶解氧是影响腐蚀的主要因素。由于氧向金属表面的输运速度低于氧在金属表面的还原反应速度,所以阴极反应速度取决于氧向金属表面的扩散速度。

3. 溶解成分

水中含盐量增加,电导率增加,局部腐蚀电流也增加,腐蚀速度增大。另一方面,随含盐量增加,水中氧的溶解度降低,又使腐蚀速度降低。因此,钢铁的腐蚀速度将随含盐量增加而先增后减。大多数盐类浓度约在 $0.5N$[①]时腐蚀性最大,如图 8-7 所示。

在淡水中,如果溶解的阳离子是 Cu^{2+}、Fe^{3+}、Cr^{3+}、Hg^{2+}等氧化性重金属离子,阴极过程除氧的还原反应外还有高价金属离子的还原,增加了阴极去极化反应,使金属腐蚀加速。一般的阳离子对淡水中的腐蚀影响不大,而 Ca^{2+}、Zn^{2+}、Mg^{2+}、Fe^{2+}有防蚀作用,这是因为在含 Ca^{2+}、Mg^{2+}的硬水中重碳酸钙在钢表面形成 $CaCO_3$

---

① N,当量浓度。离子的当量＝离子的相对摩尔质量/离子价

膜，阻止了溶解氧的扩散，使腐蚀减慢。

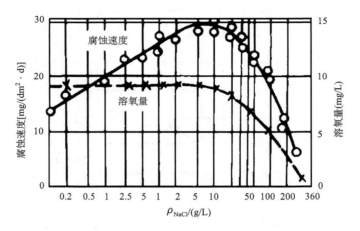

图 8-7　钢的腐蚀速度与含盐量的关系

　　淡水中的阴离子一般都有害。Cl^- 等卤素离子对金属表面钝化膜有破坏作用，是产生点蚀和应力腐蚀的原因之一。SO_4^{2-} 或 NO_3^- 会促进腐蚀，但比 Cl^- 影响小，ClO^-、S^{2-} 等也是有害的。而 PO_4^{3-}、NO_2^-、SiO_3^- 等则有缓蚀作用。HCO_3^- 和 Ca^{2+} 共存时，也有抑制腐蚀的效果。

4. 水温

　　水温升高，水电导率增加，电极反应速度加快，同时随温度升高，水的对流和扩散加强，加速了氧向金属表面的扩散，从而加速了阳极过程和阴极过程，加速了金属的腐蚀。在腐蚀速度受氧扩散控制的情况下，在一定温度范围内，水温每升高 10℃，钢的腐蚀速度大约提高 30%。另一方面，随温度升高，水中含氧量减少，又会使腐蚀速度下降。这样在某一温度下将存在一个腐蚀速度最大值。江河湖沼等自然水的温度在 0~30℃ 之间变化。随温度升高，钢的腐蚀速度加快。因此，钢的腐蚀速度将随纬度和季节而变化。

5. 流速

　　流速和其他因素相联系对钢在淡水中腐蚀速度的影响是非常复杂的。图 8-8 是钢的腐蚀速度与水运动速度之间的关系曲线。

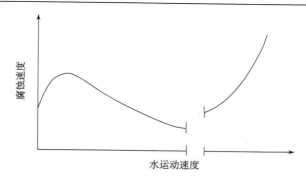

图 8-8　钢的腐蚀速度与水运动速度之间的关系曲线

　　在开始阶段，流速增加促进了氧向金属表面的扩散，加速了阴极去极化反应，钢的腐蚀速度增加。当流速增加到一定程度，氧到达表面的速度可建立起强氧化条件，使钢进入钝态，腐蚀速度急剧下降。当流速增加到更高时，水对金属表面的机械作用破坏了金属表面的保护层，金属将发生冲刷腐蚀，使腐蚀速度又重新增加。

8.4.4　海水腐蚀特点

　　海水是典型的电解质溶液，钢铁的海水腐蚀是典型的电化学腐蚀。主要特点有：

　　（1）由于海水氯离子含量很高，钢铁在海水中是不能建立钝态的。海水腐蚀过程中，阳极的阻滞（阳极极化率）很小，因而腐蚀速度相当高。

　　（2）钢铁在海水中的腐蚀是依靠氧去极化反应进行的。尽管表层海水被氧所饱和，但氧通过扩散层到达金属表面的速度却是有限的，它小于氧还原的阴极反应速度。在静态或海水以不大的速度运动时，阴极过程一般受氧到达金属表面的速度所控制。所以，钢铁在海水中的腐蚀几乎完全取决于阴极阻滞。一切有利于供养的条件，如海浪、飞溅、增加流速，都会促进氧的阴极去极化反应，促进钢的腐蚀。

　　（3）由于海水电导率很大，海水腐蚀的电阻性阻滞很小。所以，海水腐蚀中不仅微观电池的活性大，腐蚀宏观电池的特性也大。

8.4.5　海水腐蚀的影响因素

　　影响海水腐蚀的环境因素主要有含盐量、电导率、溶解物质（氧、CO_2、碳酸盐等）、pH 值、温度、流速和波浪、海生物。

1. 含盐量

水中的含盐量直接影响水的电导率和含氧量，因此必然对腐蚀产生影响，随着水中含盐量增加，水的电导率增加而含氧量降低，所以在某一个含盐量时将存在一个腐蚀速度的最大值。

2. 电导率

由于海水具有良好的导电性，在海水腐蚀过程中，不仅微观电池腐蚀的活性大，同时宏观电池腐蚀的活性也很大。海水中异种金属电接触时更容易产生电偶腐蚀，其作用范围也更远。因此，海水电导率增加，海水中金属的微观电池腐蚀和宏观电池腐蚀都将加速。

3. 溶解物质（氧、CO_2、碳酸盐等）

氧在海水中的溶解度主要取决于海水的盐度和温度，随海水盐度增加或温度升高，氧的溶解度都降低。对碳钢和低合金钢而言，海水中含氧量增加，会加速阴极去极化过程，腐蚀速度增加。也有实验表明，当海水含氧量达到一定值（实验数据为 4.5 mL/L），可以满足氧扩散过程所需要时，含氧量的有限变化对钢的腐蚀速度不足以产生影响。

海水中的碳酸盐对金属腐蚀有重要影响。海水中以游离 CO_2 气体溶解的量很少，主要以碳酸盐和碳酸氢盐的形式存在，并以碳酸氢盐为主。CO_2 气体在海水的溶解度随温度、盐度的升高而降低，随大气中 CO_2 气体分压的增加而升高，还受到生物作用以及海流运动等因素的影响。海洋生物的新陈代谢作用以及动植物死亡后尸体分解也会产生碳酸盐，某些含碳酸盐矿物和岩石的溶解也会增加海水中碳酸盐的含量。因此，普通海水通常被碳酸盐所饱和。在微观电池腐蚀的微阴极表面，在电偶对中的正电性金属表面，由于碱度增加，碳酸盐会沉积形成不溶的保护层，其主要成分是碳酸钙。这种沉积层具有相当高的电阻，同时阻碍氧向阴极表面的扩散，减少了有效阴极面积，起到了抑制腐蚀过程的作用。

4. pH 值

一般来说，海水的 pH 值升高，有利于抑制海水对钢铁的腐蚀。但海水 pH 值的变化幅度不大，不会对钢铁的腐蚀行为产生明显的影响。

5. 温度

海水的温度随时间、空间上的差异会在一个较大的范围变化。从动力学方面考虑，海水温度升高，会加速阴极和阳极反应的速度，但海水温度变化会使其他环境因素随之变化。海水温度升高，氧的扩散速度加快，海水电导率增大，这将促进腐蚀过程进行。另一方面，海水温度升高，海水中氧的溶解度降低，同时促进保护性沉积层的生成，这又会减缓钢在海水中的腐蚀。因此，温度对腐蚀的影响是比较复杂的。

海水冲刷腐蚀也与温度有关。材料的冲刷腐蚀都随温度升高而增加。

6. 流速和波浪

海水中腐蚀是靠氧去极化反应进行的，海水流速和波浪由于改变了供氧条件，必然对腐蚀产生重要影响。流速对钢铁在海水中腐蚀的影响如图 8-9 所示。

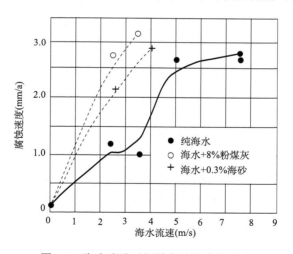

图 8-9　海水流速对钢铁腐蚀速度的影响

在开始段，随流速增加，氧扩散加速，腐蚀速度增大，阴极受氧的扩散控制。在中间段，流速进一步增加，供养充分，阴极过程不再受扩散控制，而主要受氧还原的阴极反应控制，流速的影响较小。在最后段，流速超过某一临界流速 v_c 时，金属表面的腐蚀产物膜被冲刷掉，金属基体也受到机械性损伤，在腐蚀和机械力联合作用下，钢铁的腐蚀速度急剧增加。对低碳钢，临界流速约为 $7\sim8$ m/s。

7. 海生物

海洋环境中存在着多种动物、植物和微生物。海洋生物的生命活动会改变金属/海水的界面状态和介质的性质,对腐蚀产生不可忽视的影响。在诸多海洋生物中,与海水腐蚀关系较大的是附着生物。附着生物覆盖在钢结构表面,阻碍了氧的运输,有利于减少钢的腐蚀。但是,附着生物很难形成完整致密的覆盖层,虽然钢的平均腐蚀失重减少了,但局部腐蚀却增加了。

8.5　检测与评估方法[10]

已建的水利水电工程,经过长期的运行,金属结构物因腐蚀等原因产生不同程度的损伤,或已不能满足当前的使用要求,结构物接近或超过设计寿命的终了期。这些金属结构物一旦失事,将给下游广大地区的人民生命财产和国民经济的发展造成不可估量的损失。

因此对水电工程金属结构物进行可靠性鉴定,正确评价金属结构的现状,评估其剩余使用寿命,以合理、科学地充分发挥这些金属结构物的功用,是十分重要的。

结构物的可靠性鉴定、使用寿命的评估是以对结构物的调查、检测分析结果为依据,按照国家现行设计规范和有关可靠性鉴定标准进行综合评定后给出的(SL 105—2007,SL 101—2014,SL 214—2015,DL/T 5358—2006,DL/T 5152—2001)。由于水利水电工程金属结构面广量大,各个工程的重要性以及已使用年限不尽相同,对各个工程的管理水平,所采用的检测技术及检测时段也千差万别,因此人们对不同结构所提供的信息种类和数量也会由于这些主客观条件的限制而不同。针对上述状况,通过近些年大量检测和安全评估的实践,提出适合于水电工程金属结构的安全检测方法,以减少人为因素对评估的影响。

8.5.1　检测基本要求

1. 检测机构

水利水电工程金属结构检测工作责任重大,技术性强,涉及多种专业,其结果是可靠性鉴定和剩余寿命预估的基础,因此检测工作应由具有出具公证数据资格的检测机构负责,以保证有必要的试验和设备等基础设施和合格的检测分析人员。

2. 检测项目内容

除一般普查和外观检测外，主要检测的项目内容有：

材料检测：主要测定原构件材料或腐蚀后材料的强度；

无损探伤：主要检查结构物受力和腐蚀后有无裂缝，焊缝有无损坏开裂；

应力检测：测定结构或构件的受力状态和工作性能；

闸门启闭力检测：测定设备性能状况；

启闭机考核：测定设备运行状况；

水质分析。

3. 检测数量

专项检测应在普查的基础上，进行抽样检测，鉴于水利水电金属结构的重要性，抽样检测比例一般不小于 SL 101—2014、SL 214—2015 规定的数量，见表 8-9 所列。

表 8-9　抽样比例表

闸门、压力钢管、拦污栅数量	抽样比例（%）
1	100
2	50
3	67
4~10	30~50
11~30	20~30
31~50	15~20
51~100	10~15
>100	10

4. 检测周期

检测周期应根据水利水电金属结构运行时间及运行状况确定，水利水电金属结构的检测周期应不低于如下标准：

闸门、拦污栅和压力钢管等金属结构在安装完毕蓄水运行后，当承受的水头达到或接近设计水头时，应进行第一次安全检测。如达不到设计水头，则应在运行 6 年内进行第一次安全检测。以后每隔 10~15 年检测一次。

凡未进行定期检测的闸门和启闭机，大型工程运行满 30 年、中型工程运行满 20 年，必须进行一次全面的检测。

如遇烈度为 7 度及 7 度以上地震、超设计标准洪水、错误操作引发的事故、破坏性事故或其他可能对金属结构安全运行有不利影响的情况出现时，必须对闸门、拦污栅和压力钢管等金属结构进行一次检测。检测时先进行巡视检查和外观检测，必要时再进行其他项目检测。

8.5.2　检测技术方法

1. 裂缝检测

这里要检测的裂缝主要指金属结构的受力变形缝及损伤缝。受力变形缝多与结构超载运行、设计缺陷、施工缺陷或材质下降和老化等因素有关；损伤缝则是由意外事故或碰撞等引起的折损凹陷裂缝。

检测时应查明裂缝位置和分布、长度、宽度和深度，提供裂缝产生的原因或为原因分析提供必要的判断依据。一般通过外观目视普查和仪器探测确定。

1）裂缝普查

为判别裂缝的存在与否和显现形态及位置分布等。常用方法如下：

（1）采用包有橡皮的木锤轻敲构件各部分，如声音不清脆、传音不均，可肯定有裂缝损伤；

（2）用 10 倍以上放大镜观察构件表面，如发现油漆表面有直线黑褐色锈痕、油漆表面有细直开裂、油漆条形小块起鼓，且里面有锈末，构件就有可能开裂，此时应铲除表层油漆后仔细检查；

（3）在有裂纹症状处用滴油剂方法检查，不存在裂纹时油渍呈圆弧状扩散，有裂缝时油渗入裂缝后成线状伸展。

2）裂缝形态的定量检测

在普查发现裂缝的基础上应根据实际情况使用常规检测仪器，测定裂缝的长度、宽度及深度，判定裂缝是否贯穿，具体方法如下：

（1）在发现裂缝的结构表面划出方格网，用不小于 10 倍的放大镜逐格寻找裂缝，记录裂缝位置，用读数显微镜测定裂缝宽度；

（2）对重点受力部位和外观检测时怀疑有裂纹但难以确定时，应采用渗透、磁粉探伤或超声波探伤方法来检测金属结构表面、近表面或内部是否存在细微裂缝。

2. 焊缝检测

焊缝可能存在的缺陷种类及其检测方法见表 8-10，其中无损探伤的五种方法的特点见表 8-11，应根据具体情况选择合适的检测或探伤方法。探伤检查的长度占焊缝全长的百分比应符合有关规定要求，即：

一类焊缝：超声波探伤应不少于 20%，射线探伤应不少于 10%；

二类焊缝：超声波探伤应不少于 10%，射线探伤应不少于 5%。

射线探伤有 X 射线和 γ 射线两种，X 射线用于厚度不大于 30 mm 的构件，γ 射线用于厚度大于 30 mm 的构件。超声波探伤常用的是脉冲反射法，它可以用探头直接接触或斜探头法检测。

表 8-10　焊接缺陷的种类和检测方法

缺陷种类		试验、检测方法
尺寸上的缺陷	变形、错边	目视检查，辅以适配量具量规测定
	焊缝大小不当	目视检查，用焊缝金属专用量规测量
	焊缝形状不当	
组织结构上的缺陷	气孔	射线探伤、宏观组织分析、断口观察、显微镜检查、超声波探伤、钻孔检查
	非金属夹杂、夹渣	
	未溶合或溶合不良	
	咬边	目视检查、弯曲试验、X 射线透照
	裂纹	目视检查、射线检验、超声波检验、磁粉和涡流检验、宏观和微观金相分析、弯曲试验等
	金相组织（宏观和微观）异常	光学金相、电子显微镜分析、宏观分析、断口分析、X 射线结构分析
性能上的缺陷	抗拉强度不足	焊缝金属和接头拉伸试验，角焊缝韧性试验、母材拉伸试验。断口和金相分析
	屈服强度不足	焊缝金属、接头和母材拉伸试验。断口和金相分析
	塑性不良	焊缝金属拉伸试验、自由弯曲试验、靠模弯曲试验、母材拉伸试验
	硬度不合格、疲劳性能低、冲击破坏	相应地进行硬度、疲劳和不同温度的冲击试验
	化学成分不适当	化学成分分析
	耐腐蚀性不良	相应的腐蚀试验、残余应力测定、金相分析

表 8-11　焊接检验的无损探伤方法的特点汇总表

探伤方法	工作条件	主要优缺点	适用范围
射线探伤（RT）	便于安装探伤机，需有适当的操作空间，在射线源和被检结构间无遮挡，胶片能有效地紧贴被检部位，无其他射线干扰	可得到直观性强的缺陷平面影像，无需和构件接触，对构件表面状态要求不高，适用各种不同性质的材料。探测厚度受射线能量的限制，费用高，设备较复杂，难以发现与射线方向垂直的发裂一类缺陷，射线对人体有害。探伤结果可以长期保存	用于发现各种材料和构件中的夹杂、气孔、缩孔等体积型缺陷，以及与射线方向一致的裂纹、未焊透等线型缺陷。缺陷可用照相法、荧光屏显示法、电视观察法、电离记录法来记录或观察
超声波探伤（UT）	构件形状简单规则，有较光滑的可探测面，探头扫查需要足够的距离和窗，双层或多层结构需逐层检验，较厚的构件可能需要双面探伤	适用范围广，对裂纹类缺陷的探伤灵敏度高，检验迅速灵活，可自动化，能正确判断缺陷位置，成本低。测得的缺陷大小往往是相对值（当量），估计缺陷性质比较困难，探伤结果的准确性往往取决于检测人员的素质，缺陷显示直观性较差，薄壁（<8 mm）焊接结构的超声波探伤困难	可检查构件焊接接头中夹杂、裂纹、白点、气孔、未焊透；构件本身的分层、夹杂和裂纹等
磁粉探伤（MT）	工件表面光洁无锈无油污，能实施磁化操作，探测面外露并便于观察，构件形状规则	操作简便迅速，灵敏度高，缺陷观察直观。对非铁磁性材料无能为力，对探测面要求高，难以确定缺陷的深度和埋藏深度位置，可检深度有限	只用于探测铁磁性材料，可发现构件表面或表层内的缺陷，如气孔、夹杂、裂纹等
渗透探伤（PT）	探测面需外露，可以目视观察，表面光洁度要求高，需有足够的操作空间和场地	不受构件材料种类的限制，操作简单，设备简单，缺陷观察直观，发现表面裂纹能力强。探伤剂易燃，污染环境，不能确定缺陷的深度。着色探伤在现场操作无需能源	各种非多孔性材料表面开口缺陷（如裂纹）和穿透性缺陷等
涡流探伤（ET）	构件形状规则，表面光洁无锈污，探头能靠近或接触，工作环境不受外界电磁场干扰	操作简便迅速，自动化程度高，检验成本低，可进行非接触或接触式和高温探伤。缺陷显示不直观，设备专用性强	各种导电材料表层和表层缺陷

3. 铆接检测

铆接检测的步骤和方法大致如下：

（1）首先检查铆钉的类型、规格、直径以及铆钉孔的排列是否满足原设计要求；

（2）检查铆接构件和铆钉是否锈蚀，并判定其锈蚀程度；

（3）检查铆接构件铆接孔四周是否有挤压、裂缝等缺陷；

（4）检查铆钉质量可用 0.3 kg 的小锤轻轻敲打铆钉头，以确定铆钉紧密程度是否合格，并用样板和目测作外观尺寸的检查；

（5）各零件间的紧密程度，用 0.3 mm 塞尺检查，塞入深度不得大于 20 mm。

铆钉的允许偏差应满足规范的要求，对于不符合规范要求的铆钉应予以标记，及时记录，同时检查附近铆钉是否有松动。

4. 螺栓连接检测

螺栓连接检测应作以下方面的检查和测定：

（1）检查螺栓的种类、连接类型、螺栓的排列等是否满足原设计要求，允许偏差应满足规范的要求；

（2）检查构件（含连接钢板）和螺杆及螺帽的锈蚀程度，对于较严重和严重锈蚀的螺杆，应测定其螺杆和构件的蚀余尺寸；

（3）螺杆直径相对较小时还应着重检验其被剪断的可能性；对于直径相对较大的螺杆，应着重检查与之相邻构件的孔壁是否有被螺栓挤压破坏或产生塑性变形而丧失承载力；

（4）对于构件开孔后截面削弱较多或螺栓孔边距较小的构件应重点检查构件本身是否出现破损或出现破损之可能；

（5）对于连接钢板较厚的构件应着重检查螺杆本身是否会产生弯曲破坏；

（6）对于承受冲击、振动或变荷载作用的金属结构应检查螺栓是否已松动以及是否已采取有效的防松措施，螺栓的紧固程度可采用扭矩法或转角法检查是否满足要求。

5. 材料检测

由于种种原因，有些水利水电工程的金属结构部分没有材料出厂证明书和工程验收文件，或者材料牌号不清，或者材质性能不明，对于这样的工程在进行检测和评估时需要做金属材料试验以确定其机械性能和化学成分，鉴别材料性能是否符合设计要求。

金属结构材料试验以检测材料强度为主，检测内容包括：现场取样，送试验室做拉伸试验；表面硬度测试，即直接测试钢材上的布氏硬度，通过有关公式计算钢材强度；化学分析，即通过化学分析测量出钢材中有关元素的含量，然后代入相关公式推求出钢材强度。

1）强度试验

拉伸试验应符合规范要求。荷载分级、加载方法和测读方法应按符合金属拉力试验法等规范。

通过拉伸试验确定试样的比例极限 (σ_p)、弹性模量 (E)、物理屈服极限 (σ_s)、条件屈服极限 ($\sigma_{0.2}$)、抗拉强度 (σ_b)、真实断裂强度 (S_k)、延伸率 (δ)、断面收缩率 (φ) 等材质参数。

2) 金属构件表面硬度测试

金属硬度常用布氏硬度计或洛氏硬度计测定，测定方法应符合规定。

A. 布氏硬度试验

金属的布氏硬度试验是用一定直径的钢球，在规定的负荷作用下压入被试金属表面，保持一定时间后卸除负荷，最后测量试样表面的压痕直径，计算出布氏硬度。

布氏硬度 (HB) 是指在试样上压痕球形面积所承受的平均压力 (N/mm)，按下式计算：

$$\text{HB} = \frac{2P}{\pi D(D - \sqrt{D^2 - d^2})} \tag{8-1}$$

式中，P 为通过钢球加在压痕表面上的负荷 (N)；D 为钢球直径，一般采用 2.5 mm、5.0 mm 或 10.0 mm；d 为压痕直径 (mm)。

试验时应注意钢材厚度应不小于压痕深度的 10 倍，钢材的平面尺寸和钢球直径公差应符合规范要求。

钢材抗拉强度 (σ_b) 与布氏硬度 (HB) 之间存在如下关系：

低碳钢　　　　　　　　$\sigma_b = 3.6\,\text{HB}$

高碳钢　　　　　　　　$\sigma_b = 3.4\,\text{HB}$

调质合金钢　　　　　　$\sigma_b = 3.25\,\text{HB}$

式中，σ_b 为钢材的极限抗拉强度 (N/mm^2)；HB 为布氏硬度。

B. 洛氏硬度试验

采用洛氏硬度标准压头 (120° 金刚石圆锥或者 1/16″ 或 1/8″ 钢球) 先后施加两次负荷，即用初负荷 (98 N) 和总负荷 (初负荷+主负荷 588 N、980 N 或 1470 N) 压入试样表面，初负荷作用下的压入深度与在总负荷作用后卸去主负荷而保留初负荷时的压入深度之差 ($h_1 - h_0$)，定为金属的洛氏硬度。

洛氏硬度用 HR 表示，由 h 来计算，它相当于压头向下轴向移动的距离，一个硬度值等于 0.002 mm 的距离。

3) 金属的冲击韧性试验

当金属结构由于温度降低、应力集中以及其他因素而具有向脆性状态过渡的倾向时，需进行冲击韧性试验。试验方法应符合《金属常温冲击韧性试验法》(GB 229—63) 之规定。

4）疲劳试验

金属的疲劳按构件所受应力的大小、应力交变频率高低通常可分为两类：一类是应力较低、应力循环的频率较高，至破断的循环次数在 10^6 以上；另一类应力大、频率低，至破断的循环次数较少（$10^2 \sim 10^5$）。

金属疲劳试验的目的是测定金属在交变荷载作用下的疲劳强度和疲劳寿命。疲劳试验方法较多，主要有拉压疲劳、扭转疲劳、弯曲疲劳和旋转弯曲疲劳等，根据实际运行状况，确定有无必要做，用什么方法做。

5）成分分析

为鉴定钢材的化学成分，是否与技术条件中规定的相符合，常用的分析方法有化学分析、光谱分析等。当已知钢材成分后，也可根据钢材中各种化学成分的含量粗略地估算碳素钢强度，估算公式如下：

$$\sigma_b = 285 + 7\,C + 0.06\,Mn + 7.5\,P + 2\,Si \qquad (8\text{-}2)$$

式中，C，Mn，P，Si 分别表示钢材中的碳、锰、磷和硅等元素的含量，以 0.01%为计量单位。

碳、锰、磷和硅等元素含量的测定可按现行国家标准规定进行。

6. 腐蚀状况检测

首先确定腐蚀类型。水利水电金属结构的腐蚀类型可分为全面腐蚀（均匀腐蚀）和局部腐蚀。全面腐蚀发生在构件的全部表面；局部腐蚀是发生在构件的某些部位或个别点，有坑蚀、点蚀、沟蚀等。

其次确定腐蚀程度等级，钢结构的腐蚀程度一般按以下五级定性划分：

（1）轻微腐蚀：涂层基本完好，局部有少量锈斑或不太明显的锈迹，构件表面无麻面现象或只有少量浅而分散的锈坑；

（2）一般腐蚀：涂层局部脱落，有明显锈斑或锈坑，但锈坑深度较浅，或虽有较深的锈坑，但少而分散，构件尚无明显削弱；

（3）较重腐蚀：涂层大片脱落，或涂层与金属分离且中间夹有锈皮，密集成片的锈坑或较重麻面连成较大区域，局部有较深的点锈坑（坑深在 1.5～2.5 mm 之间），构件的有效截面已有一定程度的削弱；

（4）严重腐蚀：锈坑较深且密布成片，局部有很深的锈坑（坑深在 2.5 mm 以上），构件的有效截面已严重削弱；

（5）锈损：深锈坑密布，面积占构件截面积的 1/4 以上，局部已锈损或出现孔洞。

1）腐蚀检测的主要内容

金属构件或部件的腐蚀检测一般应给出下述结果或腐蚀特征，按照要求提供的结果拟定检测内容：① 腐蚀部位及其分布状况；② 严重腐蚀面积占结构或构件表面积的百分比；③ 遭受腐蚀损坏构件的蚀余截面尺寸；④ 蚀坑（或蚀孔）的深度、大小、发生部位、蚀坑（或蚀孔）的密度。

2）腐蚀检测方法

A. 腐蚀等级评定

通过外观检查，对构件的腐蚀程度按上述五个等级进行评定，然后经过统计，可以得到腐蚀分布状况及严重腐蚀的百分比。

B. 构件蚀余截面尺寸的测量

a）平均剩余厚度（均匀腐蚀所致）

通过采用测厚法测量构件不同测点的实际厚度，计算平均值和均方差，从而根据使用年限求出平均腐蚀速率。也有资料介绍采用线性极化法测量腐蚀速率。我们认为对于处于淡水环境的水电站，水的电阻大，测量系统中IR降较大，加上试样经过严格表面处理，所测腐蚀率与实际的腐蚀率有一定的误差，该方法较适用于近海电阻较小的水域，不适合水利水电环境介质。

b）局部蚀坑的深度和大小的测量

大而深的坑：用特制的游标卡尺、百分表测量腐蚀坑的深度、长度与宽度。

小而密的坑：采用橡皮泥充填法测量，计算坑的平均深度。

对于允许切割的构件，可采用割取试样法进行检测。不仅可检测剩余厚度、坑深，同时可检测因腐蚀引起的应力集中、强度变化。

7. 腐蚀环境的调查与检测

金属结构的腐蚀环境调查与检测主要包括水环境的分析和大气环境分析两部分。

1）水环境的调查与分析

金属结构所处位置的水环境包括局部和整体环境。例如，区域水质与上游来水水质的变化，上游来水量和闸门开启方式与开度对水流流速、流场的变化以及形成气蚀的可能性，水的含砂量、水温变化等。其中水质分析是主要分析项目。

水质分析可采用现场检测和取样化验相结合，各项目的测定方法应符合相应的规程规范要求。

水样采取与保存是水质分析的重要环节，必须使用正确的采样及保存方法。

水样存放时间应尽量缩短，对于某些易变离子的分析，应在现场及时进行测定；其他水样采样至分析之间允许的间隔时间，取决于水样的性质和保存条件，一般不超过以下时限：

清洁水　　　　　　　　72 h

轻度污染水　　　　　　48 h

严重污染水　　　　　　24 h

2）大气环境

大气环境的调查除对金属结构所处环境（室内、室外、干燥、潮湿、干湿交替等）的大气主要构成，分析对金属结构腐蚀有影响的粉尘与微颗粒等，还需分析结构所在区域的环境条件，分析影响调查地区大气环境的主要因素及其变化规律等。

参 考 文 献

[1]　肖纪美，曹楚南. 材料腐蚀学原理[M]. 北京：化学工业出版社, 2002

[2]　孙跃，胡津. 金属腐蚀与控制[M]. 哈尔滨：哈尔滨工业大学出版社, 2003

[3]　赵麦群，雷阿丽. 金属的腐蚀与防护[M]. 北京：国防工业出版社, 2002

[4]　黄永昌，张建旗. 现代材料腐蚀与防护[M]. 上海：上海交通大学出版社, 2012

[5]　何业东，齐慧滨. 材料腐蚀与防护概论[M]. 北京：机械工业出版社, 2005

[6]　王光雍. 自然环境的腐蚀与防护[M]. 北京：化学工业出版社, 1997

[7]　秦晓洲. 自然环境试验站典型环境特征及腐蚀图谱[M]. 北京：航空工业出版社, 2010

[8]　侯保荣. 海洋腐蚀环境理论及其应用[M]. 北京：科学出版社, 1999

[9]　刘道新. 材料的腐蚀与防护[M]. 西安：西北工业大学出版社, 2006

[10]　丁凯，曹征齐，郑圣义. 金属结构类制造与安装[M]. 郑州：黄河水利出版社, 2010

第 9 章　水利水电工程金属结构防腐蚀措施

9.1　概　　述

金属结构防腐蚀的基本途径是在合理选材和进行详细的防腐蚀结构设计的基础上，采取有效的防腐蚀措施。对于水利水电工程的金属结构而言，目前采取的措施主要有涂层保护、金属热喷涂、阴极保护三大类。防腐蚀措施的选择取决于结构物的结构形式、设计使用年限、所处的腐蚀区域、投资成本能力、腐蚀控制技术的施工经验等因素。

目前世界各国已经制定了大量的金属结构防腐蚀标准和规范。如：

（1）挪威船级社标准《海上钢结构设计总则》（DNV-OS-C101—2004）；

（2）美国腐蚀工程师协会标准《海上固定式钢质石油生产平台的腐蚀控制》（NACE RP 0176：2003）；

（3）中国石油海洋石油天然气行业标准《海上固定式钢质石油生产平台的腐蚀控制》（SY/T 10008—2000）；

（4）中国交通运输部行业标准《海港工程钢结构防腐蚀技术规范》（JTS 153-3—2007）。

我国针对水利水电工程的防腐蚀标准和规范主要有：

（1）水利行业标准《水工金属结构防腐蚀规范》（SL 105—2007）；

（2）电力行业标准《水利水电工程金属结构设备防腐蚀技术规程》（DL/T 5358—2006）。

腐蚀虽然只出现在金属结构的使用阶段，但它的产生原因却蕴含于结构的设计、安装、制造、使用等各个阶段之中，而解决的措施也可以在各个阶段实现。充分把握利用好相关的防腐蚀技术标准和技术，可大大延长结构的使用寿命，提高效益。

9.2　合　理　选　材[1]

设计和制造金属结构时，材料选择不当常常是造成腐蚀破坏的主要原因，合理选材是控制腐蚀最常用的方法。由于材料的性能随使用条件不同有很大变化，因此必须掌握各类金属及合金在各种环境下的耐蚀性能，从而选择对所接触介质具有耐蚀性的材料。除此之外，还要考虑到材料的机械性能、加工性能及材料本身的价格等因素。一般选材时应遵循下列原则：

1. 材料的耐蚀性要满足使用要求

选材前首先要了解环境条件，比如所选材料要接触的腐蚀介质种类、是否与其他不同材料接触、所造构件承受应力的情况，以及进行腐蚀防护的可能性等。在容易产生腐蚀和不易维护的部位应选择对所接触介质不敏感的高耐蚀性材料。

材料种类确定后，应选用杂质含量低的材料，以提高耐蚀性。对高强度钢、铝合金及镁合金等材料，杂质的存在会直接影响其抗均匀腐蚀和应力腐蚀的能力。同时应选择合适的热处理工艺对材料进行处理，从而在满足强度要求的前提下，控制所用材料的拉伸强度上限，降低材料腐蚀倾向。但铝合金、不锈钢在一定的热处理状态或加热条件下，可产生晶间腐蚀，选材时也应予以考虑。

2. 选材要满足设计与加工制造的要求

选用的材料在具有一定耐蚀性的前提下，其物理、机械和加工工艺性能还要能满足设计要求的强度、抗冲击韧性和弹塑性等性能，如大型设备的材料往往要有良好的焊接性等。

3. 选材时要力求最好的经济效益

选材时要使整体各部分腐蚀速度大体一致。某一局部区域选择耐蚀性过高的材料不仅增加成本，而且是没有意义的。在保证使用性能和服役寿命的前提下应尽可能降低成本，包括制造成本和维护保养成本。

9.3　防腐蚀结构设计[2,3]

结构设计不合理会加重结构的腐蚀，结构设计应遵循防腐蚀原则。金属结构设计是否合理，对均匀腐蚀、缝隙腐蚀、接触腐蚀、应力腐蚀和微生物腐蚀的敏感性影响很大。为减少或防止这些腐蚀应注意下列几点：

1. 结构的形状、形式尽可能简单合理

简单合理的结构形状，不仅可以减少腐蚀电池的形成机会，还有利于防护技术的采用和提高防护效果。在建筑钢结构行业，有人对钢结构截面形状与腐蚀速度的关系作了专门的研究后发现，处于同一腐蚀环境下的钢结构，不同截面形状腐蚀速度相差很大。这就是钢结构设计中，在可能条件下，采用筒形结构比方形或其他框架结构好的原因。加上圆筒形结构简单、表面积小、便于防腐蚀施工和检修。

在设计中要注意钢结构主体部分的完整和简单。对某些钢质设备来说，整体结构比分段结构好，因为连接部位往往是耐蚀性的薄弱环节。在无法简化结构的情况下，可考虑将腐蚀严重的部位与其他部位分离的方法，并且使其便于拆卸，以利于维修或更换。对分段结构的设备，要设计合理的连接方式。

钢结构表面应均匀、平滑、清洁。因为凹凸不平、粗糙、黏附污物的表面很容易发生腐蚀。在结构设计的同时，应结合强度和应力的平衡设计，避免承载部件在凹口、切口、截面突变、尖角、沟槽、螺丝等处产生应力集中。为了降低应力集中，减少应力腐蚀倾向，在钢构件中，不应有切口、尖角等形状出现，而应有足够的圆形过渡。

2. 避免死角

设备的局部出现液体残留或固体物质堆积，不仅会使介质由于局部浓度增加，腐蚀性增强，而且很可能会导致微生物繁殖生长，引起微生物腐蚀。为此，设计结构时形状不仅要尽量简单，以利于油漆维修，而且要避免死角和排液不尽的死区。

3. 避免缝隙

许多金属（如碳钢、铝、不锈钢、钛等）都容易在有缝隙、液体流动不畅的地方形成缝隙腐蚀，并且缝隙腐蚀产生后又往往会引发点蚀和应力腐蚀，造成更大的破坏。良好的结构设计是防止缝隙腐蚀最好的方法。

4. 妥善处理异种金属接触

异种金属接触时，由于它们在腐蚀介质中的腐蚀电位不同引起电偶腐蚀。由

于在许多连接部位和设备中必须采用不同金属，那么在设计中就要加以妥善处理以减缓腐蚀。

如果异种金属是采用焊接等方法连接，就不能采用常规的绝缘措施（如加合成橡胶、聚四氟乙烯等绝缘垫片）来防止电偶腐蚀。这种情况下需注意以下问题。

1）避免大阴极小阳极的不利结构

异种金属相连接时，应尽量采用"大阳极小阴极"的结构，这样腐蚀电流分散在大的阳极表面上，电流密度小，腐蚀速度慢；反之，如果阳极面积小，阳极电流密度就大，腐蚀速度就快，会导致严重的局部腐蚀。解决的具体办法是在相对面积小的部位采用耐蚀性好的材料。

2）避免焊缝腐蚀

就焊接接头而言，由于焊缝组织粗大、夹杂多，而且存在焊接残余拉应力，因而即使焊缝和母材化学成分相同，焊缝的电位也往往低于母材的电位，导致焊缝首先被腐蚀。而且焊缝的表面积大大小于母材，又构成"大阴极小阳极"的不利结构，因此焊缝腐蚀速度加大。对于这种情况，可选用较母材耐蚀性高的焊条，使实际焊缝由于含有合金而具有较母材更高的电极电位，或者将焊接部位进行整体的涂层保护，避免其与腐蚀介质接触。

3）尽量减小直接接触的两金属间电位差

同一结构中，不能采用相同材料时，尽量选用在电偶序中相近的材料。如果结构不允许，所用的两种材料腐蚀电位相差很大时，可采取在偶接处加入腐蚀电位介于两者之间的第三种金属的方法，使两种金属间的电位差下降。

5. 避免应力集中

应力不均匀是形成腐蚀电池的原因，应力集中部位往往成为腐蚀电池的阳极区，发生迅速的腐蚀破坏，在设计中就应采取措施避免形成局部应力集中。例如部件外形应呈流线型，采用尽可能大的曲率半径；又如尽量避免切口、截面突然变化及尖锐的棱角、沟槽、开孔等；或者将这些边、角、槽、孔置于低应力区或压应力区，并加以一定的处置，如锐角倒圆、毛刺磨掉、内角填平等，特别是要避免焊接缺陷，避免应力集中。

以上为防腐蚀结构设计时需主要注意的方面，同时还需考虑合适的防腐蚀措施及其实施的可能性和便利性，如电化学保护系统的安置，涂层的选择及施工，缓蚀剂加注及补充系统等。而在进行结构强度设计时，还应根据材料在环境中的腐蚀速度、构件的重要性和使用年限，确定合适的腐蚀裕量。

9.4　表面预处理[4]

涂料保护和热喷涂金属是水利水电工程金属结构广泛使用的防腐蚀措施。涂层对钢结构有防腐蚀、防污和装饰作用。它不仅能延长结构的使用寿命，也改善了结构的工作性能。

为了确保涂料或热喷金属保护的防腐蚀效果，应严格控制涂装前的表面预处理质量，正确选择涂层配套系统，规范涂装施工，严格进行涂层质量检测。研究资料表明，涂装前金属表面预处理的质量是决定涂膜保护性能的最主要的因素。

9.4.1　表面预处理方法

表面预处理主要包括脱脂净化和除锈两部分。除锈分为喷射除锈及手工和动力工具除锈。除锈质量评定应包括表面清洁度和表面粗糙度两项指标。有关表面预处理质量的具体要求，应在设计文件中明确规定。

1. 脱脂净化

钢结构在进行除锈之前，必须仔细地清除焊渣、飞溅等附着物，并按下列方法之一清洗钢结构表面可见的油脂及其他污物。

（1）溶剂法。采用汽油等溶剂擦洗表面，溶剂和抹布要经常更换。

（2）碱性清洗剂法。用氢氧化钠、磷酸钠、碳酸钠和钠的硅酸盐等溶液擦洗或喷射清洗，清洗后用洁净淡水充分冲洗，并做干燥处理。

（3）乳液清洗法。采用混有强乳化液和湿润剂的有机溶液配制成乳化清洗液清洗，清洗后用洁净淡水冲洗并做干燥处理。

2. 喷射除锈

喷射除锈后的金属结构表面清洁度等级应不低于 GB/T 8923.1—2011 中规定的 Sa2$\frac{1}{2}$ 级，水上结构及设备在使用油性涂料时，其表面清洁度等级应不低于 Sa2 级，采用热喷铝及铝合金保护时，表面清洁度等级应达到 Sa3 级。

喷射处理所用的磨料必须清洁、干燥。应根据基体钢结构表面原始锈蚀程度、除锈方法和涂装所要求的表面粗糙度选择磨料种类和粒度。

喷射除锈后，金属结构表面粗糙度值应根据涂层厚度和涂层系统等具体情况选择，一般不大于涂层总厚度的三分之一，宜在 40~100 μm 范围内，可按表 9-1 选择。

表 9-1　不同涂层系统和涂层厚度的表面粗糙度参考值（μm）

涂层系统	常规防腐涂料	厚浆型重防腐涂料	热喷涂金属
涂层厚度	100～200	250～500	100～200
粗糙度 Rz	40～70	60～100	25～100

3. 手工和动力工具除锈

手工和动力工具除锈只适用于小型构件或涂层缺陷的局部修理和无法进行喷射处理的场合。手工和动力工具除锈表面清洁度等级应达到 GB/T 8923.1—2011 中规定的 St3 级。

9.4.2　喷射除锈施工

喷射除锈方法包括干式和湿式压缩空气喷射除锈。喷射除锈所用的压缩空气必须经过冷却装置及油水分离器处理，以保证压缩空气的干燥、无油，油水分离器必须定期清理。喷射方向与基体金属表面法线夹角以 15°～30° 为宜，喷嘴到基体钢结构表面的距离宜保持在 100～300 mm 范围内。喷嘴孔径磨损增大 25%时宜更换。

除锈后，应用吸尘器或干燥、无油的压缩空气清除浮尘和碎屑，清理后表面不得用手触摸。涂装前喷射除锈过的表面要求干燥。若出现的薄锈对后续涂层有害，应重新处理达到表面清洁度要求。

喷射除锈工作环境必须满足下列条件：

（1）空气相对湿度低于 85%、钢结构表面温度应高于露点至少 3℃（除涂料制造商另有规定或协议双方另有商定外）。露点计算方法可按 DL/T 5358—2006 进行，其附录 A 列出了计算公式和部分湿度温度下露点计算值。

（2）必要时应采取有效措施，如遮盖、采暖或输入净化、干燥的空气等，以满足对工作环境的要求。

（3）在易燃易爆区进行表面预处理作业应采取专门的预防措施，如电气接地、防止明火、防止产生火花等。

9.4.3　质量评定

　　表面清洁度和表面粗糙度的评定，均应在良好的散射日光下或照度相当的人工照明条件下进行。评定表面清洁度等级时，被检钢结构表面应与 GB/T 8923.1—2011 中相应照片进行目视比较评定，其等级划分见表 9-2。

表 9-2　涂装前钢材表面清洁度等级划分表

除锈方法	等级	表面清洁度等级要求内容
手工和动力工具除锈	St2	彻底的手工和动力工具除锈 钢材表面应无可见的油脂和污垢，并且没有附着不良的氧化皮、铁锈和油漆层等附着物，参见照片 BSt2、CSt2、DSt2
	St3	非常彻底的手工和动力工具除锈 钢材表面应无可见的油脂和污垢，并且没有附着不良的氧化皮、铁锈和油漆层等附着物。除锈应比 St2 更彻底，底材显露部分的表面应具有金属光泽。参见照片 BSt3、CSt3、DSt3
喷射除锈	Sa1	轻度的喷射或抛射除锈 钢材表面应无可见的油脂和污垢，并且没有附着不良的氧化皮、铁锈和油漆层等附着物，参见照片 BSa1、CSa1、DSa1
	Sa2	彻底的喷射或抛射除锈 钢材表面应无可见的油脂和污垢，并且没有附着不良的氧化皮、铁锈和油漆层等附着物，参见照片 BSa2、CSa2、DSa2
	$Sa2\frac{1}{2}$	非常彻底的喷射或抛射除锈 钢材表面应无可见的油脂、污垢、氧化皮、铁锈和油漆层等附着物，任何残留的痕迹应仅是点状或条纹状的轻微色斑。参见照片 $ASa2\frac{1}{2}$、$BSa2\frac{1}{2}$、$CSa2\frac{1}{2}$、$DSa2\frac{1}{2}$
	Sa3	使钢材表观洁净的喷射或抛射除锈 钢材表面应无可见的油脂、污垢、氧化皮、铁锈和油漆层等附着物，该表面应显示均匀的金属色泽。参见照片 BSa3、CSa3、DSa3

注：照片见 GB/T 8923.1—2011

　　评定表面粗糙度时，可按照标准样块目视比较评定粗糙度等级，或用仪器直接测定表面粗糙度值。

　　比较样块法评定应在天然散射光线或无反射光的白色透视光线下进行，评定前应清除待测钢材表面上的浮灰和碎屑，每 2 m² 表面至少要有一个评定点，且每一评定点的面积不小于 50 mm²。应根据不同的磨料选择相应的样块，将其靠近待测表面的某一测定点进行目视比较，必要时可借助放大倍数不大于 7 的放大镜，以与钢材表面外观最接近的样块所示的粗糙度等级作为评定结果。粗糙度等级划分见表 9-3。

表 9-3　涂装前钢材表面粗糙度等级划分表

级别	代号	定义	粗糙度参数值 Ry（μm）	
			丸状磨料	棱角状磨料
细细		钢材表面所呈现的粗糙度小于样块 1 所呈现的粗糙度	<25	<25
细	F	钢材表面所呈现的粗糙度等同于样块 1 所呈现的粗糙度，或介于样块 1 和样块 2 之间	25～40	25～60
中	M	钢材表面所呈现的粗糙度等同于样块 2 所呈现的粗糙度，或介于样块 2 和样块 3 之间	40～70	60～100
粗	C	钢材表面所呈现的粗糙度等同于样块 3 所呈现的粗糙度，或介于样块 3 和样块 4 之间	70～100	100～150
粗粗		钢材表面所呈现的粗糙度等同于或大于样块 4 所呈现的粗糙度	≥100	≥150

注：包含"S"样块和"G"样块。"S"样块用于评定采用丸状磨料或混合磨料喷、抛射处理后获得的表面粗糙度。"G"样块用于评定采用棱角状磨料或混合磨料喷、抛射处理后获得的表面粗糙度

用表面粗糙度仪检测粗糙度时，每 2 m^2 表面至少要有一个评定点，在 40 mm 的长度范围内测 5 点，取其算术平均值为此评定点的表面粗糙度。

9.5　涂　料　保　护[5]

涂料指涂覆于物体表面，形成一层致密、连续、均匀的薄膜，在一定的条件下起保护、装饰或其他作用（如绝缘、防锈、防腐、耐磨、耐热、阻燃、抗漏电等）的一类液体或固体材料。早期的涂料大多以植物油或天然树脂为主要原料，故又称油漆。目前，随着技术的进步，合成树脂已大部分或全部取代了植物油或天然树脂，所以现在统称涂料[5]。

涂料保护是水利水电工程金属结构广泛使用的一种防腐蚀措施。涂层可起到物理性屏蔽作用，将金属与外界环境隔离，一方面减少或阻滞了氧向金属表面的扩散，使氧去极化的阴极过程难以进行；另一方面使得阳极反应产生的 Fe^{2+} 难以向外扩散，易造成 Fe^{2+} 积聚，使金属自然电位向正方向偏移。涂层还可起到电化学的保护作用，如采用富锌底漆或铝粉漆等，金属锌、铝在电解质的作用下通过自我牺牲溶解对钢铁起到一定的阴极保护作用，使金属电位向负方向移动。涂层还有化学缓蚀作用，涂料中掺加的一些缓蚀剂在金属表面形成钝化膜，使金属电位向正方向移动。

水利水电工程金属结构使用的涂料按用途分为防蚀涂料和防污涂料。如前所述，防蚀涂料的防腐蚀原理主要是防止环境中的水、氧气、氯离子、二氧化硫等各种腐蚀性介质渗透到金属表面,使环境中的氧气和水等腐蚀剂与金属表面隔离，

从而防止金属的腐蚀。同时，由于在涂料中添加了阴极性金属物质和缓蚀剂，则利用它们的阴极保护作用和缓蚀作用，进一步加强了涂料的保护性能。防污涂料的防污作用是通过在涂料中加入毒料来实现的。

水利水电工程金属结构的腐蚀受多种因素的控制，且处于不同的腐蚀环境中，影响金属腐蚀以及造成涂层破坏的作用因素又有不同。因此，对水利水电工程金属结构实施涂料保护时，应根据结构物的结构形式、所处的环境条件、结构物的保护寿命、施工环境条件、工程费用等因素，来选择涂层体系和涂装施工。总体来说，涂装施工不受结构尺寸和形状的限制，使用方便，维修容易，费用低。

9.5.1　涂层配套

涂料保护的涂层系统和涂装方法应根据钢结构的用途、使用年限、所处环境条件和经济等因素综合考虑。涂层使用寿命应根据保护对象的使用年限、价值和维护难易程度来确定。一般分成短期 5 年以下、中期 5～10 年或长期 10 年以上。

涂料保护宜选用经过工程实践证明性能优良的涂料，新型涂料如经过试验比对论证确认性能优异并满足设计要求的也可选用。

涂层之间（底层、中间层、面层）应具有良好的匹配性和层间附着力。后道涂层对前道涂层应无咬底现象，各道涂层之间应有相同或相近的热膨胀系数。涂层之间的复涂适应性参见表 9-4。不同用途的涂层推荐涂层总厚度参见表 9-5。

表 9-4　防腐蚀涂料间的复涂适应性

涂于下层的涂料	涂于上层的涂料											
	长效磷化底漆	无机富锌底漆	有机富锌底漆	环氧云铁涂料	油性防锈涂料	醇酸树脂涂料	酚醛树脂涂料	氯化橡胶涂料	乙烯树脂类涂料	环氧树脂涂料	焦油环氧涂料	聚氨酯类涂料
长效磷化底漆	○	×	×	△	○	○	○	○	○	△	△	△
无机富锌底漆	○	○	○	○	×	△	△	○	○	○	○	○
有机富锌底漆	○	×	○	○	×	△	△	○	○	○	○	○
环氧云铁涂料	×	×	×	○	○	○	○	○	○	○	○	○
油性防锈涂料	×	×	×	×	○	○	○	×	×	×	×	×
醇酸树脂涂料	×	×	×	×	○	○	○	△	×	×	×	×

续表

涂于下层的涂料	涂于上层的涂料											
	长效磷化底漆	无机富锌底漆	有机富锌底漆	环氧云铁涂料	油性防锈涂料	醇酸树脂涂料	酚醛树脂涂料	氯化橡胶涂料	乙烯树脂类涂料	环氧树脂涂料	焦油环氧涂料	聚氨酯类涂料
酚醛树脂涂料	×	×	×	×	○	○	○	○	△	△	△	△
氯化橡胶涂料	×	×	×	×	×	○	○	○	△	×	×	×
乙烯树脂类涂料	×	×	×	×	×	×	×	×	×	×	×	×
环氧树脂涂料	×	×	×	△	×	△	×	△	×	×	△	○
焦油环氧涂料	×	×	×	×	×	△	△	△	△	×	○	△
聚氨酯类涂料	×	×	×	×	×	△	△	△	○	○	△	

注：○-可以 ；　×-不可以；　△-一定条件下可以

资料来源：DL/T 5358—2006

表 9-5　不同用途的涂层推荐涂层总厚度

涂层类别	应控制的总厚度（μm）	涂层类别	应控制的总厚度（μm）
一般性涂层	80~100	重防腐蚀涂层	300~500
装饰性涂层	100~150	耐磨、一般防腐蚀涂层	300~400
保护性涂层	150~200	超重防腐蚀涂层	500~700
海洋大气条件防腐蚀	200~300	高固体分涂层	700~1000

9.5.2　涂层系统选择

涂层系统的选择应包括涂料品种、涂装配套、涂装前表面预处理和涂装工艺方法等。

水工钢结构所处大气腐蚀等级分成乡村大气、城市大气、工业大气和海洋大气。处于大气环境中的钢结构应根据耐久性年限要求选择耐光老化、耐盐雾侵蚀、耐酸雨、耐湿热老化性能好的涂层系统。

处于水位变动区和浪溅区的钢结构，应根据耐久性年限要求选择耐盐雾侵蚀、耐光老化、耐水冲刷、耐湿热老化和耐干湿交替性能好的涂层系统。

处于水中、潮湿状态下及埋在土壤中的钢结构，宜选用具有耐水性和耐生物侵蚀性好的涂层系统。

有抗冲耐磨要求的钢结构，如压力钢管、泄洪洞钢闸门等宜选用耐磨性和耐水性良好的重防腐蚀涂层系统。

以上涂层系统的选择可参照相关水利水电工程金属结构防腐蚀技术规范选择使用。

9.5.3　涂装施工

涂装前应检查表面预处理质量是否达到设计要求。金属结构设备宜在表面预处理后及时涂装底涂层。钢构件一般在喷砂处理后，立即涂上底涂层，若需磷化，则在磷化 24 h 内涂上底涂层。被涂基体钢表面温度低于露点以上 3℃和相对湿度大于 85%时，不得进行涂装。如涂料说明书中另有规定时，则应按其要求施工。

在刷涂、滚涂和喷涂都可行时，宜采用喷涂。在工厂涂装和现场涂装都可行时，宜采用工厂涂装。涂装前涂料的配制、表面预处理与涂装之间的间隔时间应严格按照涂料制造商的产品要求进行。

涂装作业应保证周围环境的清洁，避免未表干的涂层被灰尘等污染。涂装过程中涂层如果有漏涂、不盖底等缺陷时，应当在下道涂层涂装前处理。

涂装前，对不涂装或暂不涂装的部位如楔槽、轴孔、加工后的配合面和工地焊缝两侧等应进行遮蔽，以免给装配、安装、工地焊接和运行等带来不利影响。

涂装后的涂层应注意维护，在固化前要避免雨淋、曝晒、践踏，运输安装过程中应尽量避免损伤涂层，如有损伤应采用合适的修补方法及时进行修补。

修补涂层应与原涂层匹配性好，其性能应等于或高于原涂层性能。

9.5.4　质量控制与检验

涂装前应检查产品批号、合格证等资料，对待涂装的涂料进行外观质量检查，看漆料表面有无形成表皮、有无不可逆的沉淀等；检查涂料的物理性能指标以及工艺参数，如比重、闪点、固体含量，涂层表干时间、实干时间，涂装间隔时间，涂装的环境温度湿度要求，一道涂层的干膜、湿膜厚度等，核查涂料的生产日期和储存期。

涂装前应一并对基体钢表面预处理的质量进行检查，合格后方能进行涂装。涂装过程中，应当用湿膜测厚仪测定湿膜厚度以控制涂层的干膜厚度。

涂装前应对前一道涂层进行外观检查，如发现漏涂、流挂、皱纹等涂层缺陷，应及时进行处理。对被涂构件的边、角、焊缝和铆钉等难以涂装的部位，施工时应特别注意保证质量。涂装结束后，应进行涂层的外观检查，表面应均匀一致，无流挂、皱纹、鼓泡、针孔、裂纹等缺陷。

涂层固化干燥后用无损涂层测厚仪进行干膜厚度的测定。85%以上测点的厚度应达到设计要求，其最低厚度应不低于设计厚度的 85%。对有最大干膜厚度要求的涂层，应满足有关要求。厚浆型涂料涂层应用针孔检查仪进行针孔检查，发现针孔，打磨后补涂。

对现场涂装的涂层附着力检查，应在涂层完全固化后进行。

1. 划格法

参照 DL/T 5358—2016：

1）当涂层厚度大于 120 μm 时，在涂层上划两条夹角为 60°的切割线，应划透涂层至基体，用不干胶带粘牢划口部分，然后沿垂直方向快速撕起胶带，涂层应无剥落。

2）当涂层厚度小于或等于 120 μm 时，可用划格法检查。

3）划格法附着力检查为破损性检验，宜作带样检验，如在工件上进行，应选择非重要部位，检测后尽快补涂。

2. 拉开法

1）可参照 NB/T 35081—2016 进行附着力定量测试。

2）涂层与基体钢表面的附着力不得小于 1.5 MPa。

9.6　热喷涂金属保护[6,7]

热喷涂是利用热源将喷涂材料熔化并雾化成小液滴和小固液滴，靠热源自身的动力或外加的压缩气体使这些悬浮的小液（固）滴以一定的速度喷射到基体表面，经压缩、冷却、固化等过程形成一层新的表面的工艺方法。

热喷涂金属覆盖层的基体表面必须采用喷射预处理。铝、锌和锌铝合金是海洋环境钢结构防腐蚀最常使用的喷涂材料，热喷涂层表面通常采用涂层封闭。热喷涂铝、锌层对钢结构的防腐蚀作用主要基于以下几个方面[6]：

（1）热喷涂层与涂层一样起着物理隔离作用。由于热喷涂层经涂料封闭后形成的复合涂层致密完整，可较好地将钢铁基体与水、空气及其他介质隔离开。而铝、锌本身的耐蚀性要远好于钢铁，寿命高于涂料涂层，因此，这种覆盖层的屏蔽作用比涂料更好。

（2）由于铝、锌的电极电位比钢铁低，在介质中当铝、锌涂层局部破损或有孔隙时，铝锌涂层为阳极，钢铁为阴极，铝锌涂层将作为牺牲阳极不断消耗，而使钢铁基体得以保护。

（3）热喷铝锌涂层与钢铁基体的结合是半熔融的冶金结合，其结合力大小高于涂料与钢铁基体的结合力。且封闭涂料能牢固地抓附在既有孔隙又均匀粗糙的喷涂层上，因而使热喷涂层与封闭涂层组成的复合涂层不易剥落，进一步增强了防腐蚀作用。

9.6.1　热喷涂方法

根据热源的不同，热喷涂分为火焰喷涂、等离子喷涂、电弧喷涂和爆炸喷涂四种方法。根据喷涂材料的不同，热喷涂又分为线材喷涂和粉末喷涂两种类型。目前，应用于水利水电工程金属结构防腐蚀的热喷涂金属保护，主要采用火焰线材喷涂和电弧喷涂。

火焰线材喷涂是应用最早的一种喷涂方法，设备简单，操作方便。它是利用氧和乙炔的燃烧火焰，将丝状或棒状的喷涂材料加热到熔融或半熔融状态后喷向基体表面而形成涂层的一种方法。线材火焰喷涂的涂层结构为明显的层状结构，涂层有较多的孔隙和氧化物夹杂。

电弧喷涂是在两根丝状的金属材料之间产生电弧，电弧产生的热使金属丝熔化，熔化部分由压缩空气气流雾化并喷向基体表面而形成涂层。电弧喷涂是目前钢结构金属热喷涂防腐蚀施工中最重要的热喷涂方法。它的特点是：

（1）生产效率高，大约是普通的火焰喷涂生产效率的 3～4 倍；

（2）涂层氧化物含量较低；

（3）涂层与金属基体有较高的结合力；

（4）能源利用率达到 90%，是所有喷涂方法中能源利用率最高的；

（5）操作简单，设备维护容易。

9.6.2　热喷涂金属材料的选择与要求

热喷涂金属材料主要有锌、铝及其合金。热喷涂锌、铝涂层均适用于淡水、海水中钢结构的防腐蚀。乡村大气和淡水中的钢结构宜选用喷涂锌、铝及其合金；海水和污染的淡水以及工业大气中宜选用热喷涂铝、锌铝合金和铝合金。

1. 热喷涂金属材料应满足的要求

锌线材中锌的含量应大于或等于 99.99%，铝线材中铝的含量应大于或等于

99.50%，锌铝合金中锌的含量一般在 84%～86% 之间，铝为 14%～16%，铝镁合金中镁的含量一般在 4.5%～5.5% 之间。除另有规定外合金中的金属允许偏差量为规定值的 ±1%（SL 105—200）。

热喷涂线材表面应光滑，没有腐蚀产物、毛刺、开裂、缩孔、搭接、鳞片以及颈缩、焊缝等缺陷，不应有影响热喷涂材料性能或热喷涂涂层性能的异物。

2. 涂层封孔剂及涂装涂料的选择

热喷涂金属涂层表面一般宜采用涂层封孔剂封闭处理和涂料涂装。选择涂层封孔剂和涂装涂料时应注意与金属涂层之间的相容性，否则会发生涂层体系失效。在含氯离子环境中的热喷涂铝及其合金涂层要特别重视。热喷涂金属涂层的封闭处理，一般可选用磷化底漆封孔剂，也可选用经稀释的黏度较小，易于渗透到金属涂层微孔中的环氧类、聚氨酯类涂料封孔剂。

热喷涂金属涂层表面的涂装涂料应根据所处环境、介质选择。大气区可选择耐候性好的氯化橡胶类、聚氨酯类涂料；水下区可选择耐水性好、强度高的环氧类、聚氨酯类涂料。

3. 最小局部厚度推荐

在乡村大气、海洋大气、淡水、海水环境中热喷涂锌、铝涂层和涂料涂层推荐最小局部厚度见表 9-6。

表 9-6　热喷涂金属涂层和涂料涂层最小局部厚度推荐

所处环境	首次维修寿命（a）	涂层类型	最小局部厚度（μm）
乡村大气	$T \geq 20$	热喷涂锌＋封闭	160
		热喷涂铝＋封闭	160
	$10 \leq T < 20$	热喷涂锌＋封闭	120
		热喷涂铝＋封闭	120
		热喷涂锌＋封闭＋涂装	120+（60～100）
		热喷涂铝＋封闭＋涂装	120+（60～100）
海洋大气	$T \geq 20$	热喷涂锌＋封闭	300
		热喷涂铝＋封闭	160
	$10 \leq T < 20$	热喷涂锌＋封闭	160
		热喷涂铝＋封闭	120
		热喷涂锌＋封闭＋涂装	120+（60～100）
		热喷涂铝＋封闭＋涂装	120+（60～100）

续表

所处环境	首次维修寿命（a）	涂层类型	最小局部厚度（μm）
淡水	$T \geqslant 20$	热喷涂锌＋封闭	200
		热喷涂铝＋封闭	160
	$10 \leqslant T < 20$	热喷涂锌＋封闭	160
		热喷涂铝＋封闭	120
		热喷涂锌＋封闭＋涂装	160+（30～100）
		热喷涂铝＋封闭＋涂装	120+（60～100）
海水	$T \geqslant 20$	热喷涂锌＋封闭＋涂装	300+（60～100）
		热喷涂铝＋封闭＋涂装	160+（60～100）
	$10 \leqslant T < 20$	热喷涂锌＋封闭＋涂装	200+（60～100）
		热喷涂锌＋封闭＋涂装	200+（60～100）
		热喷涂铝＋封闭＋涂装	160+（60～100）

注：（）中数字为涂料涂层厚度

资料来源：DL/T 5358—2006

9.6.3　热喷涂的施工要求

热喷涂锌及锌合金的基体表面预处理应达到 GB 8923.1—2011 中规定的 Sa2 级，热喷涂铝及铝合金基体表面预处理应达到 Sa3 级。粗糙度应在 25～100 μm 范围内。

基体表面处理后应尽快进行热喷涂金属作业，最长不超过 12 h。阴雨、潮湿、盐雾环境下不得超过 2 h，并应尽量缩短热喷涂金属后封闭处理和涂料涂装的间隔时间。

热喷涂工作环境温度应高于 5℃或基体的温度至少高于露点 3℃。热喷涂涂层厚度应尽量均匀，两层或两层以上涂层宜采用相互垂直、交叉的方法施工覆盖。

热喷涂锌及锌合金可采用火焰喷涂或电弧喷涂，热喷涂铝及铝合金应尽可能采用电弧喷涂。

9.6.4　质量控制与检验

热喷涂金属前必须对表面预处理的质量进行检查，合格后方可进行热喷涂。热喷涂金属前应检查设备、环境条件、材料是否满足相关技术要求。

热喷涂结束后封闭处理前必须进行热喷涂涂层质量检查，内容包括[7]：

（1）外观目视检查。热喷涂涂层表面应均匀一致，无气孔或底材裸露的斑点，没有附着不牢的金属熔融颗粒和影响涂层使用寿命及应用的一切缺陷。

（2）厚度检测。涂层厚度应满足设计文件提出的最小局部厚度要求。

（3）结合强度检查。涂层与基体钢表面的附着力不得小于 1.5 MPa。

涂料涂层的质量检验可按上节涂层的要求进行。热喷涂施工结束后应进行热喷涂覆盖层总厚度检测，满足设计文件提出的覆盖层最小局部厚度要求。对不满足设计文件质量要求的应进行重新处理。

对施工破损应按原施工工艺予以修补。条件不具备时热喷涂锌（锌合金）涂层可用富锌底漆修补，铝（铝合金）喷涂层可用铝粉底漆修补，采用原涂料涂层涂装。

9.7　阴　极　保　护[8,9]

阴极保护是向被保护金属表面通入足够的阴极电流，使其阴极极化以减小或防止金属腐蚀的一种电化学防腐蚀保护技术，是防止金属电化学腐蚀的根本方法，它可以防止金属在土壤、海水、淡水等多种电解质中的腐蚀。阴极保护不仅可以防止金属的均匀腐蚀，而且还能有效防止各种局部腐蚀，如点蚀、晶间腐蚀、应力腐蚀、缝隙腐蚀等，从而使被保护结构物的使用寿命成倍延长，经济效益十分显著。

9.7.1　阴极保护方式的选择

阴极保护是一项技术含量高的系统性技术。阴极保护设计参数的选取取决于被保护金属的结构形式、运行工况和环境条件等。

实施阴极保护可以通过外加电流和牺牲阳极两种方式（图 9-1）。外加电流用直流电源给被保护金属通以阴极电流，保护系统主要由直流电源、辅助阳极、参比电极和电缆等组成。牺牲阳极保护是在被保护的金属上连接一种电极电位更负的金属或合金（称为牺牲阳极），通过牺牲阳极的自我溶解和消耗，使被保护金属得到阴极电流。外加电流和牺牲阳极保护的基本原理和保护效果都是相同的，但各有优缺点（表 9-7），适用于不同的场合，对两种保护方式的选择主要取决于工程实际情况和现场所具备的具体条件[9]。

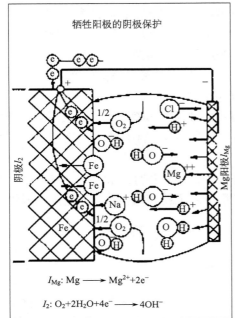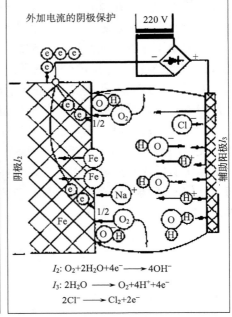

图 9-1　阴极保护示意图

表 9-7　外加电流法和牺牲阳极法的优缺点

保护方式	优　点	缺　点
外加电流	输出电流连续可调 保护范围大 不受环境电阻率限制 工程越大越经济	需要外部电源 对邻近构筑物干扰大 维护管理工作量大
牺牲阳极	不需要外部电源 对邻近构筑物无干扰或干扰小 投产调试后可不需管理 保护电流分布均匀、利用率高	保护电流几乎不可调 一次性投资较高

9.7.2　基本设计资料[8]

阴极保护设计前，应掌握以下资料，必要时进行现场勘测：
（1）钢结构的设计和施工资料。
（2）钢结构表面覆盖层的种类、状况和寿命。
（3）钢结构的电连续性以及与水中其他金属结构的电绝缘。

（4）介质的化学成分、pH 值、电阻率、污染状况以及温度、流速、潮位变化。

（5）钢结构是否受杂散电流干扰。

阴极保护设计时，应确定钢结构初期极化所需要的保护电流密度、维持极化所需要的平均保护电流密度和末期极化需要的保护电流密度。

保护电流密度与钢结构的表面状态（有无覆盖层以及覆盖层的质量）和介质状况有关，可通过有关经验数据或试验确定。表 9-8 给出了无覆盖层钢的初始保护电流密度和覆盖层破损系数选择指南。

表 9-8　无覆盖层钢保护电流密度

序号	环境介质	保护电流密度 （mA/m^2）
1	静止海水	80～120
2	流动海水	100～150
3	静止淡水	20～55
4	流动淡水	45～70
5	高流速淡水	50～160

一般涂料系统用于阴极保护设计，初期涂层破损系数为水中 1%～2%，泥中 25%～50%，涂层损耗速率为每年 1%～2%。保护面积应包括钢结构水中和泥中的面积，并应考虑影响钢结构阴极保护效果的其他金属结构的面积。

9.7.3　强制电流阴极保护

1. 保护系统设计

1）供电电源

应能满足长期不间断供电，供电不可靠时应配备备用电源或不间断供电设备。电源设备应具有可靠性高、维护简便、对环境适应性强和使用寿命长的特点，输出电流和电压可调，并具有抗过载、防雷、抗干扰和故障保护功能。电源设备可选用整流器或恒电位仪。当供电电压或回路电阻变化较大时应选用恒电位仪。

电源设备一般集中在控制室中，也可分散布置在室外。电源设备功率按式（9-1）和式（9-2）计算：

$$P = \frac{IV}{\eta} \tag{9-1}$$

$$V = I\left(R_a + R_L + R_C\right) \tag{9-2}$$

式中，P 为电源设备的输出功率（W）；I 为电源设备的输出电流（A）；V 为电源设备的输出电压（V）；η 为电源设备的效率，一般取 0.7；R_a 为辅助阳极的接水电阻（Ω）；R_L 为导线电阻（Ω）；R_C 为阴极过渡电阻（Ω）。

辅助阳极的接水电阻可按下列公式计算：

长条阳极

若 $L \geqslant 4r$，

$$R_a = \frac{\rho}{2\pi L}\left[\ln\left(\frac{4L}{r}\right) - 1\right] \tag{9-3}$$

若 $L < 4r$，

$$R_a = \frac{\rho}{2\pi L}\left\{\ln\left[\frac{2L}{r}\left(1 + \sqrt{1 + \left(\frac{r}{2L}\right)^2}\right)\right] + \frac{r}{2L} - \sqrt{1 + \left(\frac{r}{2L}\right)^2}\right\} \tag{9-4}$$

板状阳极

$$R_a = \frac{\rho}{2S} \tag{9-5}$$

其他形状阳极

$$R_a = 0.315\frac{\rho}{\sqrt{A}} \tag{9-6}$$

式中，R_a 为阳极接水电阻（Ω）；ρ 为介质电阻率（Ω·cm）；L 为阳极长度（cm）；r 为阳极等效半径（cm），对非圆柱状阳极，$r = \frac{C}{2\pi}$，C 为阳极截面周长（cm）；S 为阳极长度和宽度的算术平均值（cm）；A 为阳极的暴露面积（cm^2）。

2）辅助阳极

可参照表 9-9 选用，或选用电化学性能优越，并通过技术鉴定的新型辅助阳极。辅助阳极的规格应根据钢结构的形式、保护电流和辅助阳极的使用年限、允许工作电流设计。辅助阳极的数量和质量可按式（9-7）和式（9-8）计算。

表 9-9　常用辅助阳极的材料性能

阳极材料	使用环境	最大电流密度（A/m^2）	消耗率 [kg/(A·a)]	极化电位（V）
石　墨	海水	40	1.1	—
	淡水	2.7	0.5～1.1	—

续表

阳极材料	使用环境	最大电流密度（A/m²）	消耗率[kg/(A·a)]	极化电位（V）
高硅铸铁	海水、淡水、土壤	10～30	0.25～0.5	—
铅银合金	海水	50～300	0.1	≤2.0
铅银合金微铂	海水	50～1000	$8×10^{-3}$	≤2.2
镀铂钛	海水	≤1250	$6×10^{-6}$	≤2.3
铂钛复合	海水	≤1500	$6×10^{-6}$	≤2.5
铂铌复合	海水	≤2000	$6×10^{-6}$	≤2.5
钛基金属氧化物	海水、淡水、海泥	≤600	$5×10^{-6}$	≤1.9

注：极化电位指在额定工作电流密度下的恒电流极化电位

$$N = \frac{I}{I_a} \tag{9-7}$$

$$W = KEI_m t \tag{9-8}$$

式中，N 为辅助阳极的数量；I 为钢结构的保护电流（A）；I_a 为单只辅助阳极的输出电流（A）；W 为辅助阳极总的净质量（kg）；K 为安全系数，一般取 1.1～1.5；E 为辅助阳极的消耗率[kg/(A·a)]；I_m 为钢结构的平均保护电流（A）；t 为辅助阳极的使用年限（a）。

辅助阳极的布置和安装方式应保证不影响钢结构的正常运行，并满足钢结构各处的保护电位均应符合设计的要求。为改善钢结构的电位分布，可设置阳极屏蔽层。

3）参比电极

采用恒电位控制时，每台电源设备应至少安装一个控制用参比电极；采用恒电流控制时，每台电源设备应至少安装一个测量用参比电极。参比电极应安装在钢结构表面具有代表性的位置。参比电极的安装方式应保证不影响钢结构的正常运行。

4）电缆

所有电缆应适合使用环境，并应采取相应的保护措施，以满足长期使用的要求。辅助阳极电缆和阴极电缆宜采用铜芯电缆，控制用参比电极的电缆应采用屏蔽电缆。

电缆芯的横截面面积应根据电缆的允许压降、机械强度等因素确定。电缆与辅助阳极、参比电极的接头应进行密封处理。电缆与钢结构的连接点应有足够的强度并应采取密封和防腐蚀处理。

2. 保护系统施工

保护系统施工前应测量钢结构的自然电位，并确认现场环境条件与设计文件一致，同时确认保护系统使用的仪器设备和材料与设计文件一致，如有变更，必须经设计方书面认可，并加以记录。

电源设备应置于通风良好、清洁的环境中，当电源设备分散安装在室外时，应设置通风防水的防护罩。辅助阳极应安装牢固，不得与钢结构之间产生金属短路。

电缆连接点应有良好的密封措施，尽量避免处于水中。阴极电缆和测量电缆不得共用。

3. 保护系统调试验收

保护系统启动前应检查所有的安装是否与设计文件一致，确认阴极电缆、阳极电缆与电源设备的正确连接。

采用逐步极化的方式施加阴极保护电流，直至钢结构的保护电位达到规范或设计的要求。调试过程中应及时测量电源设备的输出电压和输出电流，确认其不超过电源设备的容量。

经过一段时间的极化，测量钢结构各点的保护电位。若不满足规范或设计的要求，应对保护系统进行调整。

保护系统投入运行后应进行验收，验收资料包括：设计文件和设计变更、设备和材料出厂合格证、性能检测报告、竣工资料和保护系统运行维护手册。

4. 保护系统运行和维护

应定期对保护系统的设备和部件进行检查和维护，确保其在设计使用年限有效运行。应定期测量和记录电源设备的输出电压、输出电流和钢结构的保护电位，若测量结果不满足要求，应及时查明原因，采取措施。电源设备的输出电压超过 36 V 时，严禁人员在水下作业。当确需进行水下作业时，必须先切断设备电源。

9.7.4　牺牲阳极阴极保护

1. 牺牲阳极材料

牺牲阳极材料应具备以下特点[8]：

（1）和被保护金属相比，开路电位要足够负，以保证阳极与被保护金属之间有足够大的电位差，能产生充分的电流使被保护金属阴极极化，但也不宜过负，以免在阴极上析氢；

（2）在使用过程中，阳极极化小，活化诱导期短，电位及输出电流稳定；

（3）阳极自身腐蚀小，电流效率高；

（4）阳极溶解均匀，腐蚀产物松软易脱落，不黏附在阳极表面或形成高电阻硬壳；

（5）阳极腐蚀产物无毒，不污染环境；

（6）材料来源广，加工容易，价格便宜。

目前锌基、铝基和镁基合金是常用的牺牲阳极材料，它们的基本性能和适用范围如表 9-10 所示。其中锌合金适用于海水、淡海水和海泥环境，铝合金适用于海水和淡海水环境，镁合金适用于电阻率较高的淡水和淡海水环境。

表 9-10　牺牲阳极材料的基本性能

性　　　能		镁合金阳极		铝合金阳极	锌合金阳极
		镁锰	标准		
密　　度（g/cm^3）		1.74	1.77	2.83	7.14
开路电位[V（SCE）]		−1.56	−1.48	−1.08	−1.03
理论发生电量（A·h/g）		2.20	2.21	2.87	0.82
海水中 3 mA/m^2	电流效率（%）	50	55	85	95
	实际发生电量（A·h/g）	1.1	1.22	2.30	0.78
	消耗率[kg/（A·h）]	8.0	7.2	3.8	11.88
土壤中 3 mA/m^2	电流效率（%）	40	50	65	65
	实际发生电量（A·h/g）	0.88	1.11	1.86	0.53
适用的环境介质		电阻率大于 500 Ω·cm 的水和电阻率大于 15 Ω·m 的土壤		电阻率小于 150 Ω·cm 的水	电阻率小于 500 Ω·cm 的水和电阻率小于 15 Ω·m 的土壤

资料来源：GB/T 4950—2002；GB/T 4948—2002；GB/T 17731—2009；GB/T 17848—1999

水利水电工程所处环境介质电阻率较高，由表 9-10 可以看出，三大类牺牲阳极材料中，镁合金阳极的开路电位最负，与被保护金属之间的有效电位差最大，适用于电阻率较高的淡水和土壤环境，较适用于水利水电工程环境的牺牲阳极材料。

牺牲阳极的电化学性能主要包括阳极开路电位、工作电位、实际电容量、电流效率和阳极表面溶解状况，是反映阳极质量的重要性能指标，也是进行牺牲阳极保护设计计算所必需的设计参数。国家标准《镁合金牺牲阳极》（GB/T 17731—2015）对镁合金阳极的成分及在介质中的电化学性能已经作了规定。牺牲阳极的成分和电化学性能应符合相关规范的要求。牺牲阳极的规格应根据钢结构形式、保护电流和牺牲阳极的使用年限进行计算设计。

2. 保护系统设计

1）牺牲阳极计算

（1）牺牲阳极的输出电流可按式（9-9）欧姆定律计算：

$$I_a = \frac{\Delta V}{R} \tag{9-9}$$

式中，I_a 为牺牲阳极的输出电流（A）；ΔV 为牺牲阳极的驱动电压（V）；R 为回路总电阻（Ω），一般情况下其值近似等于牺牲阳极的接水电阻。

（2）牺牲阳极的数量可按式（9-10）计算：

$$N = \frac{I}{I_a} \tag{9-10}$$

式中，N 为牺牲阳极的数量；I 为钢结构的保护电流（A）；I_a 为单只牺牲阳极的输出电流（A）。

（3）牺牲阳极的最小质量可按式（9-11）计算：

$$W = \frac{8760 I_m t}{q} K \tag{9-11}$$

式中，W 为牺牲阳极总的净质量（kg）；I_m 为钢结构的平均保护电流（A）；t 为牺牲阳极的使用年限（a）；q 为牺牲阳极的实际电容量（A·h/kg）；K 为安全系数，一般取 1.1～1.2。

（4）牺牲阳极寿命可按式（9-12）校核：

$$t = \frac{W_i f}{E_g I_a'} \tag{9-12}$$

式中，t 为牺牲阳极的寿命（a）；W_i 为单只牺牲阳极的净质量（kg）；E_g 为牺牲阳极的消耗率[kg/(A·a)]；I'_a 为牺牲阳极在使用年限内的平均输出电流（A）；f 为牺牲阳极的利用系数，可采用下列数值：长条状牺牲阳极 0.90～0.95；手镯式牺牲阳极 0.75～0.80；其他形状的牺牲阳极 0.75～0.90。

2）牺牲阳极的布置和安装

保护系统施工应依据设计文件要求进行，牺牲阳极的布置和安装方式应不影响钢结构的正常运行，并能满足钢结构各处的保护电位达到规范和设计的要求。

牺牲阳极不应安装在结构物高应力和高疲劳荷载区域。牺牲阳极和钢结构的连接方法应保证钢结构的机械性能不会受到不利影响。牺牲阳极应通过铁芯与钢结构短路连接，其连接方式应尽量采用焊接，也可采用电缆连接和机械连接。采用焊接法安装牺牲阳极时，焊缝应无毛刺、锐边、虚焊。采用水下焊接时，应由取得相关资质证书的水下焊工进行。

3）保护系统测量验收

保护系统施工结束后应对施工质量进行全面检查，牺牲阳极的工作表面不得沾有油漆和油污，并做好记录。当牺牲阳极采用水下焊接法施工时，可通过水下摄像或水下照相方法对焊接质量进行抽样检查，检查的牺牲阳极数量不少于牺牲阳极总数的 5%。

保护系统安装完成交付使用前应测量钢结构的保护电位，确认钢结构各处的保护电位均符合规范或设计的要求。若不满足要求，应对牺牲阳极的数量和布置方式进行调整。

保护系统投入运行后应进行验收，验收资料包括：设计文件和设计变更、牺牲阳极出厂合格证、性能检测报告、竣工资料和保护系统运行维护手册。

4）保护系统运行和维护

定期对保护系统的设备和部件进行检查和维护，确保在使用年限内有效运行。定期测量并记录钢结构的保护电位，若测量结果不满足要求时，应及时查明原因，采取措施。

9.7.5　阴极保护准则

钢结构采用碳素钢或低合金钢时，阴极保护应满足在含氧环境中，钢结构的保护电位应达到－0.85 V 或更负（相对于铜/饱和硫酸铜参比电极）；在缺氧环境中，钢结构的保护电位应达到－0.95 V 或更负（相对于铜/饱和硫酸铜参比电极）。最大保护电位应以不损坏钢结构表面的覆盖层为前提。

结构物包括不同材质的金属材料时，保护电位应根据最阳极性材料的保护电位确定，但不应超过结构物中任何一种材料的最大保护电位。

电位测量应在钢结构多处进行，并应考虑电解质中 IR 降的影响。

表 9-11 是常用参比电极的主要性能和适用的环境。

表 9-11　常用参比电极的主要性能和适用环境

名　称	电极结构	常用符号	电位（V）（相对于标准氢电极）	适用环境
饱和甘汞电极	Hg/HgCl/饱和 KCl	E_{Hg}、E_{SCE}	+0.25	海水、淡水
铜/饱和硫酸铜电极	Cu/饱和 CuSO₄	E_C、E_{CSE}	+0.32	淡水、土壤
银/氯化银电极	Ag/AgCl/海水	E_{Ag}	+0.25	海水
锌及锌合金电极	Zn 合金	E_{Zn}	−0.78	海水、淡水、土壤

9.7.6　阴极保护与涂层联合使用的重要性

对淡水水下金属结构实施阴极保护时，金属表面将发生氧去极化的阴极反应：

$$O_2 + 2H_2O + 4\,e^- \longrightarrow 4OH^-$$

水中溶解氧的含量及氧到达金属表面的状况将决定氧去极化反应的反应速度，即决定在一定电流密度下电位极化值的大小。

在阴极极化的起始阶段，阴极过程在较小电流密度下进行，阴极表面有足够的氧供应，此时阴极过程受氧离子过电位所控制，由氧离子化反应的速度所决定。当氧的供给不能满足电极反应的需求时，阴极过程由氧的离子化反应与氧的扩散过程混合控制而出现浓度极化，反应速度将与氧的离子化反应和氧的扩散过程有关，由氧的离子化反应和氧的扩散混合控制。扩散过程的阻滞，会导致增加一定数量的极化电位；如果氧的供给始终是充足的，能满足电流密度的加大而不出现浓度极化，则阴极反应始终受氧离子化反应的速度控制，阴极极化曲线将在宽广的电流密度范围内呈斜向直线，而不明显地出现曲线拐点；相反，随着电流密度的继续加大，氧的供给不能满足氧离子化反应的需要，阴极过程主要受氧的扩散过程所控制，随着电流密度的增大，由于扩散过程的阻滞而引起的极化不断增加，极化曲线就很陡地上升。在这种情况下，电极电位明显地向负方向移动，只要氧一到达阴极表面立即被还原，氧离子化反应与氧的扩散步骤比较，已不再是缓慢步骤，此时阴极过程的速度仅仅由氧的扩散过程控制。

在极化电位达到氢在碳钢上的析出电位后，阴极上除氧的还原外，就会发生氢离子的去极化反应：

$$2H^+ + 2\,e^- \longrightarrow H_2$$

此时，阴极过程由氧的去极化与氢离子去极化共同组成，氧去极化就与氢离子去极化过程加合起来，析氢吸收大量电子，电位缓慢上升。

对金属进行阴极保护时，因电解质中含有钙、镁等离子的矿物质，阴极电流会促使在阴极区产生氢氧根离子，在阴极表面水静止层（扩散层）中的钙、镁等离子亦有所聚集，当 pH 在 8.3 左右时碳酸钙过饱和开始析出，pH 在 9.3 以上是氢氧化镁开始析出。随着时间的推移，便在阴极表面形成以碳酸钙和氢氧化镁为主要成分的石灰质膜。

形成阴极产物膜所必需的条件是在阴极表面水的静止层（扩散层）中，有充分的氢氧根离子的积聚，使得水膜中的 pH 值要达到 8.3，要形成良好的、能有效降低电流密度的膜，产物膜中须含有一定比例的氢氧化镁，因而 pH 值要达到 9.3 以上。

在我国，阴极保护在海水和土壤环境中的应用较为广泛，在淡水环境中相对较少。这是因为淡水环境的水体电阻率较大，实施阴极保护的难度较大，特别是对于水利水电工程中一些结构较为复杂的设备，如闸门、拦污栅等。近年来，随着研究的深入，通过阴极保护的方式选择、参数选取、阳极材料和布置方式等多方面的研究，淡水环境中金属结构的阴极保护得到了广泛的应用。

对水利水电工程常年处于水下的闸门和拦污栅来说，宜采用牺牲阳极保护。因为采用外加电流阴极保护存在以下问题：

（1）外加电流阴极保护系统是由直流电源、辅助阳极、参比电极和电缆等组成，保护系统必须在拦污栅和检修门上安装辅助阳极和参比电极，并引出阳极电缆、阴极电缆和参比电缆至阴极保护控制室。另外水电工程环境介质电阻率较大，为了使被保护构件表面电流分布均匀，需要安装较多的辅助阳极，因此，电缆线不仅多而且长。

（2）拦污栅和检修门在提起和落下的操作中以及拦污栅在清污过程中，辅助阳极、参比电极和电缆很容易损坏，不能保证阴极保护系统一直处于良好的运行状态，保护效果难以保证。

（3）保护系统在运行过程中需要维护管理，而对处于深水中的辅助阳极和参比电极等进行维修和维护是十分困难的。

与存在诸多问题的外加电流阴极保护相比，牺牲阳极保护非常简单，只需事先在构件上焊接安装一定数量的牺牲阳极，在方案设计合理，阳极材料和阳极焊接质量满足要求的条件下，就能达到预期的保护效果，而且保护系统在运行中，不需要任何维护管理。

　　水利水电工程水下金属结构物大都处于高电阻率水介质中，牺牲阳极的发射电流较小，阳极保护范围较小，因此牺牲阳极保护与涂层联合使用非常重要。因为，二者联合使用时，阴极保护电流分布在涂层孔隙和缺陷处，使金属表面阴极极化，形成阴极产物膜，可以起到修补涂层的作用，延长结构物涂层的耐用年限。另外，由于涂层覆盖了大部分的金属表面，大大降低了所需要的阴极保护电流，同时，也改善了阴极保护电流的分布，提高了阴极保护的保护效果，可以扩大牺牲阳极的保护范围，减少阳极用量，降低阴极保护成本。虽然联合保护的一次投资比单独采用牺牲阳极保护或涂料保护要高一些，但是由于联合保护上述两方面的优点，既可以减少阴极保护费用，又可以延长涂层的耐用年限，所以从长期防腐蚀所需的总费用来看，联合保护方案是最经济的。

参 考 文 献

[1]　吴开源, 等. 金属结构的腐蚀与防护[M]. 东营: 石油大学出版社, 2000

[2]　杨逢尧. 水工金属结构[M]. 北京: 中国水利水电出版社, 2005

[3]　李敏风, 郏志华. 钢结构的防腐蚀结构设计[J]. 腐蚀与防护, 2005(08): 355-357, 360

[4]　王兆华, 张鹏, 林修洲. 材料表面工程[M]. 北京: 化学工业出版社, 2011

[5]　童忠良. 功能涂料及其应用[M]. 北京: 中国纺织出版社, 2007

[6]　黄红军, 谭胜, 胡建伟. 金属表面处理与防护技术[M]. 北京: 冶金工业出版社, 2011

[7]　丁凯, 曹征齐, 郑圣义. 金属结构类制造与安装[M]. 郑州: 黄河水利出版社, 2010

[8]　胡士信. 阴极保护工程手册[M]. 北京: 化学工业出版社, 1999

[9]　吴荫顺, 郑家燊. 电化学保护和缓蚀剂应用技术[M]. 北京: 化学工业出版社, 2006

第 10 章　水利水电工程金属结构腐蚀状况及措施案例

10.1　淮河入海水道海口闸钢闸门腐蚀状况及措施

10.1.1　基本情况

淮河入海水道海口挡潮闸位于江苏滨海县城东北 48 km,包括南闸和北闸,见图 10-1。南闸共 5 孔,单孔净宽 10.0 m,采用弧形钢闸门,起到排污挡潮的作用;北闸共 11 孔,单孔净宽 10.0 m,10 孔节制孔采用弧形钢闸门,1 孔通航孔采用上、下扉平面钢闸门,起到拦蓄河水、挡潮和通航的作用。

（a）南闸整体图　　　　　　　　　　　（b）北闸整体图

图 10-1　淮河入海水道海口挡潮闸整体图

南、北闸闸门采取的防腐蚀措施为:喷 Ac 铝 160 μm,ES-601 底漆 100 μm,氯化橡胶面漆 80 μm。表面处理要求为:喷砂除锈不低于 Sa3 级,粗糙度不低于 80 μm。闸门喷 Ac 铝在制造厂内完成,闸门安装后对闸门门叶与支臂的焊缝处喷 Ac 铝,之后进行闸门封闭涂料的涂装。南闸闸门于 2003 年 1 月开始安装, 2 月安装及防腐蚀施工结束。2003 年 4 月切上游围堰注入淡水,4 月下旬切海堤,下游变为海水。北闸闸门于 2002 年 7 月开始安装,8 月安装及防腐蚀施工结束。2002 年 10 月切堤注入海水。

2003 年 6 月由于海水与下游引河接通,下游引河水位降低,相继发现海口南闸、北闸闸门防腐蚀面漆局部起泡,部分面漆脱落。2003 年 8~10 月,对所有闸门进行了面漆修补处理。修补方案为：清除原氯化橡胶面漆，涂刷两道 ES-601 面漆。施工要求为：修补过程中必须确保原 Ac 铝和 ES-601 底漆不受损坏，原氯化橡胶面漆清除后的涂层表面应具有足够的清洁度和粗糙度。2003 年 11 月上旬再次发现闸门 ES-601 涂层起泡，起泡部位主要位于闸门面板沿海侧水位以下，闸门面板水位以上部位及闸门内河侧均未发现起泡现象，另发现沿海侧闸门面板及闸墩水位以下部位有大量白色粉末状物质及锈斑，直径约 2～3 mm，见图 10-2。

图 10-2　　闸门面板水位以下部位腐蚀破坏情况

10.1.2　闸门腐蚀及处理方案建议

1. 闸门的腐蚀

闸门材质为普碳钢，表面采取喷涂 Ac 铝＋封闭涂层防腐蚀保护，闸门底止水和侧导轨板材质为裸露的不锈钢。闸门正面面板处于海水环境中，背面面板和杆件处于淡水环境中。

闸门出现了局部区域封闭涂层鼓泡、喷铝层溶解的现象，必将大大削弱涂层系统对闸门的防腐蚀保护作用。一般碳钢在海水中长期的均匀腐蚀速度约为 0.13 mm/a。在淡水中碳钢的均匀腐蚀速度虽然较低，一般只有 0.01～0.02 mm/a，但局部腐蚀则较为严重，坑蚀速度可达 0.15～0.30 mm/a，最大坑蚀速度高达 0.50 mm/a，而且随着时间延长，局部腐蚀将继续发展，不会随时间延长而衰减。

当一种不太活泼的金属（阴极）和一种比较活泼的金属（阳极）在同一种环境中相接触时，组成电偶并引起电流的流动，从而造成电偶腐蚀。影响电偶腐蚀的主要因素是环境因素、介质导电因素和阴阳极的面积比。闸门底止水和侧导轨板为裸露的不锈钢,与闸门门体之间有电接触,二者之间形成电偶,会加速喷铝层的溶解消耗。因此目前的喷金属保护不能有效地防止闸门的腐蚀,必须采取进一步的防腐蚀措施。为了保护闸门不受腐蚀,应立即对南闸和北闸所有钢闸门常年处于水下的部位进行防腐蚀保护处理。

2. 处理方案建议

涂料保护、喷金属保护、阴极保护是目前水工金属结构常用的三种防腐蚀保护措施。喷金属保护与涂料保护相比,防腐蚀效果大大提高,保护周期较长,但对于一些结构较为复杂的构件而言,喷金属保护施工难度较大,质量难以保证,保护效果不均。

阴极保护是向被保护金属表面通入足够的阴极电流,使其阴极极化以减小或防止金属腐蚀的一种电化学防腐蚀保护技术,它可以防止多种金属结构物在土壤、海水、淡水等多种电解质中的腐蚀,是防止金属电化学腐蚀的根本方法。

实施阴极保护可以通过外加电流和牺牲阳极两种方式。外加电流用直流电源给被保护金属通以阴极电流,保护系统主要由直流电源、辅助阳极、参比电极和电缆等组成。牺牲阳极保护是在被保护的金属上连接一种更活泼的金属或合金(称为牺牲阳极),通过牺牲阳极的自我溶解和消耗,使被保护金属得到阴极电流。牺牲阳极保护施工简单,只需将牺牲阳极焊接安装在被保护结构上即可以对其提供保护,而且系统在运行过程中不需要维护和专人管理。

根据水闸当前的运行状况,建议对闸门采取牺牲阳极的阴极保护措施,这样可以使闸门门体、底止水和侧导轨板以及喷铝层均成为被保护阴极,消除了三者之间形成的腐蚀电偶,保护钢闸门不受腐蚀,降低了喷铝层的消耗速度。

3. 检测工作

在对闸门采取牺牲阳极的阴极保护之前进行以下项目的检测工作:

(1)电位和极化性能检测:①现场采取水样,进行水质分析;②现场测量Ac 铝喷金属材料的自然电位;③ 现场测量不锈钢导轨板材料的自然电位;④现场测量原涂层系统挂片的自然电位;⑤测量闸门的混合电位;⑥进行试片在当地海水中的极化性能检测。

综合判别涂层表面是否存在析氢的可能性。

(2)微生物检测:现场对白色析出物取样,进行微生物检测,分析在析出物中是否含有引起鼓泡的微生物。

10.1.3　牺牲阳极保护方案

为使闸门水位以下部位不受腐蚀，南京水利科学研究院根据闸门运行状况和当地水质情况，对南闸和北闸 15 扇弧形门的水位以下部位和 1 孔通航孔下扉平面门（包括沿海侧和内河侧）设计采用牺牲阳极的阴极保护措施，保护范围是 16 扇钢闸门沿海侧和内河侧在水位 2.5 m 以下部位，保护系统的设计使用寿命为 10 年。

1．参照标准

设计参照以下标准和资料进行：

（1）淮河入海水道海口挡潮闸闸门防腐蚀设计情况介绍；

（2）淮河入海水道海口挡潮闸工程施工图；

（3）中华人民共和国交通部标准《海港工程钢结构防腐蚀技术规定》（JTJ 230—89）；

（4）中华人民共和国标准《铝-锌-铟系合金牺牲阳极》（GB/T 4948—2002）；

（5）中华人民共和国标准《镁合金牺牲阳极》（GB/T 17731—1999）；

（6）中华人民共和国电力行业标准《水电水利工程金属结构设备防腐蚀技术规程》（DL/T 5358—2006）；

（7）中华人民共和国水利行业标准《水工金属结构防腐蚀规范》（SL 105—2007）。

2．设计安装方案

根据闸门所处的环境条件，沿海侧和内河侧分别选用铝合金和镁合金牺牲阳极。

闸门沿海侧安装铝合金牺牲阳极。铝合金牺牲阳极单只重约 20 kg。15 扇弧形钢闸门和通航孔下扉平面钢闸门每扇闸门各安装 6 个铝合金牺牲阳极，闸门沿海侧共安装铝合金牺牲阳极 96 只。

闸门内河侧采用镁合金牺牲阳极。镁合金牺牲阳极单只重约 4 kg。15 扇弧形钢闸门每扇门各安装 18 个镁合金牺牲阳极，通航孔下扉平面钢闸门安装 12 个镁合金牺牲阳极，闸门内河侧共安装镁合金牺牲阳极 282 只。

阳极采用焊接安装的方式进行电连接，将闸门提出水面后，将牺牲阳极的铁芯与闸门焊接连接，见图 10-3，焊接处用涂料进行封闭处理，见图 10-4。

图 10-3　内河侧阳极现场安装　　　　图 10-4　沿海侧阳极安装后效果图

牺牲阳极保护系统运行 10 天后，测量钢闸门的保护电位。85%测点的保护电位应在−0.90～−1.50 V（相对于饱和硫酸铜或银/氯化银参比电极）。

10.1.4　保护效果

钢闸门下水后，抽测了部分闸门的保护电位以了解钢闸门的保护状况，测量结果见表 10-1。

表 10-1　海口挡潮闸闸门保护电位测量结果

闸门编号	测量位置		保护电位（mV）		
			测点 1	测点 2	测点 3
北闸 1#	沿海侧	水面	−1021	−1044	−1020
		水中	−1026	−1037	−1035
		水底	−1026	−1037	−1036
	内河侧	水面	−1120	−1128	−1123
		水中	−1134	−1142	−1135
		水底	−1146	−1143	−1137
北闸 3#	沿海侧	水面	−1004	−1023	−1016
		水中	−1007	−1035	−1014
		水底	−1005	−1035	−1014
	内河侧	水面	−1204	−1270	−1234
		水中	−1208	−1245	−1221
		水底	−1205	−1234	−1217

续表

闸门编号	测量位置		保护电位（mV）		
			测点 1	测点 2	测点 3
北闸 5#	沿海侧	水面	−1027	−1032	−1016
		水中	−1032	−1036	−1016
		水底	−1032	−1035	−1016
	内河侧	水面	−1230	−1286	−1220
		水中	−1221	−1282	−1223
		水底	−1219	−1276	−1219
北闸 7#	沿海侧	水面	−1009	−1027	−1008
		水中	−1015	−1029	−1018
		水底	−1014	−1029	−1019
	内河侧	水面	−1227	−1292	−1236
		水中	−1229	−1283	−1233
		水底	−1228	−1280	−1231
北闸 9#	沿海侧	水面	−1012	−1020	−1012
		水中	−1015	−1019	−1018
		水底	−1015	−1019	−1018
	内河侧	水面	−1202	−1278	−1188
		水中	−1204	−1232	−1195
		水底	−1205	−1244	−1193
北闸 11#	沿海侧	水面	−1009	−1017	−1007
		水中	−1019	−1012	−1001
		水底	−1019	−1012	−1002
	内河侧	水面	−1234	−1305	−1278
		水中	−1246	−1246	−1258
		水底	−1243	−1209	−1255
南闸 2#	沿海侧	水面	−976	−987	−977
		水中	−983	−986	−979
		水底	−983	−987	−979
	内河侧	水面	−1148	−1206	−1152
		水中	−1104	−1208	−1160
		水底	−1093	−1184	−1136

续表

闸门编号	测量位置		保护电位（mV）		
			测点 1	测点 2	测点 3
南闸 4#	沿海侧	水面	−988	−996	−985
		水中	−993	−996	−990
		水底	−993	−996	−994
	内河侧	水面	−1130	−1191	−1132
		水中	−1137	−1194	−1139
		水底	−1124	−1190	−1131

测量结果表明，内河侧闸门测点保护电位处于 −1065～−1305 mV（相对于饱和硫酸铜参比电极），所有测点电位均负于 −850 mV 的设计保护电位，满足设计及规范的要求；沿海侧闸门测点保护电位处于 −881～−1044 mV（相对于银/氯化银参比电极），所有测点电位均负于 −800 mV 的设计保护电位，满足设计及规范的要求。钢闸门各处均得到了充分有效的阴极保护。

10.2　镇江市谏壁节制闸钢闸门腐蚀状况及措施

10.2.1　工程简况

江苏省镇江市长江河道管理处谏壁节制闸共有 15 扇钢闸门，为 1996 年水闸加固时改建。闸门高 6.20 m，宽 3.94 m，厚 0.40 m。闸门表面采用喷锌加涂层封闭保护措施，1998 年出现锈蚀现象重新涂刷油漆。

水闸上、下游有镇江化工厂两处排污口、镇江树脂总厂一处排污口及镇江纸浆厂一处排污口，附近还有大型的发电厂，附近水域氯化物、高锰酸钾盐、挥发酚、非离子氨、化学耗氧量、五日生化需氧量等均严重超标准，污染较严重。另外，闸门启闭较为频繁，最多时可达 200 次/年，受水流冲刷严重。

2002 年闸门提升后观察发现，闸门大部分区域出现锈点，侧面及闸门下部喷锌层消耗、脱落，腐蚀严重。通常设计合理、施工质量良好的喷锌加封闭涂层在一般淡水介质中可使用 15 年以上。但该节制闸钢闸门实施喷锌加涂层封闭保护措施使用仅 6 年左右，闸门下部涂层损坏严重，闸门腐蚀，一方面是由于水闸附近水域受到严重污染，另一方面是由于水闸开启频繁，闸门下部受到水流冲刷严重。而且闸门提升后，发现闸门侧面腐蚀较其他区域和位置腐蚀更为严重。

为确保闸门安全运行，延长闸门的维修周期，南京水利科学研究根据闸门运行状况和当地水质情况，重新设计制定闸门防腐蚀维修技术方案。

10.2.2　防腐蚀维修方案

针对钢闸门腐蚀破坏的情况及运行工况，对其采取了涂层维修加钢闸门阴极保护系统联合保护的防腐蚀维修技术方案。首先对钢闸门进行表面处理，然后采用涂料涂装，最后实施牺牲阳极的阴极保护。

1. 闸门表面处理

1）腐蚀产物的清除

对闸门表面喷锌层已脱落产生腐蚀的区域，用电动钢丝刷清除腐蚀产物达 St3级，即非常彻底的手工和动力工具除锈。钢材表面没有可见的油脂和污垢，并且没有附着不牢的氧化皮、铁锈和油漆涂层等附着物，底材显露部分的表面已具有金属光泽。

2）原涂层的处理

彻底清除表面已起皮、破损老化的原涂层。对完好不需清除的原涂层表面进行除尘、除油和除其他附着物，并用电动钢丝刷打毛。

2. 闸门表面涂料涂装

（1）底漆修补。对已清除腐蚀产物的区域包括边缘以外约 5 cm 范围内涂刷二道 6820 环氧富锌底漆，每道涂层的干膜厚度为 40 μm，共 80 μm。

（2）中间漆涂装。闸门两侧面、底面及下部距底面 50 cm 范围内涂刷两道 FS 耐磨涂料，每道涂层的干膜厚度约为 100 μm，共 200 μm；闸门凡未涂装 FS 耐磨涂料的区域涂刷两道 6822 环氧云铁中间漆，涂层的干膜厚度约为 100 μm。

（3）面漆涂装。整个闸门表面涂刷一道 6824 丙烯酸聚氨酯面漆，涂层的干膜厚度约为 50 μm。闸门中部以上区域表面再涂刷一道 6824 丙烯酸聚氨酯面漆，涂层的干膜厚度约为 50 μm。

10.2.3　闸门牺牲阳极保护方案

闸门的牺牲阳极保护设计实施方案具体为：

每扇闸门安装 14 支镁合金阳极，闸门平板面安装 4 支阳极，框架面安装 8 支阳极，两侧面各安装 1 支。阳极寿命设计年限为 10 年。单只阳极重约 6.2 kg。

15 扇闸门共安装 210 支阳极。

牺牲阳极铁芯与闸门采用电弧焊接连接。

1）牺牲阳极底面封闭

牺牲阳极底面除油污后涂刷两道环氧云铁中间漆。

2）牺牲阳极焊接安装

将牺牲阳极两端的铁芯弯曲后与闸门焊接在一起。铁芯两边焊接，每边焊接长度大于 4 cm。焊缝饱满，无点焊、虚焊和漏焊等现象。

3）铁芯和焊接处涂料修补

铁芯和焊接处涂刷二道环氧云铁中间漆。

10.2.4　防腐蚀施工及要求

钢闸门防腐蚀维修保护施工方法和施工具体要求：

（1）闸门冲洗、除油、晾干后用电动砂轮和电动钢丝刷手工除锈后，对喷锌层已经消耗的区域采用环氧富锌底漆两道修补，每道涂层的干膜厚度为 40 μm，共 80 μm。

（2）闸门两侧面、底面及闸门下部距底面 50 cm 范围内，涂刷二道 FS 环氧抗冲耐磨涂料，每道涂层的干膜厚度为 100 μm，共 200 μm。

（3）闸门凡未涂装 FS 环氧抗冲耐磨涂料的区域涂刷一道 6822 环氧云母中间漆两道，涂层的干膜厚度为 100 μm。

（4）整个闸门表面涂刷一道 6824 可覆涂聚氨酯面漆 RAL7040，涂层的干膜厚度为 50 μm。

（5）闸门中部以上易受紫外线照晒的区域表面再增加一道 6824 可覆涂聚氨酯面漆 RAL7040，涂层的干膜厚度为 50 μm，闸门上部面漆干膜厚度共 100 μm。

10.2.5　质量控制与检测

1. 涂层厚度测量结果

涂料施工结束,养护 1 天后测量了钢闸门各构件的涂层总厚度，15 扇闸门共测量 375 个测区，每个测区 4 个测量点，共计 1500 个测点。所有 375 个测区 4 个点的平均厚度均大于设计厚度。其中钢闸门侧面涂覆 FS 耐磨涂料的测区涂层厚度在 410~618 μm 之间，平均为 502 μm，明显大于 330 μm 的设计厚度；闸门平板面下部涂覆 FS 耐磨涂料测区涂层厚度在 353~534 μm，平均为 426 μm，也均大于 330 μm 的设计厚度；其余未涂覆 FS 耐磨涂料的部位（平板面上部及框架面构件）测区涂层厚度在 284~543 μm 之间，平均为 401 μm，也均大于 280 μm 的设计厚度。

测量结果表明，维修施工涂层厚度完全满足设计要求。

2. 阴极保护电位测量结果

钢闸门下水后，测量了闸门水面、水中、底面三个高程处保护电位，以了解钢闸门的保护状况。经过现场测量,所有测点保护电位处于 −0.855~−1.452 V 之间（相对于饱和硫酸铜参比电极），所有测点电位均处于 −0.85~−1.50 V 的设计保护范围内，满足设计要求。

测量结果表明,钢闸门各处均得到了充分的阴极保护。

10.2.6 后续检查与测量

2010 年 3 月，闸门提升后检查发现，闸门水上部位有局部涂层破损和腐蚀现象，水下部位涂层基本完好，没有任何腐蚀迹象，见图 10-5。闸门保护电位抽测结果表明，除闸门门槽靠近水面附近保护电位稍偏正外，其余部位保护电位全部满足设计要求。检查结果表明，牺牲阳极阴极保护有效地阻止了闸门水下部位的腐蚀，延长了涂层的使用寿命。

由于保护系统使用已接近 10 年，达到了其设计使用年限，阳极显著消耗，见图 10-6。为了进一步延长闸门的使用寿命，局部更换和增加牺牲阳极。

 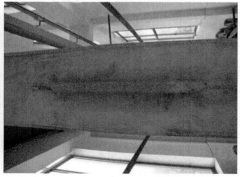

图 10-5　闸门水下部位无锈蚀　　　　　　图 10-6　闸门阳极显著消耗

实施后，于 2010 年 6 月对钢闸门的保护电位进行了抽样测量，保护电位抽测结果见表 10-2。根据测量结果可知，所有测点的保护电位均达到了保护标准的要求。

表 10-2　谏壁节制闸闸门保护电位测量结果

闸门编号	测量位置	保护电位（mV）		
		水面	水中	水底
3#	东侧	−1046	−1111	−1082
	中间	−1115	−1157	−1127
	西侧	−1090	−1112	−1029
7#	东侧	−1340	−1343	−1374
	中间	−1333	−1313	−1262
	西侧	−1273	−1271	−1233
9#	东侧	−1103	−1123	−1107
	中间	−1149	−1202	−1169
	西侧	−1210	−1188	−1149
11#	东侧	−1155	−1221	−1185
	中间	−1252	−1280	−1234
	西侧	−1175	−1191	−1130
15#	东侧	−1342	−1420	−1418
	中间	−1478	−1488	−1478
	西侧	−1383	−1339	−1390

10.3　射阳河闸钢闸门牺牲阳极保护

10.3.1　基本情况

射阳河闸位于盐城市射阳县海通镇，离射阳河入海口约 15 km，是苏北里下河地区主要排水干道，射阳河入海口的控制建筑物。校核水位组合时最大过闸流量为 6340 m^3/s，工程等级为 I 级。

射阳河闸共 35 孔，每孔净宽为 10 m。中间 33 孔为排水孔，各设 10 m×5.5 m 弧形钢闸门；两端为通航孔，各设双扉直升门，上扉门 10.4 m×4.60 m，下扉门 10.4 m×6.25 m，均为桁架式主横梁平面钢闸门。闸底板顶高程为−3.5 m。抽测钢闸门临海侧电导率为 $1.536×10^4\,\mu S/cm$，内河侧电导率为 $0.780×10^3\,\mu S/cm$，介质电导率相差较大；临海侧 pH 值为 7.3，内河侧 pH 值为 7.4，呈中性。

射阳河闸建于 1956 年，2005 年进行更新改造，35 孔钢闸门全部更换。为了保护钢闸门免受腐蚀，延长其维修周期，确保其安全运行，于 2006 年对 35 孔钢闸门采取牺牲阳极保护措施。

10.3.2　牺牲阳极保护设计与安装

射阳河挡潮闸距海岸线较远，丰水期沿海侧水质电阻率较高，设计采用三种规格型号镁合金牺牲阳极，35 扇钢闸门共安装 939 支，具体布置安装如下：

（1）临海侧 2 扇直升门下扉钢闸门设计安装 MG-11 型镁合金阳极，每扇门安装 6 支，共计 12 支；33 扇弧形钢闸门安装 MG-8 型镁合金阳极，每扇门安装 8 支，共计 264 支。

（2）内河侧钢闸门均采用 MG-4 型镁合金阳极，其中 33 扇弧形钢闸门每扇门安装 19 支阳极，2 扇直升门下扉门每扇门安装 18 支阳极，共计 663 支。

（3）牺牲阳极铁芯与闸门采用电弧焊接连接。铁芯与闸门焊接处清除焊渣后，焊缝应饱满，无虚焊漏焊，焊接处采用闸门表面原涂料封闭处理。

10.3.3　阴极保护效果

钢闸门下水后，使用数字万用表和参比电极抽测了部分闸门的保护电位。沿海侧在闸门的两端测量，内河侧在闸门两端及中间三个位置测量，每个位置分别在水面、水中、水底三个高度测量闸门保护电位，测量结果见表 10-3。

测量结果表明，射阳河闸钢闸门阴极保护系统完全达到设计和规范要求，系统保护效果良好。

表 10-3　射阳河闸闸门阴极保护电位测量结果

闸门编号	测量位置	阴极保护电位（mV）		
		水面	水中	泥面
1#	内河侧北 1	−1130	−1104	−1092
	内河侧北 2	−1145	−1149	−1075
	内河侧北 3	−976	−1065	−1066
	沿海侧北 1	−889	−949	−964
	沿海侧北 2	−880	−880	−880
2#	内河侧北 1	−1151	−1180	−1194
	内河侧北 2	−1170	−163	−1169

闸门编号	测量位置	阴极保护电位（mV）		
		水面	水中	泥面
2#	内河侧北 3	−1106	−1100	−1058
	沿海侧北 1	−962	−994	−1001
	沿海侧北 2	−964	−1001	−1012
3#	内河侧北 1	−1258	−1301	−1302
	内河侧北 2	−1282	−1278	−1269
	内河侧北 3	−1272	−1293	−1271
	沿海侧北 1	−1035	−1187	−1244
	沿海侧北 2	−1027	−1169	−1247
4#	内河侧北 1	−1285	−1248	−1232
	内河侧北 2	−1255	−1248	−1250
	内河侧北 3	−1249	−1242	−1223
	沿海侧北 1	−1006	−1106	−1119
	沿海侧北 2	−1008	−1122	−1131
5#	内河侧北 1	−1264	−1286	−1265
	内河侧北 2	−1283	−1276	−1279
	内河侧北 3	−1280	−1291	−1283
	沿海侧北 1	−1097	−1201	−1223
	沿海侧北 2	−1105	−1215	−1238
6#	内河侧北 1	−1239	−1246	−1212
	内河侧北 2	−1243	−1238	−1234
	内河侧北 3	−1238	−1234	−1207
	沿海侧北 1	−1030	−1182	−1176
	沿海侧北 2	−1048	−1177	−1175
7#	内河侧北 1	−1290	−1295	−1275
	内河侧北 2	−1291	−1298	−1299
	内河侧北 3	−1254	−1310	−1275
	沿海侧北 1	−1178	−1253	−1283
	沿海侧北 2	−1191	−1255	−1292
8#	内河侧北 1	−1129	−1167	−1136
	内河侧北 2	−1183	−1159	−1171
	内河侧北 3	−1216	−1191	−1148
	沿海侧北 1	−982	−1036	−1015
	沿海侧北 2	−981	−1031	−1005

闸门编号	测量位置	阴极保护电位（mV）		
		水面	水中	泥面
9#	内河侧北1	−1312	−1306	−1290
	内河侧北2	−1308	−1313	−1320
	内河侧北3	−1297	−1316	−1296
	沿海侧北1	−1244	−1311	−1314
	沿海侧北2	−1244	−1300	−1307
10#	内河侧北1	−1267	−1166	−1165
	内河侧北2	−1185	−1170	−1171
	内河侧北3	−1221	−1170	−1163
	沿海侧北1	−970	−1035	−1021
	沿海侧北2	−970	−1034	−1007
11#	内河侧北1	−1191	−1152	−1144
	内河侧北2	−1164	−1162	−1130
	内河侧北3	−1210	−1166	−1121
	沿海侧北1	−957	−1037	−1018
	沿海侧北2	−1267	−1166	−1165
12#	内河侧北1	−1255	−1240	−1233
	内河侧北2	−1267	−1244	−1230
	内河侧北3	−1210	−1257	−1281
	沿海侧北1	−1211	−1200	−1201
	沿海侧北2	−1191	−1190	−1174
13#	内河侧北1	−1311	−1308	−1295
	内河侧北2	−1298	−1295	−1280
	内河侧北3	−1097	−1085	−1039
	沿海侧北1	−1201	−1209	−1216
	沿海侧北2	−1186	−1176	−1170
14#	内河侧北1	−1322	−1320	−1298
	内河侧北2	−1320	−1322	−1319
	内河侧北3	−1318	−1331	−1332
	沿海侧北1	−1262	−1295	−1289
	沿海侧北2	−1289	−1330	−1331
15#	内河侧北1	−1297	−1276	−1267
	内河侧北2	−1281	−1279	−1266

续表

闸门编号	测量位置	阴极保护电位（mV）		
		水面	水中	泥面
15[#]	内河侧北 3	−1306	−1276	−1273
	沿海侧北 1	−1221	−1265	−1265
	沿海侧北 2	−1210	−1257	−1280
16[#]	内河侧北 1	−1226	−1192	−1161
	内河侧北 2	−1178	−1179	−1177
	内河侧北 3	−1237	−1176	−1142
	沿海侧北 1	−974	−1027	−1019
	沿海侧北 2	−957	−1032	−1019
17[#]	内河侧北 1	−1231	−1195	−1123
	内河侧北 2	−1211	−1155	−1151
	内河侧北 3	−1268	−1145	−1134
	沿海侧北 1	−944	−1060	−1032
	沿海侧北 2	−936	−1034	−1028
18[#]	内河侧北 1	−1226	−1184	−1131
	内河侧北 2	−1175	−1168	−1058
	内河侧北 3	−1219	−1157	−1135
	沿海侧北 1	−946	−1035	−1023
	沿海侧北 2	−941	−1033	−1017
19[#]	内河侧北 1	−1260	−1232	−1196
	内河侧北 2	−1242	−1231	−1226
	内河侧北 3	−1282	−1248	−1227
	沿海侧北 1	−1128	−1207	−1202
	沿海侧北 2	−1116	−1205	−1198
20[#]	内河侧北 1	−1168	−1174	−1112
	内河侧北 2	−1159	−1153	−1086
	内河侧北 3	−1221	−1181	−1138
	沿海侧北 1	−957	−1031	−1028
	沿海侧北 2	−960	−1048	−1034
21[#]	内河侧北 1	−1292	−1297	−1284
	内河侧北 2	−1302	−1306	−1305
	内河侧北 3	−1314	−1307	−1301
	沿海侧北 1	−1253	−1300	−1308
	沿海侧北 2	−1248	−1295	−1311

续表

闸门编号	测量位置	阴极保护电位（mV）		
		水面	水中	泥面
22#	内河侧北 1	−1180	−1153	−1116
	内河侧北 2	−1148	−1145	−1140
	内河侧北 3	−1212	−1161	−1130
	沿海侧北 1	−939	−1039	−1018
	沿海侧北 2	−928	−990	−1021
23#	内河侧北 1	−1276	−1268	−1259
	内河侧北 2	−1273	−1251	−1248
	内河侧北 3	−1294	−1277	−1256
	沿海侧北 1	−1206	−1247	−1256
	沿海侧北 2	−1203	−1247	−1251
24#	内河侧北 1	−1316	−1149	−1144
	内河侧北 2	−1178	−1151	−1146
	内河侧北 3	−1317	−1150	−1141
	沿海侧北 1	−961	−1009	−1002
	沿海侧北 2	−949	−1014	−1007
25#	内河侧北 1	−1307	−1214	−1180
	内河侧北 2	−1166	−1150	−1149
	内河侧北 3	−1286	−1164	−1140
	沿海侧北 1	−972	−1014	−1008
	沿海侧北 2	−960	−1012	−994
26#	内河侧北 1	−1289	−1168	−1136
	内河侧北 2	−1163	−1156	−1155
	内河侧北 3	−1298	−1174	−1135
	沿海侧北 1	−978	−1022	−1012
	沿海侧北 2	−980	−1020	−1009
27#	内河侧北 1	−1322	−1194	−1147
	内河侧北 2	−1180	−1162	−1151
	内河侧北 3	−1318	−1180	−1149
	沿海侧北 1	−985	−1030	−1020
	沿海侧北 2	−993	−1039	−1018
28#	内河侧北 1	−1283	−1206	−1159
	内河侧北 2	−1202	−1201	−1199

续表

闸门编号	测量位置	阴极保护电位（mV）		
		水面	水中	泥面
28#	内河侧北 3	−1296	−1195	−1186
	沿海侧北 1	−999	−1052	−1040
	沿海侧北 2	−1010	−1061	−1047
29#	内河侧北 1	−1284	−1217	−1182
	内河侧北 2	−1201	−1194	−1183
	内河侧北 3	−1258	−1190	−1154
	沿海侧北 1	−989	−1039	−1033
	沿海侧北 2	−975	−1039	−1025
30#	内河侧北 1	−1286	−1193	−1163
	内河侧北 2	−1180	−1173	−1168
	内河侧北 3	−1203	−1178	−1140
	沿海侧北 1	−990	−1047	−1033
	沿海侧北 2	−977	−1026	−1017
31#	内河侧北 1	−1376	−1349	−1342
	内河侧北 2	−1342	−1335	−1334
	内河侧北 3	−1384	−1344	−1336
	沿海侧北 1	−1328	−1355	−1355
	沿海侧北 2	−1304	−1342	−1342
32#	内河侧北 1	−1331	−1219	−1192
	内河侧北 2	−1219	−1174	−1166
	内河侧北 3	−1316	−1213	−1202
	沿海侧北 1	−979	−1022	−1024
	沿海侧北 2	−974	−1027	−1021
33#	内河侧北 1	−1356	−1296	−1294
	内河侧北 2	−1305	−1296	−1298
	内河侧北 3	−1335	−1322	−1315
	沿海侧北 1	−1253	−1289	−1291
	沿海侧北 2	−1247	−1278	−1293
34#	内河侧北 1	−1283	−1178	−1168
	内河侧北 2	−1236	−1177	−1159
	内河侧北 3	−1296	−1195	−1181
	沿海侧北 1	−953	−1018	−1028
	沿海侧北 2	−960	−1026	−1022

续表

闸门编号	测量位置	阴极保护电位（mV）		
		水面	水中	泥面
35#	内河侧北 1	−1191	−1182	−1140
	内河侧北 2	−1241	−1214	−1167
	内河侧北 3	−1222	−1176	−1181
	沿海侧北 1	−1072	−1081	−1056
	沿海侧北 2	−1093	−1113	−1075

注：内河侧采用铜/硫酸铜参比电极测量，沿海侧采用银/氯化银参比电极测量

10.3.4　阴极保护十年效果检查与测量

1. 闸门及阳极外观检查

2016 年 5 月，射阳河闸牺牲阳极保护运行近十年时，对闸门阴极保护效果进行了全面检查。闸门提升后，闸门内河侧框架面保护效果见图 10-7，阳极消耗情况见图 10-8。涂层完好无损，闸门表面无任何锈蚀现象，框架所安装牺牲阳极均无脱落，牺牲阳极均有明显消耗。检查发现靠近闸门两侧及底部牺牲阳极消耗较中间位置快。

闸门临海侧平板面保护效果见图 10-9，阳极消耗表面状况见图 10-10。图中钢闸门表面未见明显锈斑及腐蚀坑，仅有少量海生物覆盖，检查发现阳极材料表面消耗均匀，体积明显缩小。

图 10-7　闸门内河侧框架面保护效果

图 10-8　闸门内河侧框架面阳极消耗情况

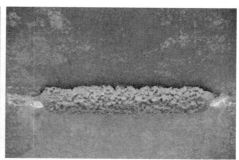

图 10-9　闸门沿海侧平板面保护效果　　　图 10-10　沿海侧闸门平板面阳极消耗情况

2. 闸门保护电位测量

随机选取三孔闸门，采用数字万用表和相应的便携式参比电极，对钢闸门的保护电位进行了测量。临海侧采用 Ag/AgCl 海水参比电极，内河侧采用 Cu/CuSO₄ 参比电极。均在闸门两侧及中间三个位置以及水面、水中、泥面三个高度测量闸门保护电位。

表 10-4 为闸门保护电位测量结果。表中钢闸门沿海侧电位在 −921～−1209 mV 之间，平均值为 −1087 mV；钢闸门内河侧电位在 −905～−1293 mV 之间，平均值为 −1134 mV。

钢闸门内河侧保护电位均负于 −850 mV（相对于铜/饱和硫酸铜参比电极），钢闸门临海侧均负于 −780 mV（相对于银/氯化银参比电极），均满足《水工金属结构防腐蚀规范》（SL 105—2007）要求。

表 10-4　射阳河闸阴极保护系统运行十年闸门电位测量结果

闸门编号	测量位置	保护电位（mV）		
		水面	水中	泥面
4#	沿海侧北端	−1271	−1208	−1208
	沿海侧中间	−1197	−1199	−1201
	沿海侧南端	−1183	−1186	−1190
17#	沿海侧北端	−1271	−1271	−1271
	沿海侧中间	−1279	−1270	−1270
	沿海侧南端	−1273	−1274	−1274
30#	沿海侧北端	−996	−994	−992
	沿海侧中间	−995	−994	−992
	沿海侧南端	−991	−991	−991

续表

闸门编号	测量位置	保护电位（mV）		
		水面	水中	泥面
4#	内河侧北端	−1278	−1281	−1249
	内河侧中间	−1279	−1267	−1293
	内河侧南端	−1253	−1275	−1287
17#	内河侧北端	−1188	−1252	−1193
	内河侧中间	−1241	−1233	−1214
	内河侧南端	−1265	−1185	−1136
30#	内河侧北端	−935	−922	−907
	内河侧中间	−925	−910	−905
	内河侧南端	−921	−915	−907

注：内河侧采用铜/硫酸铜参比电极测量，沿海侧采用银/氯化银参比电极测量

总体来说牺牲阳极保护效果优异，有效地延长了闸门涂层的使用寿命，延长了闸门的维修保养周期。阴极保护系统运行十年后，闸门无任何锈蚀，牺牲阳极阴极保护系统对钢闸门起到了很好的保护作用，但不同部位阳极材料消耗不同，具体设计实施时应充分考虑运行工况和实际环境。射阳河闸牺牲阳极阴极保护防腐蚀设计、施工、运行均合理有效，为阴极保护在水工金属结构防腐蚀应用的典型性工程。

10.4　望亭水利枢纽钢闸门牺牲阳极保护

10.4.1　基本情况

望亭水利枢纽位于苏州相城区望亭镇以西，望虞河与京杭大运河相交处，距望虞河入湖口 2.2 km，是望虞河排泄太湖洪水及环太湖大堤重要口门的控制建筑物。

望亭水利枢纽为 2 级水工建筑物，采用"上槽下洞"立交布置方式，上部为钢筋混凝土矩形槽，槽宽 60 m，底高程−1.7 m；下部为矩形涵洞，共 9 孔，每孔 7.0 m×6.5 m（宽×高），在上游洞首处设 9 孔平面钢闸门；采用 9 台卷扬压式启闭机启闭；总过水面积 400 m²，设计流量 400 m³/s。

该工程于 1992 年 10 月动工建设，1993 年 12 月基本建成，1998 年 10 月通过竣工验收并移交水利部太湖流域管理局，2010 年 12 月至 2011 年 12 月管理局对闸门系统及上部结构进行了更新改造。

闸门于 2011 年 5 月下水使用,发现闸门起吊钢丝绳腐蚀严重,出现断丝、断面减少,腐蚀明显;闸门涂层鼓泡、锈蚀。为了防止钢闸门及钢丝绳的进一步腐蚀,2013 年 4 月,受太湖流域管理局苏州管理局委托,南京水利科学研究院对其采取牺牲阳极保护防腐蚀措施。

10.4.2　设计要求

共计需对 9 扇钢闸门进行牺牲阳极保护设计,保护系统设计使用寿命为 15 年。保护范围为钢闸门及不锈钢导轨板等。

钢闸门宽 7.24 m,高 6.79 m,平板面保护面积约为 50 m²,框架面保护面积约为 200 m²。每扇钢闸门保护面积约为 250 m²,9 扇钢闸门保护面积合计约为 2250 m²。

10.4.3　设计内容和依据

设计主要依据“望亭水利枢纽更新改造工程施工图”以及相关技术标准规程。

望亭水利枢纽闸前现场取得的水样,其电阻率测定值为 1916 Ω·cm,pH 测定值为 6.5。根据保护面积、单只阳极发生电流和保护寿命要求,最终设计采用单只阳极重量为 8 kg,计算阳极数量结果见表 10-5。9 扇钢闸门共安装镁合金阳极共 306 只,重量为 2448 kg。

表 10-5　望亭水利枢纽闸门牺牲阳极用量

阳极安装位置	阳极材料	单只阳极重量（kg）	每扇闸门阳极数量（只）	阳极用量小计	
				数量（只）	重量（kg）
平板面	镁合金	8	8	72	576
侧面	镁合金	8	4	36	288
框架面	镁合金	8	22	198	1584
合计			34	306	2448

10.4.4　牺牲阳极安装

牺牲阳极安装方法如下:

(1) 清除阳极工作表面的油污和污物;

(2) 根据安装图纸,确定阳极安装位置;

(3) 将阳极两端的铁芯与闸门焊接在一起,铁芯采用对面焊接,每边焊接长度大于 2.5 cm；

（4）焊接完成后将铁芯和焊接处的浮渣清除干净，再使用原闸门涂料进行涂覆修补；

（5）检查所有阳极是否安装牢固，焊接处涂层修补是否满足要求。

钢闸门平板面和框架面阳极安装状况分别见图 10-11 和图 10-12。

图 10-11　钢闸门平板面安装的阳极状况　　　图 10-12　钢闸门框架面安装的阳极状况

10.4.5　电位测量

牺牲阳极的阴极保护实施前，采用吊挂饱和硫酸铜参比电极的方法，用高电阻数字电压表测量了钢闸门框架面的自然电位，测量结果见表 10-6。

表 10-6　望亭水利枢纽钢闸门自然电位

测量位置	自然电位（mV，相对于饱和硫酸铜参比电极）		
	水面	水中	水底
2#孔框架面北侧	−306	−309	−324
2#孔框架面南侧	−282	−324	−331
3#孔框架面北侧	−382	−430	−447
3#孔框架面南侧	−342	−419	−485

阳极安装实施后，测量了闸门框架面的保护电位。测量结果见表 10-7。

表 10-7　望亭水利枢纽钢闸门保护电位

测量位置	保护电位（mV，相对于饱和硫酸铜参比电极）		
	水面	水中	水底
2#孔框架面北侧	−989	−960	−1001
2#孔框架面中间	−1126	−1132	−865
2#孔框架面南侧	−1018	−1030	−930
3#孔框架面北侧	−900	−973	−930
3#孔框架面中间	−901	−933	−942
3#孔框架面南侧	−895	−883	−939
4#孔框架面北侧	−1192	−946	−1040
4#孔框架面中间	−916	−1270	−1200
4#孔框架面南侧	−1013	−960	−993
5#孔框架面北侧	−864	−918	−880
5#孔框架面中间	−886	−995	−899
5#孔框架面南侧	−887	−877	−912
6#孔框架面北侧	−916	−1013	−956
6#孔框架面中间	−912	−1067	−913
6#孔框架面南侧	−973	−1021	−996
7#孔框架面北侧	−934	−1028	−901
7#孔框架面中间	−937	−985	−1050
7#孔框架面南侧	−1015	−1053	−870

由测量结果可知，钢闸门自然电位在−282～−485 mV 之间（相对于饱和硫酸铜参比电极，以下同），表明钢闸门处于自然腐蚀状态。钢闸门采取牺牲阳极保护措施后，钢闸门保护电位在−864～−1270 mV 之间，满足设计规定的保护电位负于−850 mV 的要求。表明牺牲阳极保护系统运行正常，钢闸门受到有效保护。